新时代马克思主义伦理学丛书

张 霄 李义天 主编

国家出版基金项目
NATIONAL PUBLICATION FOUNDATION

"十四五"时期国家重点图书专项规划项目
国家社会科学基金一般项目（13BZX085）最终成果

苏俄伦理道德观的历史演变

| 武卉昕 著

重庆出版集团 重庆出版社

图书在版编目(CIP)数据

苏俄伦理道德观的历史演变 / 武卉昕著. —重庆:重庆出版社, 2023.10
ISBN 978-7-229-17668-6

Ⅰ.①苏… Ⅱ.①武… Ⅲ.①伦理学—思想史—苏联 ②伦理学—思想史—俄罗斯 Ⅳ.①B82-095.12

中国国家版本馆CIP数据核字(2023)第092374号

苏俄伦理道德观的历史演变
SUE LUNLI DAODEGUAN DE LISHI YANBIAN
武卉昕 著

责任编辑:李 茜
责任校对:杨 媚
装帧设计:胡耀尹

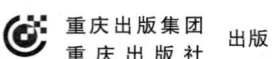出版
重庆出版社

重庆市南岸区南滨路162号1幢 邮政编码:400061 http://www.cqph.com
重庆出版社艺术设计有限公司制版
重庆天旭印务有限责任公司印刷
重庆出版集团图书发行有限公司发行
E-MAIL:fxchu@cqph.com 邮购电话:023-61520646
全国新华书店经销

开本:710mm×1000mm 1/16 印张:26.25 字数:340千
2023年10月第1版 2023年10月第1次印刷
ISBN 978-7-229-17668-6

定价:105.00元

如有印装质量问题,请向本集团图书发行有限公司调换:023-61520678

版权所有 侵权必究

总 序

马克思主义伦理学是马克思主义理论与伦理学研究的结合。对当代中国伦理学而言，这种结合既需要面对马克思主义理论发展的世界性问题，更需要融合中国特色社会主义思想文化的新时代特征。

马克思主义伦理学之所以成为马克思主义理论进程中的一个世界性问题，是因为伦理问题往往出现在世界马克思主义发展史上的重要时刻。这些时刻不仅包括重大的理论争辩，而且包括重大的实践境况。如果说 20 世纪的马克思主义理论进程是一部马克思主义和各种思潮相结合的历史，那么，20 世纪的马克思主义伦理学则从马克思主义与伦理思想相结合的层面，为这部历史增添了不可或缺的内容。无论是现实素材引发的实际问题，还是理论思考得出的智识成果，马克思主义不断发展的历史，总在为马克思主义伦理学添加新的东西——新的问题、新的方法、新的观点和新的挑战。由此，马克思主义伦理学始终处于马克思主义理论的核心地带，马克思主义内在地蕴含着对于伦理问题的思考与对于伦理生活的批判。相应地，一个失却了伦理维度的马克思主义不仅在理论上是不完整的，而且无法实现马克思主义所揭示的全部实践筹划。因此，把严肃的伦理学研究从马克思主义的体系中加以祛除的做法，实际上是在瓦解马克思主义理论自身的完整意义与实践诉求。

马克思主义伦理学不是也无须是一门抽象的学问。它是一种把现实与基于这种现实而生长出来的规范性联系起来的实践筹划，是一种通过"实践-精神"而把握世界的实践理论。因此，在马克思主义这里，伦理学的本质不在于它的知识处境，而在于它的社会功能；关键的伦理学问题不再是"伦理规范可以是什么"，而是"伦理规范能够做什么"。从这个意义上讲，不经转化就直接用认识论意义上的伦理学来替代实践论意义上的伦理学，这是一种在伦理学领域尚未完成马克思主义世界观革命的不成熟表现，也是一种对伦理学的现实本质缺乏理解的表现。

马克思主义伦理学之所以成为当代中国道德建设的一个新时代问题，是因为马克思主义始终是中国特色社会主义思想文化的基本方向。无论如何阐释"中国特色"，它在思想文化领域都不可能脱离如下背景：其一，当代中国是一个以马克思主义为指导思想的社会主义国家，马克思主义构成当前中国社会的思想框架。这种框架为我们带来一种不同于西方的现代性方案；在这种现代性中，启蒙以降的西方文化传统经由马克思主义的深刻批判而进入中国。其二，中国优秀传统文化的精髓是伦理文化，中国文化的精神要义就在于其伦理性。对中国学人而言，伦理学不仅关乎做人的道理，也在提供治理国家的原则。从这个意义上讲，马克思主义之所以能在中国扎根，就在于它与中国文化传统的伦理性质有契合之处。

如果结合上述两个背景便不难发现，马克思主义伦理学的重要意义已然不限于两种知识门类的结合，更是两种文化传统的联结。经历百年的吸纳、转化和变迁，马克思主义伦理学虽然在一定程度上已经成形，但是，随着中国特色社会主义进入新时代，马克思主义伦理学又面临许多新的困惑和新的机遇，需要为这个时代的中国伦理思想与道德建设提供新的思考和新的解答。唯有如此，新时代的马克思主义伦理学才能构成中国马克思主义理论的重要组成部分，才能成为21世纪中国道德话语和道德实践的航标指南。

为此，我们编撰的《新时代马克思主义伦理学丛书》，旨在通过"世界性"和"新时代"两大主题框架，聚焦当代的马克思主义伦理学。我们希望，通过这套丛书搭建开放的平台，在一个更加广阔的视野中建构马克思主义伦理学的理论体系，在一个更加深入的维度上探讨当代中国的伦理思想与道德建设。

感谢中国人民大学伦理学与道德建设研究中心的指导与支持，感谢重庆出版社的协助与付出。这是一项前途光明的事业，我们真诚地期待能有更多朋友加入，使之枝繁叶茂、硕果满仓。

是为序。

编　者

2020年春　北京

目 录
CONTENTS

总　序 ·· 1

第一章　总　论 ·· 1
第一节　伦理道德观与道德价值关系论 ················· 1
第二节　苏联历史理论视野中的价值变迁 ············· 7
第三节　苏俄道德价值：从规范到意识 ················· 25
第四节　道德价值的实现途径 ····························· 34

第二章　从制度危机到道德危机 ················· 48
第一节　私有化改革与道德伦理观嬗变 ··············· 48
第二节　政治改革与道德伦理观嬗变 ··················· 63
第三节　文化改革与道德伦理观嬗变 ··················· 77
第四节　道德哲学研究转向与道德伦理观嬗变 ······ 93

第三章　苏俄伦理道德观变迁实录 ··············· 155
第一节　道德选择问题及其历史嬗变 ··················· 155
第二节　道德评价及其历史嬗变 ························· 167
第三节　道德规范体系及其历史嬗变 ··················· 191

第四节 道德教育及其历史嬗变 …………………………226

第四章 当代俄罗斯社会道德现状及其价值观的新变化 ……252
第一节 苏联解体后社会道德及其价值观的总体状况 ……252
第二节 社会思想回潮与新道德价值观树立 ……………277
第三节 东正教与俄罗斯的道德重构 ……………………295
第四节 俄罗斯学校道德精神重建 ………………………308

第五章 苏俄伦理道德观演变原因及历史反思 ……………322
第一节 苏俄伦理道德观嬗变原因 ………………………322
第二节 苏俄伦理道德观嬗变之反思 ……………………394

后　记 ……………………………………………………………409

第一章 总论

第一节 伦理道德观与道德价值关系论

一、伦理道德观释义

（一）"道德"与"伦理"论析

"道德"是"以善恶评价为形式，依靠社会舆论、传统习俗和内心信念用以调节人际关系的心理意识、原则规划、行为活动的总和"①，道德包括道德意识，道德规范和道德实践。在中国古代的诸多典籍中，"道"和"德"作为不同概念，被分开来理解。"'道'涵括本体、规律、必然、合理、正当、道路、方法等意"②，其重点指的是事物现象的本质及其相应的规则和总方法。在善恶意义上，"道"是做人做事（应该）坚守的原则、准则和界限，可见，"道"最初就包含对德性的规范意义；本体论上，"德"多指世间万物原来的样子或是人自然真实的本性，是事物内在的规定性，并由"本性"上升为"品性"和"品质"，即"德性"。在这里"德"已衍化为既具有本体意义又具有规范色彩的词了，即同时强调为人做事既应该内修于身，又应该外践于行，是品和德的统

---

① 朱贻庭主编：《伦理学大辞典》，上海辞书出版社2002年版，第15页。
② 高兆明：《伦理学理论与方法》，人民出版社2005年版，第4页。

一，也是实然与应然的最初统一。

"道德"二字合用，始于春秋时代，表达了知与行相统一的思想。从词源学的发展来看，道德本质上就是用善恶标准对人本性进行的规范和约束。学术意义上对道德的规定诸多，马克思主义伦理学对道德的认识基于经济基础与上层建筑的辩证关系，认为道德作为社会意识的构成，由社会经济基础决定，受社会历史条件制约，以善恶为评价行为的标准，依靠社会舆论、传统习俗、品质信念的约束，是调整人与自然、人与社会、人与人之间关系的原则，是支撑人品性的观念、约束人活动的规范。依据罗国杰教授的观点，道德作为社会现象，包含三方面的基本内容：道德活动、道德意识和道德规范。本书相关研究的学术话语均在马克思主义理论框架下展开，所以，对道德的认识也是在历史唯物主义和辩证唯物主义的总方法论的基础之上进行的。

"伦理"是"指一定社会的基本人际关系规范及其相应的道德原则"①。"伦"与"理"最初也是分开使用的。"伦"最初指事物的条理和次序，对于人类社会而言，如果人们能够遵循事物的条理和次序来做事情，在人与人之间形成一定的行为定势，而后，这一行为定势作为约束的规范对人应当或不应当做某事，以及做了某事之后具有善良或邪恶的过程和结果的话，那么"伦"在人的行为中，即"人伦"中就具有了道德规范性质，即人与人之间应该遵守的道德规范；"理"最初指"治理""整治"，后来引申为"规律"和"道理"。"伦"和"理"放在一起用，能够表达处理社会关系应该遵循的原则和规律这一核心内容。可见，"伦理"一词也是随着社会历史的发展，在承认经济基础的决定作用和社会历史的客观性的前提下形成的，是关于"人们在特定的社会实践过程中逐渐形成

---

① 朱贻庭主编：《伦理学大辞典》，上海辞书出版社2002年版，第14页。

的，对人与自然、人与社会，以及人与自身之间的应然性关系的一种认识"①。

（二）道德与伦理关系论析

道德与伦理相近相疏。相近之处在于二者都是以经济和历史的客观性和制约性为基础，以善恶为标准对于人的行为进行约束的规则，都是社会意识形式，都反映社会经济和历史的发展并为之服务。二者相疏之处在于：第一，"道德"指向的内容更具体，表现为更具有实践指导意义的可操作原则，"伦理"更关注社会道德关系以及剖析这一关系的规律。相比较而言，"道德"具有实践性特点，而"伦理"则偏向理论指导。第二，"道德"是主观法则，"伦理"是客观法则。"道德"针对个体精神的完善，是通过个人心理和个体行为表现出来的对规则的遵守或者逾越，是内德的外化；"伦理"是维系社会存在的，针对人的社会关系（社会行动）提出来的客观法则，"伦理"不但致力于社会约束，而且旨在解释和体现社会道德要求，即"道德""何以"及"以何"存在的问题。

基于"道德"与"伦理"既关联又区别的认识，将道德与伦理并列在一起，就有了大的研究前提，即在承认二者联系（共同点）的基础上，兼顾作为客观法则的伦理理论特色，又细致挖掘作为内心善恶原则的具体的主观道德法的实践应然，既关注伦理关系，又强调道德实践，大体上是义同词异又同路殊途。在这一理论认识前提下，将伦理和道德视为一体，是对"道德"的伦理意蕴的丰富，也是对"伦理"的道德内涵的补充，是更为完整的对于"伦理"和"道德"范畴的认识。

---

① 龙静云主编：《马克思主义伦理学》，中国人民大学出版社2016年版，第5页。

(三) 伦理道德观论析

总的说来，道德伦理是"以善恶评价为形式，依靠社会舆论、传统习俗和内心信念用以调节人际关系的心理意识、原则规划、行为活动的总和"①及在此基础上形成的一定社会的基本人际关系规范及其相应的道德原则。观念是某人对事物的主观与客观认识的系统化之集合体，具有系统性和理论性特点。将"观念"分别冠以"伦理""道德"的前缀，即"伦理观念"和"道德观念"，也就同时赋予了"伦理""道德"以抽象的观念意识色彩："伦理观念"是针对一定社会的基本人际关系规范及其相应的道德原则而形成的普遍抽象的想法、观念和意识体系；"道德观念"则是道德意识的最基本形式，是人们在社会道德生活中形成的对具体道德现象的总体认识。无论是伦理观念还是道德观念，都是上升到意识层面的思想认识，比起"道德"和"伦理"本身，在内涵上说，更具有抽象性、系统性和完整性的特点。最后，说到伦理道德观，就是伦理观念和道德观念辩证发展的综合，是对实践主观层面的道德认识和理论客观意义的伦理认知，是稳定的道德伦理体现，也是道德价值的体现。

二、道德价值释义

(一) 价值和价值关系构成

哲学上的价值指客体满足主体需要及其程度的关系范畴，比如某项经济政策对区域经济联合的促进作用，某项政治改革方略对政权体系的稳固意义，某项文化活动或举措对文化断裂的弥合作用，这些实践的意义或作用表现为价值，"价值是事物或现象（包括物质的、制度的和精神的事物或现象）对于人的需要而言的某种有用

---

① 朱贻庭主编：《伦理学大辞典》，上海辞书出版社2002年版，第15页。

性,是其对个人、群体乃至整个社会的生活和活动所具有的积极意义"①。可见,价值本质内容是主体与客体之间的关系,表现形式反映出意义和作用等效益及其程度。其中,具有类特性的人是价值主体,价值主体在价值实现中扮演重要角色,因为人是在社会实践活动中创造并产生价值关系,并显示自己的社会性本质,这一社会性包括历史性、现实性、理想性和超越性,诸多社会性要素的综合事实上就是价值本身的实现。价值主体存在的前提则是价值本身的客观前提的存在,即实现价值必须依赖于历史的、现实的、物质的和精神的事物或现象的存在,如某事物对某人是否有价值,首先要看某事物本身特定的内容、结构、属性、特点是否客观存在,上述要素存在,并且其中的某一(些)要素的某一(些)方面符合人的实践需要,被实践主体所利用并发挥作用,就成为有价值的事物,这样,价值就产生了。所以,在价值关系中,具有社会性的价值主体和客观的价值客体共同构成价值关系的要素。价值(关系)具有客观性、主体性、社会历史性和多维性特点,价值关系包含多种形式,道德价值自在其中。

(二)道德价值和道德价值观释义

如果说,价值是客体满足主体需要及其程度的关系范畴,是事物或现象对于人的需要而言的某种有用性,是事物或现象对个人、群体乃至整个社会的生活和活动所具有的积极意义,那么对于涵盖其中的道德价值,就是道德客体满足道德主体需要及其程度的道德关系范畴,是道德现象或行为对道德个体、道德群体乃至整个道德世界的生活和活动所具有的积极意义。道德行为和道德现象是道德价值实现的客体或对象,道德行为或现象产生于真实的社会历史环

---

①李秀林主编:《辩证唯物主义和历史唯物主义原理》,人民大学出版社2004年版,第305页。

境中，受特定的物质生产关系的制约，服务于具体的人或人类，因而具有客观性；道德个体、群体、道德生活和活动的存在依赖于生产生活的存在，其存在和活动的范围及程度受制于社会历史发展条件，道德主体需要的满足以具体的实物形态或精神要素来证明，因而也具有客观性。学术意义上的道德价值被具体阐述为"个人和集体的行为、品质对于他人和社会所具有的道德上的意义"①，道德价值在内容上普遍包括"善与恶""正义与公平""良心和义务""诚实与尊严"等评价要素，社会关系中的利益处理和表达使得善恶等评价要素具有价值意义，表现为道德价值。

在现实的社会条件下，人的全部社会道德生活实践对于自我、他人和社会产生了总体上的对于世界的自觉认识，那么道德价值观就产生了。道德价值观是道德价值在观念和意识层面上的系统的、理论化的认知，为道德世界的现象、事物和活动的存在和发展提供动力支持、引导作用、评价功能、调节手段。"道德观念"是人们在社会道德生活中形成的对具体道德现象的总体认识，显然包括道德价值观念，在伦理观念和道德观念综合的基础上，突出强调道德价值在认知领域的整体性和系统性。

三、通过道德价值观表达的伦理道德观

道德价值更多指向道德实践活动的意义世界，道德价值观是意义世界的观念认知，突出道德价值存在的整体性、一致性、恒久性；同时，道德价值观更将抽象意义的道德价值以具体的理论观念形态表达出来，所以在对具体的道德实践生活的总结中，有具体指向性特征。本书对于苏联社会主义的道德价值的概括就以集体主义、爱国主义、诚实善良等具体的道德价值观念表达出来。

---

① 朱贻庭主编：《伦理学大辞典》，上海辞书出版社2002年版，第21页。

基于"伦理"和"道德"的联系与区别,"伦理道德观"可以被统一解释为不同侧重的"伦理观"或"道德观",在前面的论述中已经说明了,无论是针对较为抽象的"伦理观"还是较为具体的"道德观",综合在一起来认识,都具有道德价值引导作用,是道德价值的体现。

道德伦理观要体现道德价值,毕竟道德伦理观变迁的核心或者原因是道德价值观的嬗变,所以,本书以道德价值为起点和核心,围绕着道德价值实现途径——道德选择、道德评价、道德规范、道德教育的历史嬗变,在理论上展开对其内部本质要素变化的研究;在社会实践层面上,研究引发道德价值嬗变的外部原因——私有化改革、社会制度剧变和文化改革导致的伦理价值观的全部逆转。将道德伦理观嬗变的核心——道德价值观的嬗变作为本研究的逻辑起点,更好地理解苏俄伦理道德观的历史演变过程、原因和结果,回溯价值和道德价值变迁的路径,在总结从制度危机向道德危机演变过程中的外部原因的基础上,在道德哲学层面挖掘道德价值变迁的理论机理,展现伦理道德观演变实录,追踪和评价后苏联时代苏俄社会道德价值观现状及新趋向,剖析苏俄伦理道德观嬗变的根本原因,进行理论和现实反思。

第二节　苏联历史理论视野中的价值变迁

苏联历史理论视野中的价值及其问题的生成、发展和终结经历了 20 世纪 60 年代的价值立论、70 年代的价值定论和 80 年代的价值嬗变三个阶段。价值问题自身发展的脉络与苏联社会的发展演进同向共生,见证了社会主义苏联向资本主义俄罗斯的迈进。

研究价值问题,对于苏俄伦理道德观的嬗变问题具有理论揭示作用。20世纪60年代的价值范畴及对价值问题的认识呈现了理论和实践的独特性:价值是与时代的社会实践目标相吻合的具体的客观的范畴。70年代的价值理论尝试解决物质需求和精神需求的两难问题,在突出个体创造性的时代意义同时,仍强调社会历史主体的作用。80年代价值理论的全面嬗变是导致苏联社会主义道德价值体系崩溃的原因,也是苏联社会主义制度改弦更张的原因。

一、价值立论

（一）价值立论缘起现实需求

第一,道德实践需要价值理论指引。

20世纪60年代初,价值问题进入伦理学研究视野,这与苏共二十二大召开关系密切。苏共二十二大认为,社会主义在苏联已经取得最终的完全胜利,作为工人阶级先锋队的共产党已经成为代表全体苏联人民的党,全体人民为建设社会主义而奋斗的道德意义和美好情感是新时期的培养任务,这一工作具有复杂性和长期性特点,其中最艰难的任务是使人民摆脱旧观念中的旧道德并在新旧道德角力过程中树立共产主义道德原则。共产主义道德原则的树立不但需要外在的行政干预、道德培育,更需要人的精神要素参与进来。这里面"对劳动的渴望、对幸福的永恒追求"更具有本体意义。因此,"在考虑物质利益的同时,我们应当善于用劳动纪律的伦理意义和社会主义的全部道德价值唤起自豪感,发展社会主义新人的创造性能力"[1]。可见,价值问题进入理论视野还是当时社会具体道德实践的现实需求所致。事实上,接下来对价值范畴的关注

---

[1] К. И. Гулиан: Марксистская этика и проблема ценности / Вопросы философии, 1962, №1, С39.

也极大地丰富了苏联马克思主义伦理学的研究内容和理论深度，也为苏联制度下的人的塑造提供了依据。

第二，道德评价敦促价值概念生成。

20世纪60年代之前，价值概念仅存在于对资产阶级伦理思想进行批判的战斗檄文中，尚没有学者将其作为一个中立的学术概念进行研究。苏共二十大之后，意识形态领域似乎树立了某种导向，即斯大林时期"恐怖的""非人道的"政治灾难导致了苏联政治生活对活生生的人的打击。对人性的压抑显然是"不人道的"，应当受到道德谴责，于是，社会舆论和意识形态领域中的人道主义潜流蔓延开来。其结果是强调精神和情感因素的价值被悄悄地赋予了社会历史使命。苏共二十二大之后，社会主义事业的建设主体——劳动者（道德实践的主体）——人，被赋予了更多的社会贡献意义，因而，对人本身、人的创造力的尊重被看作成功建设社会主义的关键，对作为道德实践主体的人的价值规定也是对社会主义建设事业顺利进行的保障，这一点无论在学术上还是在社会实践上，都顺理成章。这样，被赋予了学术意义和实践需求的价值理论顺利登场了。

（二）价值立论始于范畴界定

第一，价值内容涵盖宽泛。

最初，伦理价值被看成最具概括性的概念范畴，因为它包含了全部其他的伦理学范畴，如道德原则、道德品质、道德行为。忠诚于共产主义、积极劳动、义务和幸福、原则性和谦虚谨慎、英雄主义和爱国主义等都被看作是伦理价值。在社会主义制度语境下，共产主义道德价值是被认可的伦理价值。价值范畴的内容包含了以往任何道德形式的共产主义道德原则、范畴、特点及其他各种道德现象，比如劳动、物质利益、精神创造、乐观主义等，甚至一些有关社会心理、政治法律、教育艺术等领域的品质和才能都同时被纳入伦理价值的内容范畴。以道德原则、特点、范畴形式呈现的伦理价值是衡量人行为的标准，这些标准受当时苏联经济、政治、社会、意识形态制约。当然，这与最初伦理学、美学、教育学等学科的模糊分界也不无关系。

第二，价值层次划分清晰。

20世纪60年代，伦理价值是有层次之分的。对国家和社会发展有意义的价值范畴属于第一层次：集体主义、忠诚于共产主义、建设社会主义、热爱祖国、新型劳动关系等。真诚、勇敢、善良、勇于牺牲等价值属于个体道德层面，甚至部分价值同时是资产阶级旧道德原则所涵盖的内容。为加强这些原则与旧道德的区别，当时的理论家指出，只有与共产主义道德原则紧密相连，并以劳动群众为立场的上述个体价值，才属于社会主义的伦理价值。因上述价值的个体特点与部分资产阶级道德理论有共生性，属于第二层次。

从伦理价值范畴涵盖内容的广泛程度和层次的简单划分上看，人们对于伦理价值的认识还是在最初的理论建构阶段。但无论如何，它反映了当时苏联社会道德生活的客观需求，丰富伦理学理论的内容，促进社会道德生活的转变，具有创造性意义。

第三，价值树立指向具体实践。

20世纪60年代，价值范畴的指向既不等同于西方存在主义、个人主义等理论中的价值概念，又不等同于后来以"全人类价值"为中心的、具有较多抽象内容的价值概念。客观地说，这一时期价值范畴之实践意义的指向是具体的。

它旨在施为苏共的政策。1961年，苏共二十二大将《共产主义建设者道德法典》写入党纲，从国家顶层设计的层面来突出公民道德培养的重要性，为塑造社会主义新人、建设社会主义精神文明提供理论和政策支撑。《共产主义建设者道德法典》以规定苏联人在社会生活中应当坚守的道德原则的形式展现了价值的实践意义，这样，伦理价值首先鲜明地反映在了政治生活领域中。毕竟当时苏联"共产党的政策就是行动中的人道主义"①。满足人的需求、促进发展人的能力，使其达到建设国家的要求，为追求社会正义、和谐以及个人的协调发展创造条件，是当时苏联共产党至高至上的目的。所以，全部价值的推行是利于国家发展、社会进步、国家建设的，集体主义、共产主义、勤劳勇敢、诚实守信、爱国主义、创造性劳动等都被赋予了重要的政治伦理意义。

同时，价值树立旨在培养人的责任感。义务感是进步阶级道德所具有的本质特征。与以个人主义为价值立场的旧道德不同，苏联社会倡导的共产主义道德原则以集体利益为核心内容。"个人利益受社会历史条件制约，通过社会、集体、国家利益的实现得到满足。"②责任感和道德价值是联系在一起的，价值是自我精神的确证和满足，责任感的实现能够完成价值的自我确证。在社会主义制度下，人民积极投入社会生产劳动，在创造社会价值的同时，培养起团结协作、勤劳创新的精神，这些精神是道德价值的具体体现。所以价值既满足物质需求，又激发精神渴望。价值观念的树立对社会主义新人的道德塑造功不可没。

（三）价值立论体现历史必然

价值立论最终表现在价值本质的规定上。20世纪60年代对价值本质的规定基于历史和具体的要求，价值在本质上被看成是客体对主体需要的满足，这里的客体和主体都具有社会历史性。

---

① К. И. Гулиан: Марксистская этика и проблема ценности / Вопросы философии, 1962, №1, С.39.

② Г. М. Гак Общественные и личные интересы и их сочнение при социализме / Вопросы философии, 1955, №4, С.17.

第一，对价值的规定符合客观规律。

价值虽是主体对客体需求的反映，但它终究来自现实世界。价值的主体、客体、中介都是历史中的人和物。最重要的是，价值是社会实践的结果，社会实践本身具有社会历史性．全部社会实践都受社会历史条件的制约。什么样的社会历史条件造就什么样的价值及其观念。社会实践的历史条件以绝对命令的方式必然性地呈现在价值滋生的土壤中。20世纪60年代，对价值和道德价值的认识是在历史唯物主义的框架下展开的，人们比以前更多地将价值当成历史的产物。价值作为观念评价形式，对事物和现象的评价总是反映既定的社会条件和关系，群体利益、要求、爱好在价值中起重大作用，这是建立在历史唯物主义基础上的认识论。正如学者К.А.施瓦尔茨曼（К.А. Шварцман）所说："我们的社会理想、道德标准中包含的价值具有实践和历史意义。共产主义道德的确立要依靠科学的历史分析和人与社会发展的实际需求，这样才能在为新社会的建构和信任的培养发挥重大作用。"①价值规定人的行为，而人在公认的尺度上，是社会的人，具有社会历史性。

第二，对价值的规定符合客观现实。

20世纪60年代，苏联意识形态领域对价值概念的推行、对道德价值观念的树立是在与"物化"为基准的价值范畴相揖别的基础上实施的，同以往的主观主义、自由主义、非道德主义、个人主义完全是迥路殊途。可以说，对社会主义价值理论和观念的推行是苏联社会意识形态领域的重大实践。在新制度建设的探索中培养适合新制度成长的人的创造性，使之迎合时代需求并体现社会主义历史阶段的客观性。全部价值体系的建立都以最具基元性的普通群众为

---

① К.А. Шварцман, А.Ф. Шишкин: О некоторых философских проблемах этики / Вопросы философии, 1965, №4, С.83.

出发点，以培养作为社会主义新人的普通群众的社会主义价值观念，并对他们进行合目的的改造、教育，把教育人和建设新制度结合起来，体现了价值运行的有效性。

第三，对价值的规定反映时代特色。

在20世纪60年代苏联价值理论体系中，"人是他人的目的"，同时"具体的人才具有最高价值"，这是当时价值理论的特色。比如"异化的人不是目的"的论断。苏联国家建设的过程是对社会主义新人的培养，同时伴随着社会主义价值（道德）元素的成长过程。这一以历史发展趋向为依据，以经济发展规律为逻辑脉络的过程成就了普通人具体而真实的人生品质和精神素养——这些在更高层次上被人们称之为"价值"或"价值观"的东西。"任何一种解放都是把人的世界和人的关系还给人自己"①，"人类的天性本来就是这样的：人们只有为同时代人的完美、为他们的幸福而工作，才能使自己也达到完美。……历史承认那些为共同目标劳动因而自己变得高尚的人是伟大人物；经验赞美那些为大多数人带来幸福的人是最幸福的人"②。它们锻造了人有骨血的道德情感，帮助人实施了有声有色的社会实践，这些人没有脱离活生生的经济、政治、文化生活领域，而是在具体的社会现实生活中丰满了自己的物质生活和精神生活。这些人不是被"物化"的抽象的人，也没有被抽象的价值引导。应该说，在20世纪60年代的苏联价值世界中，具体的、社会的"人"是价值塑造的目的，比如"人是他人的目的"的观点。

人的目的不在自身，而在社会和他人，这是20世纪60年代苏联价值理念的核心内容。新的价值理论批判苏联道德哲学价值观对

---

① 《马克思恩格斯全集》第1卷，人民出版社1956年版，第443页。
② 《马克思恩格斯全集》第40卷，人民出版社1982年版，第7页。

阶级性、历史性、客观性的忽视，更重要的是，指出二者重大的理论分歧在于价值认识出发的目的性，即"人是最高的价值"，但这个"人"不是"私我""小我"，而是代表群众利益的多数公民。价值反映利益，但此时的"价值"反映的利益主体是代表社会主体成员利益的"人"，这里的"人"是"他人"中的一分子，是利益主体的构成，而绝不是全部。苏共二十二大提出的"一切为了人，一切为了人的幸福"的口号也是以"他人"为前提的，这里，人的价值至上性和"他人"前提是二位一体的。

　　在对价值本质的界定中，需要特殊说明的是有阶级性的"全人类价值"。1961年的苏共二十二大对整个60年代的道德价值理论确立和实践推行具有绝对的意识形态导向作用。除了上述观点，道德价值范畴的"全人类性"也被挖掘出来。这一时段对道德价值的"全人类性"的理解既不同于以往20世纪20年代大争论之后的全然摒弃，也不等同于20世纪50年代对共产主义道德价值中的"阶级性"的突出强调和对马克思主义的人道主义的初步认可，而是在苏联向共产主义社会过渡的时段目标的引领下，进行共产主义教育、树立与社会进步同向的共产主义道德价值的需求相吻合。"在国内，道德因素的作用在更大的程度上增长着。这是由客观原因决定的，由向共产主义过渡的性质本身决定的。"[①]对道德原则的"全人类价值"的突出尊重是以经典作家有关道德阶级性观点为前提的，仍将无产阶级作为最先进的力量，是以"其利益在客观上与全体进步人类的根本利益一致"这一理论为出发点去认识"全人类价值"的，指出苏联人的道德也包纳全人类内容，在教育新人的条件下，道德价值范畴的"全人类"意义正在增长。苏共二十二大纲领

---

① М. Г. Журавков: XXII съезд КПСС и некоторые вопросы этики / Вопросы философии, 1962, №2, С.5.

中特别指出:"共产主义道德包含有全人类的基本道德规范、普通的道德规范和正义规范,这些规范是人民群众几千年来在反对社会压迫,与非正义不道德行为作斗争的过程中形成的"①,是全人类在社会实践中都应该尊重的最基本的规则。

综上,20世纪60年代的价值范畴及对价值问题的认识呈现出理论和实践的独特性:培育社会主义新人以建设新社会的总体要求使价值问题进入意识形态视野。价值(道德价值)是最一般的范畴,道德原则、道德特点、道德品质、道德范畴尽在其中。价值有属于国家社会的一重价值和属于自身的二重价值之分。价值问题具有政治伦理意义,在执行国家建设任务和党的政策过程中,突出强调对人的责任感的培养。合乎历史必然和客观现实是价值范畴的本质,在这一本质特征的理论前提下,坚持具体的、社会的"人"是价值塑造的目的,人的价值在于为社会和他人创造财富。共产主义道德中的"全人类价值"经历了30年又被重新提出,在认可阶级性前提的基础上,突出了作为社会一般原则和一般要求的道德价值的实践意义。

总之,20世纪60年代的"价值"是一个具体、客观的范畴,与时代的社会实践目标相吻合。

二、价值定论

20世纪70年代,价值问题名正言顺地登上了学术和意识形态主场,价值问题的总立场有了定论。

(一)新论表达价值需求的转向

第一,社会变迁催生价值新论。

---

① М. Г. Журавков: XXII съезд КПСС и некоторые вопросы этики / Вопросы философии, 1962, №2, С.7.

20世纪70年代苏联的国家力量达到历史巅峰。社会生产力发展水平、人的精神世界的丰沛程度、国际影响力的波及范围等都可谓历古所无。全新的社会文化裹挟着新价值体系在新历史的波涛中应运而生。苏联制度下个体的创造力无限发育，在创造巨大社会物质财富的同时，实践主体精神需求的生长也愈发迅速。在意识形态领域，对马克思主义理论本身的认识也发生了积极活跃的变化。"马克思主义理论苏联化"虽没有被正式作为理论体系提出来，但将马克思主义更多地运用起来以解决苏联的现实问题，事实上已成为理论实践的常态了。价值问题也是如此。

第二，价值难题需要科学解决。

苏联学界对马克思主义理论的认识和研究也是遵循着从本体论到认识论的逻辑脉络展开的。到20世纪70年代，对于价值问题的理解更多地集中在人道主义理论上。学者们对之前从形而上学的视角出发预设马克思主义的唯物主义和马克思主义的人道主义之间的矛盾，将马克思主义的唯物特性作为绝对真理，否认人道主义道德价值存在可能进行了反思，因为正是基于二者矛盾的存在，使得价值"在场"难以实现。事实上，需要对社会价值观念的产生给予马克思主义的解释，弄清唯物主义理论和人道主义价值之间的关系，对与人道主义价值体系相关的事实特点加以研究。

（二）争论反映价值选择的变化

第一，争论提供了价值定论的实践途径。经济的极速发展必然带动文化繁荣，意识形态领域亦海纳多元，甚至导致某些反传统文化运动兴起，西方自由主义、消费主义、大众文化等影响巨大，文化和意识形态领域的变化催生价值判断和价值选择的多样趋势。20世纪70年代价值研究呈现出的政治、社会功能，不再以外部的意识形态迎合为特色，而是研究内容本身对社会和政治元素的容纳。

"政治决策和社会问题的解决都需要科学的价值指引,对价值问题的关注无疑为具有政治伦理和社会伦理意义之问题的解决提供实践思路。"①理论争论是社会舆论宽容和学术研究深入的现实表达,有关价值范畴本身立场的分歧不可避免。分歧引发的争论于1970年到1974年在列宁格勒国立大学教授 В.П. 图加里诺夫和苏联科学院哲学所研究员 О.Г. 德罗伯尼茨基各自代表的派别之间展开。争论的焦点是"价值"范畴中主客观因素哪一个占据更主要的位置。

第二,争论完成了价值叙事的逻辑转向。

В.П. 图加里诺夫将价值的论述建立在对需要(动机)概念的唯物主义理解上。在他那里,价值理论是关于实践的功能学说,虽然他认可价值的动机作用,但仍强调价值的阶级性、历史性和社会性在社会实践中的指导作用:"这一问题(价值问题)涉及社会生活的核心。……人的理智最终是在实践活动中发展起来并能够根据行动特点进行最合适的选择,因而价值关系对于人和社会生活来说是必要的、共同的、永恒的。"②

О.Г. 德罗伯尼茨基开宗明义:"价值可以被理解为:(1)对象客体的性能;(2)对象客体对于人的意义;(3)人与客体的关系。"③显然,О.Г. 德罗伯尼茨基的论述仍在马克思主义理论框架下,但他更强调舆论权威背景下精神价值存在的意义。在他那里,精神价值是价值概念的本质,包含个体(主体)命令元素。"价值既是客体,又是关于客体的观念,这样,主体的价值态度在通过关

---

① 武卉昕:《苏联马克思主义伦理学史上的几个重大理论争论与现实结果》,载《马克思主义与现实》,2015年第4期,第94页。

② В. П. Тугаринов: Избранные философские труды, Л.: Изд-во ЛГУ, 1988, С.269-270.

③ Е. Ю. Мартьянов: Категория ценности в философии О. Г. Дробницкого / Молодой ученый, 2014, №17, С.629-631.

系、意义和评价来实现的同时,也能通过性能和规定反映出来。"①区别于 В.П. 图加里诺夫价值理论"客体→主体"的逻辑叙述,О.Г. 德罗伯尼茨基遵循对于价值概念"主体→客体"的立场得到了广泛的学术认同。

第三,争论提升了主观因素的理论意义。

主观性在社会价值体系中的位置被提升,为个体自由意志的表达推开了方便之门。作为社会群体中的元素,每个人都要受到自己行为动机促动、受个体意志控制、受个人情绪感染、受自我直觉牵引。主观选择的因素被施力于社会实践主体,必然会助力社会思想多元化的发酵。所以,与其说是主张主观因素的价值理论更具学术意义,莫不如说,它巧妙地摆脱了某种意识形态束缚,在马克思主义理论的学术庇护下,为人(个体)本身在社会理论的话语场里争取了位置。

(三)定论实现理论与实践统一

20 世纪 70 年代,价值问题的理论分野并不妨碍其在马克思主义理论的范畴内向更深的研究层次迈进,并在科学与实践辩证统一的基础上实现价值定论。建立在理论与实践统一基础上的价值实现了如下理论突破:

第一,认识论和价值论统一。

20 世纪 70 年代,价值论话语普遍推行开来。学者们认为唯心主义的价值理论或赋予人以脱离社会和历史的抽象特性,以某种神秘力量解释人的创造力,使人脱离了现实成为"超人";或绝对依靠个人的主观感受,坚持价值主体自生,认为个人的情绪意志是价值产生的根源,仍然否认价值产生的客观物质基础。而马克思主义

---

① Е. Ю. Мартьянов: Категория ценности в философии О. Г. Дробницкого / Молодой ученый, 2014, №17, С.629–631.

有关社会和人本质的理论在既反对绝对依靠神秘外力的价值来源说,又批判片面的价值主观自生说的基础上,"揭示了人的价值的社会功能、本质、产生根源。同时实现了马克思主义认识论、革命的社会实践意识形态和价值论(理论和价值体系)的统一"①。新时期马克思主义的价值论是在尊重历史和现实的基础上,对社会成员主观能动性的发挥,它既遵循唯物主义的历史观点,认识论上又坚持实践观点,是在社会实践基础上对人的要求的满足和评价。

第二,真理和价值统一。

对于价值和真理的关系问题,20世纪60年代苏联学者得到的基本共识是价值选择要尊重真理基础。价值判断基于科学认识,具有知识基础;真理范畴可以为价值判断提供标准;对价值判断的真理标准进行学术检验具有理论和实践的可行性;价值相对主义无学术依据;20世纪70年代的价值论在承认客观性基础上突出了价值主体的作用,而非全面否定价值的客观性。这一客观性具体由价值客体、中介和检验价值标准的现实性来承载。"把解决探索道德真理的复杂问题归结为个别人的努力,是不正确的。……某种行为规范和规则的体系,在两种意义上可以称为不道德的:第一,在与合乎客观真理的道德相矛盾的意义上……第二,在道德作为上层建筑的形式,已不符合实际的经济基础的意义上。"②苏联学者对道德真理和道德价值关系的探讨让价值和真理关系的答案清晰地浮出水面。只有最能反映历史必然要求的并且对一切时代的理论加以扬弃的价值,才是合乎真理的社会价值,包括道德价值。

第三,个体和群体统一。

---

① М. Михалик, Пер. с пол. Л. В. Коноваловой: Диалектика развития социалистической морали, М.: Прогресс, 1978, С.63.

② 〔苏〕Л.А. 科诺瓦洛娃:《道德与认识》,杨远、石毓彬译,中国社会科学出版社1983年版,第115—117页。

20世纪70年代对于价值的认识仍是在社会历史领域中进行的，虽然人是价值世界的主体，人的地位也被较充分地凸现出来，"人道主义"的话题充斥大众文化领域，但是"人道主义"仍是社会主义的人道主义，"人道主义"的"人"仍是作为社会历史主体的人。"人道主义"不但作为价值主要形式，甚至作为探讨政治、经济、文化、心理、文学等问题的思想导向被运用开来。苏联当时推行的是社会主义的人道主义绝不等同于将"个人"放置于中心位置的西方的人道主义，与作为最高形式的共产主义的人道主义也有区别。社会主义的人道主义被共产主义情绪所围绕，同时坚信人民创造历史活动的永恒性会将历史推向近在咫尺的美好未来。这里面，作为自觉的历史活动家的人民群众是社会实践的主体，更是人道主义价值的主体。历史不是个人主观活动的意义，价值也决不能脱离历史活动的主体而产生。

总体上，20世纪70年代，价值理论需求来源于社会需求，它解决了物质需求和精神需求的理论难题，揭示了物质价值和精神价值的辩证关系，确定了精神价值取决于历史和现实的社会条件，突出了个体创造性所具有的时代意义。可以说，20世纪70年代的价值理论在社会和个体之间实现了最佳结合范式。苏联社会当时和谐高尚的道德风貌以及理性科学的学术、舆论环境充分地说明了价值理论的科学性和实践效用。

三、价值嬗变

（一）政治转型中的价值转变

第一，价值转变中的停滞性思索。

1982年11月，勃列日涅夫逝世，勃列日涅夫时代戛然而止。其后如走马灯般的权力易位使得政权体系下的政策连续性难以为继。安德罗波夫整顿纪律、打击腐败、更新理论、经济改革的理想尚未深入实施便撒手人寰。1985年3月受各方面制约的契尔年科的逝世宣告了苏联"老人政治"的结束。20世纪80年代前半程苏联政治、政权和政策的停滞反映到社会价值领域,使社会价值也处于选择的路口,"向何处去"再次引领价值问题域的基础导向。"政治停滞"引发的"思想停滞"给思想选择中的价值选择提供空间,在这一段时间里,社会价值在犹疑中思索。有关价值问题的论述,除了将20世纪70年代的"人道主义"问题和"价值主体性"问题继续拓展之外,就是讨论在思想和道德选择过程中的"价值选择"问题。

第二,价值转变中的关键性行动。

1985年3月11日,戈尔巴乔夫时代开启,戈氏上台也是价值问题认识和研究全面转向的关键。经历了一年的准备,苏共二十七大召开。在这次会议上,戈尔巴乔夫向马克思主义理论体系中的一些传统观点宣战,"生产关系适应生产力"观点、"商品货币关系削弱经济的计划性"观点均遭到质疑。在此基础上,戈尔巴乔夫大胆提出进一步推进民主化、人民的社会主义自治和舆论公开性的观点。苏共二十七大成为新时期思想理论"解冻"的"号角",思想界纷纷开始表达对思想解放的顶礼膜拜。同年10月,戈尔巴乔夫亲自出席全苏高等学校社会科学教研室主任会议并发表讲话,强调理论对改革的推动作用,要求高校教师和其他思想理论工作者学习研究新情况、新问题,阐述新理论,抛弃不适用的旧观念。此后,思想理论界和学术界开始了大张旗鼓的新思想宣传,在抛弃旧理论的过程中,新的个性认识被赋予更多的认识,个体发展成为社会教育的主要导向,而个人价值的意义得到集体认同。

第三,价值转变中的"新思维"建立。

1988年，戈尔巴乔夫的"新思维"被全党确立为指导改革进程的指导理论，随后出版的《改革与新思维》一书更是全方位论述了他的新思维理论体系。在这本书中，改革被理解为"彻底的改革"，表现在理论上要求对以往传统社会主义理论进行猛烈批判并毫不姑息地抛弃。尤其关键的是，此书提出了"人道的、民主的社会主义"的构想，并在价值观上提出"全人类价值高于一切"的论断，使得原有价值体系面临土崩瓦解的危情。1991年，在"新思维"的引领下，苏联政治和理论体系与斯大林模式全面决裂，社会民主主义思想渐趋成形，西方价值观全面浸入仍处于社会主义体制下的苏联社会。

（二）学术研究中的价值转向

第一，思想停滞中的价值等待。

20世纪80年代初期社会在等待中选择，价值场的确立也在选择。其实，有关价值中问题的研究均表现出猜测性和选择性特点。从这一时期的学术著作和文章的主题能够看出这一趋势：《道德选择》（1980）、《义务和爱好》（1981）、《未来社会的精神把握》（1982）、《马克思主义和人道主义》（1983）、《关键的转折时期》（1985）等。但值得注意的是，虽然处于价值选择的犹豫期，但是上述作品在价值立场上仍然显露出对个体价值和人道主义价值的特殊尊重，如《道德选择》中对个体评价和个人行为评价中主观因素的突出强调，《义务和爱好》中多处用康德的义务论所做的正面阐释，《马克思主义和人道主义》中表达的"类全球主义"倾向等。

第二，价值选择中的"新思维"确立。

价值的最终选择基于政治新思维的确立。1988年戈尔巴乔夫的《改革与新思维》一书一经出版，A.A.古谢伊诺夫的《新思维与伦理学》随即发表。在这里，A.A.古谢伊诺夫淋漓尽致地阐述了"全人类价值"的理论内核,并开创了价值研究转向"全人类主义"的先河,将"全人类价值"作为价值世界的"绝对命令"提了出来。"全人类价值"的基本观点包括:(1)人类所面临的巨大风险召唤全人类价值的理性呈现;(2)人类存在着不受出身和阶级限制的共同价值;(3)"全人类价值"优先于阶级、民族和集团价值;(4)"新思维"引领全人类价值确立;(5)需要将"全人类价值"转变成实际行动的语言,以使其"真正成为个人、社会群体、国家、文化之间所有矛盾的和具体多样性的人类活动的内部尺度与最高准则"[①];(6)"全人类价值"是向共产主义转变的根本价值。可以说,А.А.古谢伊诺夫有关"全人类价值"学说在本质上否认了道德的阶级性,标志着价值领域从20世纪60年代兴起的"人道主义"价值走向抽象,并在价值轨道上助力了苏联社会主义制度的解体。

第三,"全人类价值"危机呈现。

"全人类价值"被看成是指导社会思想的总原则,这一原则被冠以"全人类利益"导向,但本质上它是对社会主义原有价值观念体系的抛弃。的确存在过任何社会文明都承认的普遍价值准则,比如不许偷盗、不许撒谎的原则,但是这与摒弃阶级性的"全人类价值"完全不是一个问题,因为即便是任何文明社会都具有的价值原则也是依据社会现实制定的,是具有具体和现实内容的价值。"新思维"指导下的"全人类价值"在历史观上是从唯物史观向唯心史观的堕落,在方法论上是从历史领域向价值领域的退却,在思想指导原则上是从具体层面向抽象层面的变幻,在认识论上是从实践论向自由意志的滑脱。社会思想总体上是进步的,它反映人类知识领域的进步,"全人类价值"的提出的确反映了人类思维领域的拓展

---

① А. А. Гусейнов: Этическая мысль: Новое мышление и этика, М.: Политиздат, 1988, С.18.

和社会整体的进步，但苏联的政治理论家和一些学者偷换了价值概念，用抽象的普适价值来掩盖并代替现实的价值，并将其作为指导社会发展的总原则，这在实践上显然是行不通的，因而呈现出理论上说不通的危机，也是必然结果。

（三）制度剧变中的价值嬗变

第一，社会改革扭转价值方向。

戈尔巴乔夫的"改革"与一般意义上的基于对社会制度的内部完善的"改革"截然不同。事实上，自《改革与新思维》问世以后，"改革"（перестройка）就变成了"推倒了重建"的革命式"变革"。1990年2月的中央会议提出了在政治上放弃一党制原则、实施多党制的思路，这是苏共制度崩溃的事实起点，也是马克思主义理论指导思想退出苏共历史舞台的事实起点。[①]"改革"扭转了历史前进的方向，当然也肢解了原有的马克思主义的价值体系和价值观念。价值世界中的辩证唯物主义和历史唯物主义的总方法论被抛弃了，人民群众在社会历史中的决定作用被忽略掉，具体的、现实的人的价值世界被抽离了……整个价值世界被超阶级的、抽象的"全人类价值"所填充，又因为"全人类价值"的抽象性而毫无建树，苏联的价值世界迅速倒向混乱无序的价值真空。

第二，社会失序引发价值混乱。

私有化导致劳动者地位下降、居民生活恶化、人口全面贫困化、居民悲观无望，并成为社会价值观逆转的肇始之源。政治改革中多党派推行过程的非道德化、政党行动的自我利益中心化、政治实践过程的实用主义化等在扰乱政治生活的同时也引发社会主义核心价值观的崩溃。思想领域的多元化直接导致价值世界的"杂糅"

---

① 武卉昕：《苏联伦理学中的价值问题》，载《道德与文明》，2019年第1期，第74页。

和混乱无序。抽象的人道主义促使价值空洞化，共产主义理想被否定使得价值世界的坐标系崩塌，价值世界陷入全面混乱。"个人主义""犬儒主义""利己主义""种族主义"等价值观念在"集体主义""社会主义""爱国主义""民族主义"观念的退潮中应运而生，各种价值纠缠在一起，形成价值世界的混合主义特征。失去核心价值引领的价值世界混乱不堪，无以为继。

第三，制度解体导致价值嬗变。

在苏联的社会主义制度解体过程中，价值世界发生了全面的嬗变，原有价值世界遭到彻底毁灭。以"爱国主义""集体主义""团结向上""善良诚实"等价值要素为基础的社会主义核心价值观经历了改革中的价值退潮，最后被彻底抛弃，取而代之的是疯涨起来的"极端主义"、突破道德底线的"个人主义"、无所事事的"犬儒主义"、不尊重历史现实的"虚无主义"和纠缠不清的价值"混合主义"。苏联时期和谐高尚的价值世界图景隐没在制度剧变的云谲波诡中，苏联的社会主义价值体系也遁形于社会剧变的沉重雾霭中。

作为揭示客观世界对满足人类生存发展的程度范畴，价值更多地强调历史过程中客体对于主体需要的满足。苏联历史理论视野中的价值变迁也是客观的社会生活对社会主体的满足，是客观世界的主观映像性反映。在价值变迁中见证历史，在历史变迁中寻找价值（包括错误的价值），这样使得历史有据可循，价值有据可依。

第三节　苏俄道德价值：从规范到意识

后苏联时代对道德价值的解读不同于苏联时代。在马克思主义道德意识形态领域中，苏联时期的道德价值被看成是道德规范理论，很多时候道德价值与道德规范的内容是同一的。后苏联时代的道德价值滑落至道德意识范畴，道德价值的具体内容是作为总的道德意识观念中的内容呈现的，在功能上，不再特别强调道德价值的历史条件、客观因素、阶级性质，实现了对道德价值的理解从规范到意识的过渡。

一、作为道德规范意义的价值

（一）道德价值反映客体道德关系

苏联伦理学并未简单地将道德价值排除在道德意识之外，而是在承认道德价值属于道德意识范畴的基础上，强调它对客体道德关系的反映。基于道德的社会本性和本质，依据认识论原则，物质条件和观念认识具有相对独立性，在这一意义上，道德既属于意识形态范畴，又是社会客观活动的重要领域，既反映主体道德意识，更反映客体道德关系。作为道德主体的行为、品质对于道德客体所具有的意义，道德价值也是一种关系，并且不能单纯地依靠在对象中感性地存在，它更多地突出道德现象、道德行为、道德活动中某种社会意义的实现，即道德实践主体对客体的影响和作用是正向的也是负向的，是对的也是错的。譬如苏联的道德价值体系内也包含并推崇"善"，但这一价值更多地被理解为主体道德行为所具备的道德善对于客体具有多大的进步意义："'善'是'对外部现实性的要求'，'善'被理解为人的实践＝要求（1）和外部现实（2）。"① 正义和公平作为苏联时代重要的道德价值也被赋予社会意义目标，如马克思所说："生产当事人之间进行的交易的正义性在于：这种交易是从生产关系中作为自然结果产生出来的……这个内容，只要

---

① 《列宁全集》第 55 卷，人民出版社 2017 年版，第 183 页。

与生产方式相适应，相一致，就是正义的；只要与生产方式相矛盾，就是非正义的。"①所以，在列宁那里，布尔什维克夺取政权是对社会生产力的推动，因为单靠群众对剥削的憎恨，永远不可能摆脱剥削，不可能使劳动者从繁重的工作中解脱出来，而资本主义妨碍生产力的继续发展，那么，布尔什维克对于政权的夺取就是完全正义的。由此可见，道德价值总是反映那些具有社会意义的相互关系，在社会活动实践中形成价值谱系，道德价值反映主客体之间的关系是基于客体的意义世界这一总前提的。这一前提规定了道德价值的确定并非随心所欲，并非全然靠意志世界实现，更多的要考虑到价值客体的需要。价值客体的需要往往表现为外在的约束和要求，即应然的道德原则、规范，这样，道德价值的规范意义便显得尤为突出。

（二）道德价值依附社会历史条件

苏联伦理学承认道德价值的社会历史性，并将其作为道德价值存在的前提。尊重恩格斯"善恶观念从一个民族到另一个民族、从一个时代到另一个时代变更得这样厉害，以致它们常常是互相直接矛盾的"②的论断，考虑具体时间、具体环境里的历史过程对道德本身及其价值形成的作用，苏联时代认可的道德价值包括"善与恶""正义与公平""良心""诚实和尊严"，但苏联伦理学对上述道德价值的界定，没有哪一个不是建立在唯物主义历史观的理解之上的，没有哪一个对道德价值的讨论是可以脱离具体的历史现实条件的。苏联伦理学将道德价值看成是社会历史的意识产物，并未将其作为一般范畴来考察，而是从一定的历史形式来考察。在历史领域而不是道德领域中的道德价值就不仅仅是就道德论道德，就不仅仅

---

① 《马克思恩格斯全集》第 25 卷，人民出版社 1974 年版，第 379 页。
② 《马克思恩格斯全集》第 20 卷，人民出版社 1971 年版，第 101 页。

是在道德领域里兜圈子，从而使得道德价值的社会意义得以显现。譬如人道主义价值，苏联时代一直在讲，但至少从马克思主义伦理学确立起来的20世纪50年代末到80年代中期，对于人道主义的理解都是有社会主义这一历史前提的，满足人的需求、发展人的能力，使其达到建设国家的要求。为追求社会正义、和谐以及个人的协调发展创造条件，是当时苏联共产党至高至上的目的，共产党的政策在20世纪60年代被看成是行动中的人道主义。20世纪70年代，虽然人的地位在价值世界中得到突出强调，但"人道主义"的"人"仍是作为社会历史主体的人，仍然被共产主义情绪所围绕，坚信人民创造历史活动的永恒性会将历史推向美好而近在咫尺的未来。这里面，历史不是个人主观活动的意义，价值也绝不能脱离历史活动的主体而产生。20世纪80年代中期出版的《马克思恩格斯列宁论道德和道德教育》一书还在人道主义前冠以"社会主义和共产主义"的定语。社会历史性是道德价值制定的外在前提，同时具有规律性特征，遵循这一规律，道德价值的存续得以保障，不遵循规律，则难逃厄运，所以，社会历史条件决定了道德价值的约束性和规范性色彩。

（三）道德价值论证社会规范需求

这一点毋庸置疑，直到今天，道德价值和道德规范的逻辑一致性也从未被普遍否认过。社会规范（包括道德规范）就是社会意识的反映形式，每一个社会都有一套统一的社会要求体系，这一体系作用的发挥保证社会物质生活和精神生活的正常运转。相应地能够分析出，这一社会要求体系大致分为两个层次：规范性要求体系和价值性要求体系。"规范性的社会要求直接受制于在社会生活中生存所对必要的行为方式的制约，而价值性社会要求则是规范性要求的论据"①，规范性的社会要求遵循从社会到个人的要求路线，而价值性的社会要求既可以反映社会对个人的要求，也能反映个体对社会的需求，而这一相互运动过程更能促进社会理想和完善的社会意识的形成。由此看出，在这里价值性的社会要求在促进社会进步方面更具实践魅力，价值捍卫社会规范，道德价值捍卫道德规范。规范的确立需要价值的支持，道德规范的确立需要道德价值的支持，二者在逻辑上是同一的：道德价值的存在解释了很多道德原则确立的原因，如苏联时期爱国主义的道德原则，作为规范存在，更是个体对祖国爱的需要的反映和祖国对个体认同的期许。集体主义，作为道德原则，既是个体对集体爱护的表达，也是集体对个体权利的维护。勤劳是道德原则，也是道德价值，因为里面包含个体对社会的奉献义务，也包含社会对个体的劳动期许。……无论是规范，还是需求表达，无论是要求，还是维护和期许，这些道德价值均是对社会道德规范的理论论证和实践指导，二者在逻辑上和实践上均一脉相承。什么样的道德规范反映什么样的主体道德价值，什么样的道德价值反映什么样的社会道德需求。为人的解放而努力的道德价值需要社会主义的人道主义的道德原则，社会主义的人道主义的道德原则也反映为人的真正解放而存在的价值本身。苏联时代的道德价值范畴与道德原则（规范）的契合性说明了这一点。

  道德价值反映客体道德关系，依附于社会历史条件，论证社会规范需求，而道德关系的客观性、社会历史条件的规律性、社会规范需求的现实性决定了与它们密切关联的道德价值的规范性特点。社会主义苏联的建立是前所未有的实践尝试，需要社会主义道德规范的指引，更需要与社会道德规范同一的社会道德价值的支持和伴随。

---

① А. В. Разин: Этика, М.: Академический Проект, 2004, С.407.

二、作为道德意识范畴的价值

20世纪80年代中期以后，社会主张的道德价值在历史观上从唯物主义领域滑落到唯心主义领域，在方法论上从历史领域退却到道德领域，在认识论上从道德决定论蜕变到意志自由，在时空观上从道德实然向道德应然领域越位，道德价值的规范功能弱化。随着马克思主义伦理学在苏联的终结，道德和道德价值的规范意义不再受重视。并且，社会价值引导出现逆转，对从前社会主义社会的道德原则、道德价值持否定攻击态度，对西方道德顶礼膜拜，西方伦理学的基本理论和研究范式风生水起，道德价值领域中的主体关系被提升到前所未有的高度，作为意识范畴的道德价值，如善与恶、义务与爱好、良心与满足、爱与恨、自由、正义、幸福等价值概念成为价值世界的宠儿，而全部均在意识范畴来界定、讨论和推行。

（一）道德价值论证呈现分析哲学属性

苏联时代，道德价值被看作是与共产主义道德相关联的最一般意义的伦理学范畴，更具命令性和社会批判性。随着哲学研究的一般路径，即由本体论经由认识论最终上升到语言哲学（分析哲学）的大逻辑路径的延展，苏联伦理学也愈发呈现分析哲学和现象学色彩。伦理学经验论的研究方法被保持的同时，复活了先前形而上学的特点，伦理学作为"纯粹意识内的存在"被研究成为时尚。伦理学研究的对象从先前的道德原则、规范和美德转换为道德概念本身，使得研究本身更关注概念范畴的意义，在依然承认道德客观性的基础上更强调概念内部的可认知性。在研究者那里虽途径各异，但殊途同路[①]：一说道德的客观内容可以通过愉悦、满足、有益等经验性的概念得以阐明；二说将道德概念划归特殊的逻辑类别，并将其对人类行为的道德本质的理解直接直觉地联系起来；三说规划出特

---

① А. А. Гусейнов: Этика / Вопросы философии, 1999, №8, С.88.

殊的论证方法,甚或诸如道义论的逻辑论证方法以揭示道德的合理结构。虽然研究者坚称对伦理概念的解读仍不否认道德客观性,但事实上,客观性原则被绕开了,对道德概念的论证脱离了绝对依靠道德客观性的前提,向主体道德意识结构层面迈进,最显著的是对道德价值的论证。莫斯科大学A.B.拉津(А.В. Разин)教授编撰的用作高校伦理学教材的《伦理学》中,对道德价值的研究大体在价值本体论、价值心理学和价值绝对论范围内进行,先前马克思主义伦理学的客体道德关系的绝对性被排除,在认知和情感范畴里论证善恶、义务和爱好、良心、诚信、满足等道德价值,新认知论甚至完全拒绝在客体范畴和主体范畴内论述道德价值。

　　脱离社会客体,理论研究元伦理化的研究趋向迎合社会制度改弦更张的需求,当新的社会价值尚未明晰地确定下来,旧价值遭到抵制性摒弃的时候,要"预防道德煽动和其他社会意识操纵"[①],以确立伦理学的科学严肃性。无论是分析哲学还是现象学,无论是认知论还是直觉主义,看似是研究方法上的转变,即从历史领域转向道德本身,实际上是根本立场的转变,即从客观世界退却到意识世界,在历史观上,以纯粹的唯心论作为轴心了。

(二)道德价值概念归属道德意识范畴

　　道德价值概念全部归属于道德意识范畴是后苏联伦理学道德价值概念的最大变化。苏联时代,诸如忠诚于共产主义、积极劳动、义务和幸福、原则性和谦虚谨慎、英雄主义和爱国主义等都被看作是伦理价值,它们既是道德价值又是道德原则、道德品质、道德规范,即便到了后来,道德价值的主观性地位被提升,但仍然秉持事实和意识、真理和价值的统一,道德价值大多数仍属道德规范范畴,后苏联时代,道德价值被明确划归道德意识范畴。在A.B.拉津

---

① А. А. Гусейнов: Этика / Вопросы философии, 1999, №8, С.88.

教授的《伦理学》中,"道德价值和道德意识范畴"作为单独的第四章,内容包括道德意识概念总论、善与恶、义务(个体)和爱好、羞愧和良心、诚实和满足、爱与恨、爱与友谊、爱的创造性力量、自由和责任、平等、幸福和人生活的意义、爱的形而上意义、幸福和美德、幸福和生活的总蓝图、幸福和生活速度。可见,作为道德价值的基本范畴都被道德意识范畴所涵盖了,即思想、观念、情感、意志、信念等主观道德世界。事实上,道德意识和政治意识、法律意识一样,作为社会的上层建筑,归根结底要受社会的生产力发展水平的制约,要根植于社会的经济关系当中,相应地受制于一定的政治关系和社会关系。后苏联时代将道德价值分为反映群体评价和个体评价两部分,但指出这一分类法的相对性,并提出了某些道德价值既具有群体性又具有个体性的特点。"问题在于,很多范畴,比如说,类似于'义务''良心''诚实''满足''道德情感'既反映道德意识的总体监督机制,又反映主体道德行为的意识状态和具体内容……个体方面的社会道德意识概念很少具有规范意义。所以,在掌握诸如什么是良心、义务、满足的同时,要形成自己对它们的理解,为了让自己拥有一个安静的良心,应当如何生活,个人的义务到底是什么,实现个体满足的途径到底是什么,等等。"①很显然,在论及道德价值时,首先明确了其对道德意识范畴的归属,并且在强调道德价值的主体性的同时有意轻视其客体关系,注重主观感受,注重意识对客观世界的主导作用,以康德的独立的自由意志来理解具有群体性和客观性的道德本身及价值,使道德价值全部转向意识范畴。

(三)道德价值确立摆脱社会历史条件依附

价值的历史制约性始终存在,道德价值也是。苏联时代,道德

---

① А. В. Разин: Этика, М.: Академический Проект, 2004, С.428.

价值的确立以对社会历史条件的依附性为前提，无论如何，"解释价值在历史过程中的变化，弄清楚价值是否受历史必要性制约，而完全不怀疑价值和必要性之间辩证关系的各个方面的存在"①是普遍共识。在马克思主义伦理学看来，对道德现象，包括道德价值的确立，主观的、内在的、心理方面的的确是一个基本条件，但不是决定条件，"相反，道德意识'选择'的所谓'内在的'价值，始终是由历史必要性、某个阶级解决自己的切身任务的需要和能力（或没有能力）决定的"②。后苏联时代，道德价值的确立摆脱了对社会历史条件的依附，专门强调个体道德行为动机对道德价值选择和确立的影响，无论是对道德价值的基本范畴"善"的阐释，还是对具有社会意义的应然——"义务"的认识都是这样："伦理学上的善是从它的主体性和动机本性出发来得出结论的"③，"义务是规定行为主观原则的道德必要性"④，而且在对"义务"的论述中，特别指出"义务"是与"爱好"相关的"个体义务"，不同于苏联时代的"人对社会、祖国、国家、阶级、党的责任"⑤。对"良心""责任"等具体道德价值范畴的界定也是如此，基本上不再提及社会历史条件的作用："良心是人批判地思考并经历自己的行为，在情绪上对自己评价的反映"⑥"良心是对自己行为负责的、内心的

---

① К. И. Гулиан: Марксистская этика и проблема ценности / Вопросы философии, 1962, №1, С.49.

② К. И. Гулиан: Марксистская этика и проблема ценности / Вопросы философии, 1962, №1, С.50.

③ Р. Г. Апресяна, А. А. Гусейнова: Этика Энциклопедический словарь, М.: Гардарики, 2001, С.113.

④ Р. Г. Апресяна, А. А. Гусейнова: Этика Энциклопедический словарь, М.: Гардарики, 2001, С.119.

⑤ См. Большая Советская Энциклопедия (БСЭ), 1952.

⑥ А. В. Разин: Этика, М.: Академический Проект, 2004, С.438.

道德信念"[①]，1997年的伦理学大词典"责任"仅在与公民责任有关的四个范畴内被提出，即纪律责任、生产责任、纳税责任、法律责任。道德价值范畴包含的基本概念中，社会历史必然性和价值之间不再具有辩证统一关系，道德价值向更为抽象的精神层面转化。社会科学基础概念的基本特征——社会历史性被摒弃了。摆脱了社会意识条件依附的道德价值在事实上必然疏离于社会现实生活，当科学概念的物质性被抽离，其外壳只能在意识层面游荡，这是必然结果，也是科学规律。

道德价值的内容、功能、指向在苏联时代向后苏联时代的转变中发生了全面逆转，这一逆转是立场、方法、原则的根本变化，它使道德价值失去了关注历史、干预现实、引导未来的重要功能，滞留在意识层面批判、指引、预测社会道德未来。在道德价值指导下的更为具体的伦理道德观也是如此，炫目而无力。

第四节 道德价值的实现途径

探索道德价值实现的途径具有现实意义。道德选择、道德评价、道德规范和道德教育是道德价值实现的基本途径：道德选择是道德价值实现的起点，道德评价是道德价值实现的标准，道德规范是道德价值转化的媒介，道德教育是道德价值实现的方法。社会核心道德价值观的确立、培养、形成离不开这些途径。探索道德价值实现的途径在理论上有助于深刻理解社会道德价值观构成的基本要素，在道德实践上有助于为价值实现搭建桥梁。

道德价值是道德主体的行为、品质对于道德客体所具有的意

---

① См. Большой энциклопедический словарь (БЭС), 1997.

义。将停留在意义层面的道德价值的社会性展现出来,更好地发挥道德"把握世界之精神实践方式"的作用,可以使探索道德价值实现途径更具现实意义。

道德选择、道德评价、道德规范和道德教育是道德价值实现的基本途径。

一、道德选择是道德价值实现的起点

树立道德价值,先要进行道德选择。

第一,道德选择的事实立场符合道德价值的客观本性。

价值以真理为基础,道德价值以道德真理为基础。道德领域的真理是道德实践基础上主体认识与客体本质和规律的符合。真理的客观性决定了正确的价值选择需要从客观真理出发,相应地,道德价值的选择也是在事实基础上出发的,它首先要尊重道德事实。对于基本道德事实的尊重,保证了价值选择的伦理尺度。苏联后期意识形态领域中蔓延的历史虚无主义,最先就是源于对苏联历史真实性的抹杀,抹黑历史人物创造的历史功绩,致使以碎片化的历史事件歪曲甚至全盘否定历史,并用被篡改的历史幻象引导社会舆论树立"恶"的价值导向,作出了"恶"的道德选择。[①]客观性是道德选择与道德价值逻辑关系上呈现的真理要素:道德选择在事实基础上展开,按着实事求是的原则进行。这样,在善的原则指引下,必然会得出符合客观性的道德价值。

第二,道德选择的自主实践印证道德价值的主体特性。

主体需求的实现过程需要道德选择的参与。道德价值本身与道德行为主体相联系,反映主体的道德需求。道德选择是由道德主体

[①] 武卉昕、刘喜婷:《历史虚无主义的道德虚无》,载《红旗文稿》,2015年第7期,第29页。

实施的道德行为，而这一行为具有自主性特征，即作这样或那样的选择是行为主体根据自己意愿的行动结果。主体意愿离不开清晰的行为目的和道德动机，有什么样的主体意愿，就有什么样的道德选择，从而树立相应的道德价值。这里面，都有主体意愿因素。意愿属心理意识结构层面，意识活动的主体创造性对行为选择在逻辑上和事实上均具有决定意义。苏联社会末期将抽象的"全人类价值"作为至高价值来推崇与价值主体对于"社会向何处去"的选择密切相关，领导层在政治上对"西式道路"的行为选择决定了价值选择的类型。今天，俄罗斯重新出现意识形态领域的回潮现象，其价值立场又重新转向务实理性。这一价值主体立场的转变代表着价值选择主体对真正有利于人民的价值观念的把握，即重新回归善的道德视域。

第三，道德选择的社会进程证实道德价值的历史本质。

道德是社会关系形成和发展的产物，因而具有社会历史性。作为反映和评价社会道德关系的道德价值也具有社会历史性。在道德关系中呈现的道德实践的主体、客体、中介和道德过程本身都被赋予了社会历史色彩。善和恶是道德价值范畴的核心概念，它的变化也随历史而动，"善恶观念从一个民族到另一个民族、从一个时代到另一个时代变更得这样厉害，以致它们常常是互相直接矛盾的"[①]。不同时代的道德价值取向不同，决定了选取价值的道德行为选择大相径庭。每一个社会的经济关系都要通过利益表现出来，而利益选择（价值选择）要放在历史之中。苏联国家社会主义建设之最大的特点在于它的探索性，没有经验性的建设成果可供参考，新社会形态确立本身面临的巨大实践风险和舆论挑战远超今日所想。最初时代国际形势的风谲云诡，国内混乱衰微、困难重重，社

---

① 《马克思恩格斯全集》第20卷，人民出版社1971年版，第101页。

会主义建设尚未步入正轨，战争狂风又卷积着更大的政治阴云笼罩在苏联新社会制度的上空。这样的话，作为对世界的特殊把握形式和规范方式，需要有为新制度确立和前行保驾护航的精神引领。这时，需要正确的道德价值出场。将从现实生产关系中反映出来的社会关系梳理出来，加以引导和评价，将其上升为意识形态层面上的、具有普遍指导意义的精神激励，基于现实的道德选择得出引领社会顺利发展的道德价值。

第四，道德选择的多样性符合道德价值的多样性特征。

道德选择的多样性源于社会生活的复杂性。社会生活愈是复杂，呈现出的道德问题就愈丰富，也就愈需要道德选择的参与。在纷繁芜杂的道德生活中作正确的道德选择不容易，更不容易的是，道德选择还要依据道德生活本身多样性的需求。这里面既有统领全局的社会核心价值观，也要满足不同群体的特殊道德需求，使得道德价值的确立也具有多层次性。当然，这恰好符合道德价值需求本身的多样性特点。现阶段中国社会在一些时段、一些领域、一些人群内出现的道德问题的解决艰深严峻，选择什么样的方法对这些问题加以解决显得尤为重要。道德价值的多样性与利益追求的多样性相关，在社会经济生活中处于不同地位的人有不同的利益诉求，有利于人民幸福和社会进步的是善的利益诉求，反过来是恶的利益诉求。道德选择在甄别利益诉求的善恶标准时，发挥重要的决策功能。

不言自明，客观性、主体性、历史性和多样性既是道德价值的本质特征，也是实施正确道德选择的基础。作为道德价值实现的起点，道德选择行为遵循道德价值本质，既使道德选择有据可依，又使价值实现通达有径。

二、道德评价是道德价值实现的标准

"道德评价是人们在道德活动中根据一定社会的道德要求和道德规范系统,借助传统习惯、社会舆论、良心等方式,对行为现象及其道德价值作出的价值评定和判断。"[①]道德评价以善恶、荣辱、正邪为标准,表达赞同或否定的态度,属价值评价范畴。道德价值的实现要以正确的评价标准为尺度。

第一,道德评价的本质是价值本质。

价值的本质在于意义的实现。事物、现象、行为、意识等对于主体是否具有意义的标准在于善恶、荣辱、正邪、美丑、应当不应当等"类评价范畴"。这些标准不但具有评价意义,也具有价值色彩,甚至可以说,这些评价标准是先具备了价值意义,才在逻辑上衍生了评价色彩。

"善"与"恶"是道德价值的元标准。马克思主义伦理学认为,善恶标准因其固有的历史基因而具有相对性,而善恶标准的绝对性在于是否符合唯物史观要求的生产力标准。善价值是符合社会历史发展前进方向的价值,反之,是恶价值。价值本身的善恶界定需要通过判断和评价得出,而价值判断的标准仍是善恶标准,道德判断的标准更离不开善恶尺度。

在社会主义意识形态指引下要树立的道德价值具体地与道德判断相一致,即道德价值与道德判断的本质同一。马克思主义伦理学将"善与恶""正义与公平""良心""诚实与尊严"等伦理范畴作为最基本的道德价值来看待,只有符合促进生产力发展、促进社会进步的"善与恶""正义与公平""良心""诚实和尊严"才是真正的价值。"这些法律形式作为单纯的形式,是不能决定这个内容本

---

① 《伦理学》编写组编:《伦理学》,高等教育出版社、人民出版社2012年版,第258页。

身的。这些形式只是表示这个内容。这个内容,只要与生产方式相适应,相一致,就是正义的;只要与生产方式相矛盾,就是非正义的。"①苏联解体与道德价值观嬗变呈现伴随关系,制度愈是偏离社会主义,道德价值世界愈是混乱无序,反倒是20世纪70年代末期之前,即制度稳定运行的相当长时期内,苏联社会的道德价值观可以称得上是和谐高尚的。说到底,道德评价和价值评价在本质上是同一的。

第二,道德评价的依据是价值依据。

道德评价的依据多数停留在目的论和义务论的理论视域中。目的论强调行为的最终结果,并不关注行为动机的道德性,结果有利与否是道德判断的关键。义务论强调行为的动机,主张根据行为的动机来判断行为的道德意义。但无论是动机还是结果,都包含在价值实现的过程当中,都是价值客体对主体需要的满足过程。推行社会主义核心价值观的动机是建设"和谐文化",为社会主义和谐社会奠定思想道德基础,当然其本身也是价值树立的过程。纠正社会道德问题,逐渐形成风清气正的道德环境,结局是善的,纠正道德问题本身也是社会价值的实现过程。

另一方面,道德动机作为道德行为的内在推动力,体现为对念头和愿望实现的欲望,而念头和愿望也有善恶价值之分,道德行为的结果也是这样,总要给一个价值定位:善恶、良莠、正邪。20世纪50年代,苏联意识形态领域产生人道主义萌芽的行为动机是对人性本身的尊重,人们将这一行为动机界定在社会主义道德原则的价值框架下,即它是符合社会发展需求的善的道德原则。到了20世纪60年代将人道主义作为共产主义道德最为重要的原则之一的行为动机在于对人的价值的大力推崇。在后来的研究中,人们给这

---

① 《马克思恩格斯全集》第25卷,人民出版社1974年版,第379页。

一行为的道德评价是：不偏不倚。不偏不倚既是事实判断，也是价值判断。20世纪70年代，意识形态领域中的人道主义无往而不胜，其推行的行为动机中已经显露了西方人本主义的影响，结果促成了20世纪80年代"抽象的人道主义"的蔓延。"抽象的"即失去了人民性、客观性的道德原则，无论是价值取向的依据还是价值判断的依据，都是恶的。

第三，道德评价的形式属价值评价范畴。

道德评价多通过道德认识、道德情感和道德意志等形式表现出来。

道德认识是对道德现象、道德关系、道德原则和规范的认识。它是人们在道德活动中对感觉、知觉、记忆、思维、想象、言语等认知要素加以运用，形成固定的道德实践经验、道德价值概念、道德理论知识、道德判断力等。道德经验产生于社会道德实践，是道德经历在人们头脑中的反映，是道德认识的开端。道德经验的积累是道德发展变迁的结果，也是道德价值指引的结果。"仁""义""礼""智""信"是儒家伦理的基本原则，"温""良""恭""俭""让"是中华传统美德的重要内容。这些道德原则和准则作为中华民族极为宝贵的道德经验被秉承下来，历久弥新。为什么是这样的道德经验被秉承下来，而不是其他的经验被传承，这里必然涉及道德价值及其选择。在价值选择和价值评价中，那些适合中国历史和现实的道德经验被传承了，不适合的被摒弃了。道德价值概念也是这样，因为概念本身包含主体认同和价值选择。同样地，道德理论积淀和道德判断力形成都离不开道德价值的作用。

作为道德意志的重要内容，道德情感是人们在社会实践中伴随其立场、观点和生活经历而形成的对社会道德关系、道德行为的好恶和爱憎。荣辱、爱憎、好恶等道德情感均需要价值立场的参与，道德情感的表达也需要道德价值的引领，爱憎、荣辱、喜恶都与道德主体的世界观、人生观、价值观紧密相连。人民对祖国之爱寻找的是对祖国的热爱、责任和荣誉感的情感需求和价值皈依。非正义战争带给士兵的耻辱感是其对自己所承担义务的失责而进行的反思和否定，基于固有的荣辱观和善恶观而作出的否定的价值判断，所以才会产生耻辱的道德情感。道德意志更是对道德价值的坚定信仰和执着追求，更体现道德价值的引领作用。

所以，无论是道德认识、道德情感，还是道德意志，作为道德评价的载体和表现形式，都属于道德价值范畴，都是道德价值实现的途径。这一点也说明，树立道德价值，不能离开道德认识的积累、道德情感的培养和道德意志的锤炼。

第四，道德评价的目的旨在价值引领。

道德评价的目的是对道德行为进行判断，做出裁断，即哪些行为在道德上是善的，属于道德应当；哪些行为在道德上是恶的，属于道德不应当。道德评价基于道德判断，其价值立场基点不言而喻。但从道德评价的目的来说，指引并规定"应当"和"不应当"中包含的价值内容也不言而喻，并更具有实践意义。20世纪60年代的苏联，有关社会伦理道德的文章多是这样的题目：《论苏联人的个人尊严和荣誉》（А.Ф. Шишкин）、《道德信念、情操和习惯教育》（Л.М. Архангельский）、《集体主义——共产主义建设者的道德原则》（Ф.Т. Михайлов）、《直觉主义——资产阶级伦理危机的表现》（К.А. Шварцман）等。这些文章均以倡导共产主义道德、批判资产阶级道德为中心目的。这些主流文章的作者一定是站在人民的立场上，坚持的是适合苏联当时社会主义建设的意识形态和价值观立场上的、为建设社会主义才提出的道德准则。到苏联时代后期经常见诸文献的伦理学文章题目则是《新思维和伦理学》（А.А.

Гусейнов)、《情感在道德中的作用和伦理学中的感觉论原则》（А.И. Титаренко)、《解决全球化问题中的科学和人道主义理想》（И.Т. Фролов)、《道德选择》（А.И.Титаренко）等。因为当时苏联社会在价值领域已全面推行"全人类价值"，他们将意识形态的关注点转向西方的"普世价值"，在事实上以抽象的"全球伦理"来代替社会主义道德原则。在这样一些带有清晰价值目的的舆论和道德评价中，价值引领的目的不言自明。

三、道德规范是道德价值转化的工具

道德价值转化作为重要的道德实践，需要实践中介。道德规范在道德价值的转化中充当了有效的工具。

第一，道德规范是道德价值的内化手段。

道德价值作为一种观念形态存在于社会思想领域。思想观念的东西具有创造性和指导实践改造客观世界的作用，但是这一作用需要实践的参与，对道德社会关系的改造也需要实践的参与。道德实践作为重要的社会物质活动，在道德价值转化过程中，以直接现实的方式，改造道德主体、道德客体及其相互关系，成为道德价值观念内化的重要手段。将社会道德标准转化为个人品质的内化过程的实现并非易事，这一点基于道德实然和道德应然之间的现实距离。在内化的过程中，有诸多主体要素参与进来，学习、选择、纠正、发展；整合、融通、反思、创造……主体有意识的活动也面临主体选择不确定性带来的风险。这里面，道德规范作为一种外在的必然要素参与进来，促进并约束主体道德自律，帮助道德内化朝积极方向发展。道德规范是道德价值内化最重要的途径保障和实施手段，使主体在道德实践活动中实现"自主内省"，是道德他律向道德自律转化的关键。社会主义的道德规范更多地以社会主义的集体主

义、人道主义和公正等道德原则的形式表现出来，更具体地实现道德价值的内化。事实上，凡是社会道德价值观被贯彻得彻底的社会，其道德规范体系的制定必然完整有序，且实施有力。

第二，道德规范是道德价值的推行手段。

"道德应当"是进行道德实践的准则，它以道德价值的形式存在，在目的上指向行为的善，从这一意义上，这一准则通过道德规范来实现。从现实层面上看，每一个人、每一个群体乃至整个社会都要满足自己的需求，即实现自己的价值目标。为了合法律、合道德的价值目标有序实现，就要制定一些全社会共同尊重的规范和原则。可见，道德规范是道德价值在外部的推行手段。社会主义核心价值观对个体层面的道德要求被阐述为"爱国""敬业""诚信""友善"，它既是观念，又是规范，或者说，道德观念借助道德规范的形式实现。爱国主义是价值观，也是对公民承担爱社会主义祖国并为其负责任的要求；"敬业"是取向善的职业观，也是建设社会主义事业应当坚持的职业操守；"诚信"是优良的传统观念，也是做人做事的行动起点，是社会主义各项事业健康发展的伦理保障；"友善"是个体与个体、个体与群体交往的价值观念准则，是利他、利己、利社会的交际准则，具有终极道德规范意义，尤其是对社会主义和谐社会的建设，更具有核心规范价值。推行道德价值，在外部实践过程中，道德规范不可或缺。

第三，道德规范是道德价值的本质反映。

道德规范反映道德价值的本质。道德价值的本质是道德意义，道德意义的实现在道德实践层面。道德实践需要作为手段和方法的道德实践中介的参与，而道德规范就是实现某道德主体行为对他人和社会所具有的意义，在实现意义的同时，确证道德价值的存在及其本质。

苏俄社会道德价值观历史嬗变的基本线索牵动了道德规范背后的道德价值本质的嬗变。19世纪末，基于独特的"神—人之际"的宗教伦理体验，俄国在道德价值上直取宗教唯心主义的简单脉络。宗教伦理在整体上是俄罗斯的世界观和哲学思考的核心。宗教框架下的"绝对善"既是道德说教和道德原则本身，也是道德"真理"，是道德价值世界的本质。20世纪初，在"哲学船事件"的事实后果、社会思潮的世俗化转向、实证主义观念和社会达尔文主义等事件和思潮的影响下，伦理唯心主义迅速走向衰微，宗教视域下"绝对善"的道德原则也不复存在。接下来，马克思主义理论家推开了唯物主义道德价值观的绿窗，普列汉诺夫、贝贝尔、考茨基、拉法格、布哈林、托洛茨基、卢那察尔斯基、列宁都为马克思主义的道德世界观的最初确立作出了贡献。表现在道德价值和道德原则的关系上就是道德唯物主义和唯心主义价值的长期角力，以及伦理原则上"普遍的道德原则"和"阶级性的道德原则"何者为指导道德原则的争论。20世纪20年代后期到40年代，马克思主义道德价值观最终确立，表现为大尺度意义上被把握的道德是被阶级的经济、政治利益所决定的。相应地，社会主义的集体主义原则、诚实劳动、爱惜国家财产、维护职业荣誉等社会主义基本道德原则初步确立直到苏联解体。

所以，什么样的道德规范反映什么样的道德价值，什么样的道德价值树立什么样的道德规范，二者在逻辑上和历史上保持高度一致。

四、道德教育是道德价值实现的方法

第一，道德教育促进道德价值形成。

道德教育是将外在的道德规范和原则转化为个体内在的道德品

格的过程，而个体内在的道德品格是靠恒定的道德价值观定位的。善的道德价值必然造就高尚的道德品格，也契合多数道德教育的目的；恶的道德价值必然造就恶劣的道德品格，也是道德教育的严重失败。道德价值虽是内在的精神要素，但也是主体在社会化进程中的道德养成。道德养成一靠内在的道德修养，二靠外在的道德教育。从这一意义上，道德价值的树立极其依赖道德教育。在家庭，成员间相互关爱、彬彬有礼、勤劳善良的生活样态对成员彼此均是潜移默化的教育，最后形成了家庭成员以善良为基本道德指引的道德价值观；在学校，老师以诚实守信、团结互助为日常教育的准则，必然培养起学生集体主义和诚实守信的道德价值观念；在社会上，以爱国、敬业的原则来实施公民素质教育，也必然会形成全体社会成员的爱国主义、敬业精神，这些都是核心价值观的养成。道德归根到底是社会发展的产物，道德内化成价值观念需要道德教育作为外在的重要辅助力量参与进来。

第二，道德教育纠正道德价值偏差。

从功能上讲，道德教育不但有导向功能，还有纠偏功能。道德教育的目的是树立正确的道德价值、培养高尚的道德品质。但是，当道德主体的道德价值与社会对个体的道德要求不相符合，那就说明道德价值出现了偏差，需要调整，而调整本身就是道德教育施为的过程。苏联解体的过程中，集体主义价值原则被摒弃，个人主义价值观形成，使得人们评价一切均从个人需要和个人幸福出发，很多人为了个人利益不择手段地损害社会和他人。个人主义价值观推行的严重负面结果是个体不再关心社会的进步，国家发展、民族利益等核心价值被置之一隅。新世纪以来，随着社会转型出现拐点，意识形态和价值世界在重建，道德价值也在重建，尤其是作为俄罗斯优良精神传统的集体主义道德价值被重新挖掘出来。当人们意识到集体主义对于培养学生完善人格的重要性，学校重现集体主义道德教育。俄罗斯"儿童发展、教育、学习网"将培养学龄前儿童的集体主义情感作为培养合作精神的主要手段。中小学教育工作者论述集体主义在学校教育的特殊地位，中小学的教科书和参考书再次出现集体主义的教学内容；在大学里的公共课中，集体主义被作为专门的文化传统和道德原则来介绍。"在包括莫斯科在内的大中城市里，培养学生的集体主义精神已被明确写入学校的教学任务和教师的班级发展纲要中，在集体生活中形成互相帮助和相互协作成为培育集体主义的核心内容……"①经过上述有效的集体主义教育，集体主义价值观在俄罗斯重现回潮之势，这是对个人主义为主导的社会价值观念的有效纠正，是运用道德教育纠正价值偏差的典范。

第三，道德教育本身包含价值教育。

道德教育的内容包括提升道德觉悟、发展道德认识、陶冶道德情操、锻炼道德意志、树立道德信念、培养道德品质、养成道德习惯等。无论是觉悟认识、情感信念，还是品质习惯，都包含价值内容，都存在价值引领。在道德教育的全部过程中，任何一部分教育内容，均包含价值教育内容。我们读《论语》，读的是儒家的教化原则，也是对个体和群体道德觉悟认识的敦促式提升。在其传达的全部道德教育的内容里，都有明确的价值归因。或者说，这些用于人生道德训诫内容的核心就是善价值培养本身。希腊哲学先贤苏格拉底在雅典街头不断地教化年轻人，以哲学追问的形式提升雅典公民的道德认识，目的是树立起真正的善、正义、公平、爱等价值观念。苏格拉底所倡导的善价值既是理性道德原则确立的指引，也是其德性之教化的内容本身。苏联时代以共产主义道德原则引领实施

---

① 武卉昕，周建英：《俄罗斯集体主义回潮及其原因探析》，载《国外社会科学》，2010年第5期，第66页。

的道德教育实践指向苏联社会核心价值的确立目标。当代中国公民、学校、家庭、社会等层面的道德教育的具体内容均与社会主义核心价值观的要求并行不悖,全部道德教育的本身是价值教育实现的本体过程。

全部道德价值的实现绕不过道德选择、道德评价、道德规范、道德教育,后者为道德价值的实现提供实践途径,社会的任何核心道德价值观的确立、培养、形成均不能脱离上述几个环节。描述这些道德概念与道德价值的关系,在道德理论上有助于弄清社会道德价值观构成的基本要素的内涵,在道德实践上为道德价值实现搭建桥梁。

第二章
从制度危机到道德危机

第一节 私有化改革与道德伦理观嬗变

私有化改革是一个国家经济领域改革的根本性内容。20世纪90年代，在俄罗斯国家内部进行的私有化改革，无论是在最初的自发运动阶段，还是在1992年之后的国家大范围改革阶段，都具有典型的道德负面性特征。它使得俄罗斯的经济社会领域陷入了一种无法拯救的混乱状态当中，加剧了俄罗斯普通劳动者生活的艰难程度，更是从社会道德的物质存在原点上培育出了"恶"的非道德性因素，恶化了社会的整体道德风气。甚至可以说，私有化改革是俄罗斯社会道德价值观嬗变的肇始之源。

一、自发性私有化的非道德发端

20世纪90年代，在俄罗斯经济领域中进行的全面私有化改革运动，是导致俄罗斯社会道德价值观逆转的最为重要的经济因素，这也从根本上改变了后苏联时代的经济理论准则与社会道德关系。

俄罗斯的全面私有化改革开始于1992年，但是在1992年之前的几年时间里，在经济领域中由于社会层面大的政策环境与舆论环境的变化，所以非官方明确认可的带有自发性的私有化改革运动其实已经开始了。可以说，从私有化改革在其最初的自发阶段就孕育出了非道德性的价值指向，这一突破了经济伦理与商业道德并且在某种程度上钻了国家政策和制度空子的价值原则，成为了之后指导俄罗斯全面私有化改革的重要标准。在私有化改革最初的自发阶段，一些经济运作的手段与方式突破了其应有的道德底线，有些甚至直接与法律相违背。主要表现在如下几个方面：

（一）私有化组织生成的非规范性

在20世纪90年代初，自发的私有化行为就已经开始了，但是想了解它的实际规模是不现实的，因为俄罗斯当时并没有对此给出一个明确的态度和立场，政府对逐渐滋生的私有化现象采取了比较暧昧而模糊的态度。在这方面尚缺乏统一的注册统计的机构，也没有统一的核算方式，自然也就无法区别出合法与非法的私有化行为。而这些组织也成为了日后的大集团和大公司的雏形，在国家尚未建立起相关的法律法规之前，这些组织就抓住了这个制度的空子，在国家和政府部门的内部自发孕育了起来。然而，这种隐秘的私有化组织的生成方式本身就是违背法律和规则的。

（二）资金来源渠道的非透明化

依赖于国有资金进行的私有化改革，走上的是一条非法的融资渠道。在20世纪90年代初，形成的绝大多数企业机构是由苏维埃政府与苏联共产党提供的资金所创办的。为了避免法律方面可能带来的风险，这些公司在最初往往都是一些闭锁性的公司，包括"中心建设银行""商业银行"等私人性银行，融资的方式也都颇为隐秘。有报道称："20世纪90年代，在俄罗斯有600个至1000个公司，公司的创办和营运是靠被私有化的苏联共产党提供的资金完成的。"①

(三) 自发私有化引领者的官员化

在20世纪90年代初，俄罗斯私有化改革的自发阶段，大型企业的经理和厂长们都借机大捞实惠。根据1992年俄罗斯社会舆论研究中心（ВЦИОМ）的调查数据显示：超过四分之三的国有企业的经理和厂长们成为了企业的私有者，其中有6%的人获得了控股权。835名被调查的各类非国有公司的领导，都参与了自己所在企业的股份组织，其中的大多数成为了后来股份化的主要组织者②。因此，可以明确地说，在私有化改革最初的过程中，这些企业的经理和厂长自己制定规则，然后自己去实践。因此，他们能够轻而易举地将国有资产收入囊中。

(四) 垄断集团政府发育的集中化

从1990年至1991年，一些具有多种商业类型的大型垄断企业，在高层政府机构的金融部门中集中孕育了出来。在两年时间里共有20个国家政府机构和金融部门被消除，逐渐演变成为了以商业联合会、控股公司、垄断性联合企业为主要形式的大型商业性垄断集团。政府里面原高级别官员、机关内部的领导、国有银行的行长、国家委员会的领导，也都纷纷成为了这些商业垄断性企业与控股集团的领导。"俄罗斯天然气总公司""工业建设银行""农业化学集团"等关系到国计民生的国家机构，都集中地转变成为了商业垄断型企业与私人控股集团。

---

① Известия, 1992.04.01.
② 参见 Бизнесмены России. 40 историй успеха, М.: Изд-во АО "Об-ние "ОКО", 1994; М. Л. Горячев: Красный директор меняет цвет / Московскиеновости, 1992, №1; В. В. Радаев: Формирование новых российских рынков: трансакционные издержки, формы контроля и деловая этика, М.: Центр полит, 1998; Общественные науки и современность, 1995, №1, С.26.

在私有化改革的最初自发阶段，私有企业组织的融资渠道、生成方式、组织者、孕育土壤均具有明显的非法性，甚至突破了商业性的道德底线。国家的计划被搁置到了一边，公众的利益也被视为无足轻重。在经济模式生成过程中的诚信度降低，这也就掀起了俄罗斯经济领域道德滑坡的序幕，并在随后的国家正式私有化改革的浪潮中肆虐开来。

二、国家私有化实践的非道德元素

俄罗斯官方所进行的大规模的私有化改革，是从 1992 年正式开始的。从 1992 年到 1994 年，是证券股份化大规模发展的历史阶段。在这一阶段之中，普通居民的生活在诸多领域都发生了剧变，而且这种剧变主要是向具有否定意义的负面方向转化的。

（一）企业性质私有化导致劳动者社会地位下降

俄罗斯国有企业大规模进行的私有化改革改变了企业的所有制形式，劳动者的社会地位及其身份也相应地发生了改变。根据 2003 年的俄国家统计学年鉴显示[①]，到 20 世纪 90 年代末，个体所有制经济已经占到了国家全部经济份额的 75%，到 2000 年，已经有 60% 的居民在合资企业、私人企业或独资企业以及其他社会组织中工作。经济自立性人口的比重呈现逐年下降的趋势，1992 年这一统计数字达到了 7400 万人，1993 年这一统计数字为 7200 万人，1994 年这一统计数字为 7000 万人，1996 年这一统计数字为 6900 万人，1998 年这一统计数字下降到了 6700 万人，约有 10% 的人口从事商业活动，有 6000 万的俄罗斯人成为了企业的被雇佣者。这些人都失去了之前在国有企业和组织中的地位，劳动收入也出现了大幅度

---

① Госкомстат России: Социальное положение и уровень жизни населения России: Статистический сборник. М., 2003, С.83.

下降，难以保障其政治权利和教育、医疗、养老等社会性福利。1997年10月1日，一位矿工寄信给《劳动报》："我们矿上的居民已经两年没发工资了，人们去做一切能糊口的工作，甚至是去危险的地方淘金，这导致了极高的死亡率。"① "家里没有钱也无处挣钱，没有工作提供给你，你是不被需要的人。"② 劳动者的心理长期被这样一种社会认识压迫着，让他们在生活水平和社会地位均下降的同时，承受着更为严重的心理危机。

大规模的私有化改革还引发了社会分化。穷人的构成发生了根本性的新变化，很多受过高等教育和有技术的劳动者变为了贫困人口。在20世纪70年代到80年代，社会贫困阶层主要包括儿童、青年、退休人员、残疾人、单身母亲、多子女家庭人员等群体，但是在20世纪90年代的贫困人口中，具有技术与劳动能力的工人占了30%，具有技术与劳动能力的失业工人所占的比重更大。原来享有社会地位与尊重的工人成了社会的负担，成了被国家急于甩掉的包袱。企业制度的私有化改革直接导致了工人的工资锐减，甚至是对工人劳动权利的恶性剥夺，没有人考虑过这些劳动者的切身感受和现实生活的境况。由此可见，这部分劳动者被无情地边缘化了。

（二）价格制度自由化导致居民生活状况恶化

从1992年1月起，俄罗斯联邦开始实行国营商业活动自由化与价格自由化制度，于是商品价格的制定脱离了国家的监管与控制。这一政策的实施促使90%的零售业和80%的批发商拥有了独立的价格制定权，直接导致了日常消费品价格的疯狂上涨。根据俄罗斯联邦国家委员会（Госкомство）的官方统计：在1992年的第一季度，日常消费品的价格就同比上涨了5—6倍，而1992年12

---

① Труд, 1997.10.01.

② Труд, 1997.10.01.

月日常消费品的价格与 1991 年 12 月相比上涨了 26 倍，而与 1990 年日常消费品的价格相比上涨了 70 倍！①如果说 1991 年 12 月的平均工资可以买一台冰箱与两台彩色电视，那么到 1992 年 12 月时，得用 6 个月的工资买这些商品。②此外，服务性行业的价格涨得更为迅猛：在一年之内，幼儿园的费用上涨了 32 倍，医疗服务的费用上涨了 20 倍，日常服务的费用上涨了 19 倍，通信的费用上涨了 14—20 倍，交通运输的费用上涨了 12—13 倍。③

商品价格的上涨直接导致了储蓄金额和居民收入的贬值。这一情况更加剧了问题的复杂化：很多居民在 1990 年初，存在银行的存款在通货膨胀的过程中"蒸发了"。如果在 1990 年，俄罗斯居民的平均存款额度是 1400—1500 卢布④，那么根据通胀的比率计算，到 1992 年每 1000 卢布就相当于 15 卢布，而到 1993 年底 1000 卢布就只剩下了 15—20 戈比⑤！虽然政府作出了权宜性的口头保证，但在实际上却并没有兑现，没有为居民的现实损失负责。通货膨胀的最为直接的一个后果就是使居民手中的钱迅速贬值，同时居民又不得不面对日益飙升的日常必需的支出。商业活动自由化和价格制度自由化的制度所引发的居民经济情况的恶化程度可想而知。

---

① Российский статистический ежегодник. М., 2000; Социально-экономическое положение России: Стат. сб. М., 2000; Известия, 1992.04.07.

② Т. М. Тимонта: Экономическая история России. М., 2002; Б. С. Соколин: Кризисная экономика России: рубеж тысячелетий. СПб., 1997 и др.

③ Б. М. Соколин: Кризисная экономика России: рубеж тысячелетий. СПб.; Уровень жизни населения России: Стат. сб. М., 1996 и др.

④ Народное хозяйство СССР в 1990.: Стат. сб. М., 1990; Уровень жизни населения России: Стат. сб. М., 1996 и др.

⑤ Госкомстат России. Российский статистический ежегодник. М., 2000; Народное хозяйство СССР: Стат. сб. М., 1990; Уровень жизни населения России: Стат. сб. М., 1996 и др.

（三）工人被迫解职导致人口全面贫困化

企业生产的缩减导致了很多劳动者被迫离职或被开除，这也成为了导致俄罗斯劳动者生活状况急剧恶化的一个重要原因。1992年底与1990年相比，企业生产的规模缩减了一多半。^①企业生产的"去工业化"趋势在全国范围内蔓延开来，国民经济的支柱性产业的生产出现了大幅度的萎缩，包括农产品生产加工业、汽车制造业、造纸业和建筑业等行业；轻工业领域的生产量仅相当于之前产量的15%—20%，包括纺织、鞋业、皮革制造、毛皮生产等行业；^②技术密集型产业部门的生产也受到了重创，包括电机制造业、电力行业、精密仪器制造业等行业。可以说，这种影响覆盖了全国范围内的生产性领域。在企业的生产非常艰难的情况下，政府没有有效地解决劳动者们的现实困难，而是不负责任地将他们推给了社会。1993年2月5日，俄罗斯联邦政府出台了《关于大范围解除工人职务工作》的文件，此文件为企业"开除"工人提供了法律和政策支撑。俄罗斯联邦就业局还对解除工人的工作提出了具体的实施步骤，并要求在规定的时间内按照比例缩减工人的数量。

短时间内俄罗斯联邦的失业人数呈现出激增的态势。从1992年到1997年，工人人数缩减了600万人，^③而这一人数的缩减主要是政府的大规模裁员所导致的。而那些没有被解雇的企业工人的情况也并不好，企业为了能够继续经营下去，最先考虑到的就是缩减工人的工资，刚开始时是发放正常工人工资的三分之一，后来是无限期地给工人放无薪长假，再后来就是企业处于生产阶段也未发工人的工资。截至1997年9月1日，俄罗斯的企业拖欠工人的工资

---

① Известия, 1992.01.29.

② Россия в цифрах. Стат. сб. М., 2000, С.176.

③ В. В. Трушков: Современный рабочий класс России в зеркале статистики / Социологические исследования, 2002, №2, С.47.

已经达到了 44.2 万亿卢布。①无论是以莫斯科为代表的中心地区，还是在远东等边疆地区，都随处可见被迫失业的人。失业加剧了人们生活的恶化程度，在一些地区，为了生活，一到献血日就会有很多人去献血，献血日也因此成为了引发社会动荡的"高风险日"。献血能得到的费用其实并不高，但是由于支付的是现金，因此，对于那些处于生活贫困边缘的人而言是值得考虑做的事，即使会面临很大的风险。很多农村地区也由于企业倒闭发生了连锁反应：交通瘫痪，人们失去了与外界的交通和通信联系，教育机构和学校被迫关闭，这导致的最为严重后果是许多农村的消失。

贫困的现象遍布于俄罗斯全国范围内。根据俄罗斯科学院的调查数据显示，在 20 世纪 90 年代，农村贫困人口的比率是 0.6%，首都和大城市贫困人口的比率是 18%—19%，小城市贫困人口的比率是 24.6%。②一些封闭式工业城区的情况更为糟糕，这些仅从事单一性产品生产的小城市的生活主要由一两个企业的生产情况所决定，因此居民的生存状态与企业的生产状况密切相关。在 20 世纪 90 年代，一些地区的失业率竟然高达 96%。③这些失业者或者靠父母的退休金为生，或者靠种菜和打鱼为生。

（四）政府危机治理的"去社会责任化"导致居民悲观无望

大规模的失业人口加剧了俄罗斯社会结构的混乱状况。由于失业所引发的混乱在俄罗斯全国范围内蔓延开来，劳动者的生活极为艰难困苦。社会生活的极端贫困化，是 20 世纪 90 年代俄罗斯社会生活的最为突出的典型特征。在国家的授意下，企业主们为了个人的私利完全不顾及劳动者的利益。俄罗斯各级管理者行事作风的去

---

① Н. Н. Разуваева: Современная Россия. Обострение проблем социальной трансформации, М.: Уфа ВЭГУ, 1998, C.56.

② Социологические исследования, 2004, №4, C.36–38.

③ Россия в цифрах. Стат. сб. М., 2000, C.36–40.

社会责任化主要表现在如下几个方面：

第一，就业安置工作不作为。俄罗斯政府给失业者们提供的就业机会越来越少。在1994年10月，就业岗位减少了28000个；1995年12月，就业岗位减少了43000个；1996年1月，统计数字下降到了309300个。①可供就业岗位数的大幅缩减，进一步加剧了劳动者就业的艰难。1994年，在俄罗斯平均2.7人竞争一个岗位，1995年平均4.5人竞争一个岗位，而到了1996年平均7.5人竞争一个岗位。②

第二，对具有实质意义数据统计不诚信。20世纪90年代，俄罗斯社会经济总体水平下降，普通居民生活急剧恶化。但是，一些公布的调查数据结果却与实际情况出入很大。1995年，国家公布的失业人口比重是9.5%③，这一统计数据是失实的。因为官方对失业人数的统计未包括"隐形"的失业群体，即一些长期领不到工资或者长期放无薪假期的劳动者，而他们实际上也同样面临着再就业的困难。20世纪90年代，俄罗斯官方对罢工规模和人数的统计也存在失实的情况。根据俄罗斯官方统计，1997年，俄罗斯境内参加罢工和抗议活动的企业有16710个，④而根据俄罗斯工会的统计显示，这一统计数字只是1997年1月到4月份的数额。

在很多具有实质意义的统计数据上，采取自欺欺人或者故意隐瞒的做法，这是不诚信的政治伦理观在实践中的体现。它造成了对危机严重程度的认识不足，不能深刻地认清俄罗斯政治经济

---

① Общество и экономика, 1993, №7–8; Независимая газета, 1994.08.30.

② В.Л. Соколин: Социальное положение и уровень жизни населения России: Стат. сб. М., 1998, С.6.

③ Труд, 1992.12.23; Независимая газета, 1994.08.09, 11.19; 1996.02.02; Обзор экономики России, 1995, №1, С.135–150.

④ Россия в цифрах. Стат. сб. М., 2000; Труд, 1997.05.22.

社会生活领域中面临的危机，很容易导致各级行政机构在政策制定和贯彻实施中的不精准和不到位，其所造成的后果自然是非常严重的。

第三，应对欠薪的措施具有消极性。可以说，20世纪90年代的初期和中期，企业的欠薪问题是导致俄罗斯居民生活下降的重要因素。企业欠薪问题总体而言是宏观的经济环境引起企业之间形成了复杂的债务关系，很多企业没有足够的资金给工人开工资造成的。国家层面不成功的经济改革是根源，但却是由劳动者来承担这种后果。俄罗斯联邦政府不想办法解决劳动者的就业和生活困难问题，反而在一些操作程序上设置障碍。例如，公民条例的第855条规定，要在先保障企业工资发放完成之后，再收取企业的税款，但是政府迫于压力，通常都是先收取了企业的税金，然后才允许企业发放工人的工资。结果在资金不足的情况下，企业往往是上交了税金之后，就没资金发放工人的工资了。在俄罗斯全面私有制改革的背景下，商业银行公开挪用企业的工资。国家在解决欠薪问题上的消极态度，无疑也加剧了劳动者对于社会的不满情绪，这是一种政策执行的错误导向，也是社会道德堕落的根源性因素。

由于在国家放任态度下处于孤立无援的境况，社会公众越来越表现出无助悲观的消极情绪。这一负面情绪笼罩着整个俄罗斯社会，给社会的稳定埋下了深深的隐患，更成为了俄罗斯社会道德价值观逆转的开端。1996年，《论据与事实》报刊载的一则漫画展示了未来普通人的生活境况：人们徒步上下班，吃自己配制的饲料，生病了无钱吃药和打针，孩童们在大街上行乞，老人们在垃圾箱里寻找吃的等。根据俄罗斯社会舆论研究中心（ВЦИОМ）的统计数据显示，在20世纪90年代，大多数俄罗斯人对社会整体情况及其生活水平持极为否定的态度。1993年，持"不好"和"非常不好"

评价的被调查者占到了43%，到1997年这种情况上升到了58%。在1995年的民意调查中，有35%的被调查者表示无法忍受不断恶化的社会现实状况，到1997年持这一态度的人数上升到了45%。①可以说，人的心理状况的恶化是对于社会环境变化的最初反映，劳动者最主要的感受是精神与心理方面的不适应，认为自己变得孤独、无助、紧张、脆弱，并且对未来不抱有希望。一般而言，积极乐观的心态往往会促进正面道德观念的形成和发展，而消极悲观的心态往往会导致社会"恶"的蔓延，而这样的群体性悲观心理更加速了俄罗斯社会的道德滑坡。

（五）企业主资金支出非监管化导致道德虚无主义扩张

作为国家私有化改革的最大的"既得利益者"，企业主不会站在劳动者的立场思考问题与解决问题。在企业经营有困难的情况下，企业主仍然想尽办法公饱私囊以实现"个人致富"。1997年7月到9月，大型路桥公司 BAO 两个月的欠薪额高达10多亿卢布，工人们连给孩子买奶粉的钱都没有，但是公司总经理 П. Сердюков 及其副手们还能得到每人每月100万卢布的奖金。②从1996年4月到1997年9月，BOAO 沃罗涅日压力机厂的欠薪额度高达40亿卢布，但是企业的领导们却花费了17亿卢布去旅行。③圣彼得堡 AOOT 机械制造厂的工人们一年没有领到工资，但企业每个月会花销378万卢布的"招待费"。④

企业主们擅自非法使用公款的不当行为，使本来就不充足的资

---

① 参见 Труд, 1997.02.12, 03.05, 05.22; Труд, 1997.03.21–27; Независимая газета, 1997.09.20; Экономические и социальные перемены: Мониторинг общественного мнения, 1993, 1994, 1995, 1996, 1997; Серия публикаций ИСИ РАН «Зеркало мнений».

② Труд, 1997.10.23.

③ Труд, 1997.10.23.

④ Труд, 1997.10.23.

金更为紧缺。于是，企业主们就采用"实物支付"的方式给工人开工资。因此，工人们得到了家具、饭锅、瓷器、玻璃器皿、机器零件等实物支付形式的工资，但是这些东西根本不能食用，所以工人们必须将其卖掉。企业主们核算出的抵付工人工资的这些物品的价格比市场价格高出很多，于是工人们很难出售这些物品。很多劳动者只能以批发的形式将这些物品贱卖出去，因为这样可以尽快得到现金来维持生计。这种实物支付工资的形式在一段时期内普遍实行：包括布里亚特、弗拉基米尔州、阿尔泰边疆区、图瓦、斯维尔德洛夫斯科州和布良斯科等地。①

企业主们擅自挪用公款消费并且据为己有、以"实物形式"支付工人工资的这些无德的行为，并没有受到法律的制裁或者是舆论的谴责，这成为了20世纪90年代俄罗斯最为突出的社会道德问题。也许是劳动者疲于解决生计问题，所以这一行为的道德批判意义没有得到应有的关注。但是无论如何，这都导致了劳动者生活水平的大幅下滑，导致了社会经济危机朝着更复杂的深渊滑落下去，这已经成为了俄罗斯不得不面对的现实问题。

三、经济改革的社会后果

居民生活水平的急剧恶化，是私有化改革带来的最为显见的经济恶果。由于失败的经济改革所引发的贫困问题，给俄罗斯造成了广泛的负面影响。居民的生活变得极为艰辛，给普通民众带来了无法言说的伤害。居民日常生活领域的变化主要表现在如下几方面：

---

① Д. В. Копыл: Духовно - нравственное состояние российского общества в контексте реформ 1990-х гг.: диссертация ... кандидата исторических наук, 2010.

（一）居民食物性支出比重增加

因为贫困，人们不得不想尽办法节省开支。研究结果表明，98%的贫困家庭会因为每一次的物价变动而调整消费结构。[①]食物性消费成为了家庭支出的最主要的部分，而穷人往往成为了劣质食品物品的主要消费群体。没有多余的资金来购买生活用品是许多家庭的常态，相当多的家庭在购买了必需生活用品之后，可供支配的钱已经所剩无几，有46.2%的人被迫依靠借钱或者长期举债度日，[②]很多贫困家庭所使用的家具和家电已经破损了。俄罗斯社会阶层的构成发生了巨大变化，劳动者的自我认同度降低了，对未来表达出了悲观失望的负面情绪。

（二）家庭"自然经济"应激性呈现

在缺少现金购买生活必需品的情况下，很多家庭都自己动手维持生活。有46%的家庭在特殊困难时期都曾自己缝制衣服，自己修理损坏的物品物件，自己开辟菜园和建筑小型"别墅"。[③]有些人去打猎、打鱼、到郊外种田养家，很多穷人以这种"自然经济"的方式，应对了那一特殊时期的生活贫困问题。

[①] Н. Е. Тихонов: Особенности дифференциации и самооценки статуса в полярных слоях населения / Социологические исследования, 2004, №3, C.23.

[②] Данные Всероссийского центра по изучению общественного мнения (ВЦИОМ) / Социологические исследования,1994, №3; Трансформация социальной структуры и стратификация российского общества, М.: Института социологии РАН, 1996; Данные Института комплексных социальных исследований РАН: Тихонова Н. Е. Феномен городской бедности в современной России, М.: Летний сад, 2003; Н. М. Давыдова,Н. Н. Седова:Материально-имущественные характеристики и качество жизни богатых и бедных / Социологические исследования, 2004, №3.

[③] Н. Е. Тихонов: Особенности дифференциации и самооценки статуса в полярных слоях населения / Социологические исследования, 2004, №3, C.23.

（三）教育医疗等非物质性支出难以为继

第一，经济的恶化从根本上改变了居民们的消费结构。

温饱问题成为了头等大事。教育、医疗等非食物性支出变得难以维持，据 2004 年第 3 期的《社会调查》统计显示，在 20 世纪 90 年代，有 90% 的穷人表示无力支付教育费用，有超过 95% 的人表示不会接受付薪形式的医疗服务，有 60% 的人付不起医疗费，有 40.5% 的人表示只是在生了重病时才会考虑去医院就诊。[①]在 20 世纪 90 年代末，许多人的心理危机就是担心付不起医疗费。其次，担心的是不能为孩子提供教育。当然，在这种生活境遇之下，也改变了很多父母对教育的观念，父母迫于生活压力不得不"轻视教育"。于是产生了"谋生的孩子（Дети-добытчики）"的现象，父母不送孩子上学而是让他们赚钱，因为对于贫困家庭而言，生存是当前最为重要的事。1994 年，俄罗斯联邦教育部统计，失学儿童和失学青少年的总数是 150 万人，这占据了学龄儿童和青少年总人数的 7.5%！[②]

第二，私有化社会结构导致原社会主体阶层被边缘化。

经济改革的失败使曾经是社会主体阶层的劳动者，失去了社会地位与尊严。劳动者的知识技能和工作经验得不到重视，失业危机使这些人被迫成为了社会底层人士。俄罗斯社会学研究者指出，在 20 世纪 90 年代，"社会底层"人士主要包括：靠施舍度日的穷人、流浪汉、无父母监护的儿童与青少年、妓女。在 20 世纪 90 年代后半期，生活极度贫困的社会底层群体有 1000 多万人，占了俄罗斯

[①] Н. М. Давыдова, Н. Н. Седова: Материально-имущественные характеристики и качество жизни богатых и бедных / Социологические исследования, 2004, №3, С.44.

[②] Аргументы и факты, https://file.magzdb.org/gazette/.

居民总数的10%。[①]其中有很多人来自于曾经社会的主体阶层,他们曾经享受的是政府提供的保障,他们无法忍受比时的贫困和社会边缘化的现状。

第三,在社会价值观上致使个人主义道德观定位。

无论是生活水平本身的下降,还是社会地位的降低,都是当时的俄罗斯社会发生危险的诱因。事实上,正是这种不人道的经济改革,引发了社会道德的堕落与社会行为的罪恶化。这场经济改革在本质上具有明显的掠夺性和抢劫性的特点,一些"暴发户"取得了国家的财富,劳动者没有获得任何财富,却陷入了极为贫困的状况。由于不公正的资源分配引领了自私自利的价值导向,个人主义价值观占据了集体主义价值观消散后的社会道德空间。

第四,在社会治安方面导致暴力犯罪激增。

社会整体性的贫困促使了公众价值观的改变,一些负面的道德观随之产生。因为无法解决生存问题,一些人采用极端的方式应对危机。在这段特殊的时期里,生存的本能怂恿了人的生存意志,一些人用极端化的手段谋生,致使犯罪率在短时间内呈现激增的态势。在20世纪90年代,当时财产掠夺性犯罪在全部犯罪类型中的比重呈现增长趋势。可以说,贫困在这种意义上是一种罪恶,而引发这一罪恶的根源就是以私有化改革为主要形式的经济改革。

总之,上述道德恶果的产生主要是由于不成功的经济改革所引发的。但是这种失败带来的后果却广泛地渗透到了俄罗斯社会生活的方方面面,它在客观上摧毁了原有的道德价值体系,让集体主义和勤劳团结等核心价值观念发生了逆转,同时也为道德价值观的嬗变提供了温床。

---

① Н. М. Римашевская: Бедность и маргинализация населения / Социологические исследования, 2004, №4, С.38–42.

第二节　政治改革与道德伦理观嬗变

自 20 世纪 80 年代后期开始，苏联社会政治领域发生了一系列重大变化。这一变化以解除苏联共产党的核心权力作为最终结果。由此，政治多元化得到了广泛的推行，多党制的体系逐渐开始形成，民主制在一定程度上得到了发展。但是由于当权者政权取得方式的非正当性、政治体系的不稳定性等因素，出现了一系列棘手的社会性矛盾，这极大地改变了社会道德的状况。因此，以非道德性的手段进行的政治改革本身也引发了社会价值定位的改变，导致了一系列恶的道德后果的产生。

一、"政治新思维"对核心价值体系的改变

在 1985 年 3 月，由戈尔巴乔夫出任苏共中央的第一书记。戈尔巴乔夫在上任之初就进行了大刀阔斧的改革，改革涉及了经济、政治、文化、外交关系等诸多领域。"新思维"是戈尔巴乔夫进行改革的主导思想。首先，"新思维"是针对外交战略的变化而提出来的。由于在 20 世纪 70 年代末至 80 年代初，苏联的国际地位下降，因此，苏联在这一时期的首要任务，是想摆脱在国际关系上的这种窘境，为苏联经济社会发展创造有利的环境。虽然"新思维"是为了构建国际关系而提出来的，但是其在本质上是对新时期提出的新的政治思维。诚如戈尔巴乔夫在《改革与新思维》中说："'新思维'是核时代的政治思维，它不仅是针对核战争和国际政治问题的，而且也是针对苏联国内问题的，是苏联社会主义建设面

临急剧转折时期提出来的,其目的在于指导苏联的'改革'。"①据此可以说,在事实上,"新思维"是在特殊时期苏联全部改革指导思想的核心。

"新思维"的基本理念可以归纳如下:

第一,改革是彻底的变革。

"新思维"这一思想所理解的"改革"不是在原有基础上的革新,而是指导思想与基本观念的根本性转变。在《改革与新思维》中,"改革"一词采用的不是"реформа"而是"перестройка",虽然"реформа"与"перестройка"都有改革的意思,但这二者是有区别的。"реформа"是指在原有基础上的变革、革新与改良;而"перестройка"是指重建、重整或彻底改变方针、方向和观点。前者侧重改变的是形式,而后者侧重改变的是思想与内容。因此,从词语的使用上,我们能清晰地看到对于苏联而言,改革意味着何种程度的变化。如果基本的政治导向发生变化,社会的经济方式发生了根本性的转变,那么反映经济和政治的文化自然也会随之变化。

第二,"全人类的利益高于一切"是"新思维"的基本价值观。

在这一时期,"社会利益高于民族利益,全民族的共同利益高于社会阶层的利益,多数阶层的利益高于少数阶层的利益"。这种基本价值观的提出,将各种基本理论认识从具体导向了抽象,其实际上是想要打破意识形态上的束缚,进而推翻马克思主义关于人的阶级性的科学论断。"全人类的利益高于一切"不但成为了基本的政治信仰,成为了处理国际关系的基本准则,成为了进行文化认识与创造的基本理念,也成为了根本的社会道德原则。这主要是由于利益问题同时也是道德和伦理学领域关注的问题,完全忽略了"道德的本质是带有阶级性的","全人类的利益"无条件地上升为了最

---

① 陆南泉、姜长斌等编:《苏联兴亡史论》,人民出版社2004年版,第717页。

高利益，而抽象的"人道主义"原则也无条件地成为了最高的道德原则。来自具有不同阶级和立场的人的利益差异被混淆了，取而代之的是抽象而模糊的"全人类的利益"。此时马克思主义成为了意识形态的外壳，而其本质的内容也已经变成了非常抽象的、唯心主义的、西方式的价值观。

第三，"新思维"的实质是主观上倒向西方价值体系的表征。

如果说西方世界在过去总是持续对苏联进行演变，那么此时苏联则是在积极向西方这种价值体系靠拢。"平等的""公开的""民主的""全人类的"是西方倡导的价值观念，苏联认为他们是在"重返欧洲文明"。因此，"回归"和"重返"西方文明，指引苏联走上"人类发展的共同道路"是此次改革的初衷。而这一指导观念反映到哲学和伦理学领域，便是对马克思主义道德观的否定，是对西方道德价值体系和价值观念的接纳。由于基本的立场变了，苏联的社会道德价值观念也就变了。

因此，政治"新思维"不只是政治层面上的新思维，更是改变并颠覆了其他领域的主导思想，使其偏离了原来的正常运行轨道。这是一种观念维度层面的统领，在根本上决定着其他领域的历史命运，自然包括社会道德生活的领域。

1988 年，著名伦理学家 A.A. 古谢伊诺夫在《伦理思想》上发表了《新思维与伦理学》一文，在道德世界观上迎合了政治"新思维"："为了避免这样的悲剧，除了需要政治、经济和其他方面的解决方案，还必须从根本上进行价值观的重新评价。实现从小集团的、民族、阶级的固有思维向全人类思维的转变，从仇恨与暴力伦理向信任忍耐伦理的转变，这一变化是新伦理学的核心思想。"[①]于

[①] А. А. Гусейнов: Этическая мысль: Новое мышление и этика, М.: Политиздат, 1988, С.16.

是，有了政治"新思维"的指引，苏联开始在观念上接纳西方的价值观念，接受所谓的具有普世意义的价值观。此时苏联的社会群体与个体道德的观念开始发生逆转，人们不再是从具体的社会历史条件出发考虑社会道德生活，也不再愿意作出具有现实可行性的道德判断。一切的行为都是为了迎合"新思维"，道德价值观的崩溃也由此真正开始了。

1989年12月，在马克思主义思想的指导下，存续了70年的苏联社会主义制度轰然崩溃，共产主义的世界观也随之被抛弃了。在所谓的苏联"民主革命"的旗帜号召之下，与马克思主义、社会主义和共产主义有关的观念与理论宣传，都成为政治"纳粹主义"的象征物，变成了阻碍俄罗斯民族前进的绊脚石。俄罗斯非常急切地想摆脱与以往体制的关系，以共产主义道德为核心的价值体系也被遗弃了，以叶利钦集团为首的俄罗斯人无力也无法立刻重新构建起一种新的价值信仰体系。而有些人唯西方马首是瞻，认为"民主""人道""公开"就是后共产主义时代的核心价值观。其实，这些理念和思想需要依据现实的社会历史条件，而不是适用于所有国家的，因为每个国家在不同的历史时期都会有不同的价值选择，每个国家的具体国情也都各有其特殊性，俄罗斯不可能复制西方国家的价值导向与发展路径。

二、政治制度体系发展和运作的非道德性

社会政治体系的重建与发展，对于制度的改变而言是一个非常重要的过程。它的全部发展历程为社会展示了一个价值"样本"，一种在观念上非常容易被仿效的参照物体系。社会政治体系以其特殊的社会功能和社会地位，影响着社会群体在诸多方面的价值选择，可以说是起到了社会价值定位的功能。

后苏联时代的整个社会政治体系的形成与发展，都具有明显的"非道德性"的特点。它的功能很是强大，在苏联解体的最初十几年时间里，从中央机构到地方政府，从社会精英到普通民众，从社会群体的价值到个体的价值，在全部领域的影响几乎是无所不在的。具体主要表现在如下几个方面：

（一）多党派发育方式的非道德化

事实上，在20世纪80年代末至90年代，尚处于萌芽状态的多党派已经在苏联共产党内部开始形成，它的形成与苏联共产党时期"开放的"的政治观念密切相关。"政治公开""社会组织自由""多元思想"等一系列举措，为多党派的发展提供了政治土壤。在1991年8月之后，苏联共产党的行动已经完全处于人民委员会的监督之下，从苏联共产党内部分化出来的反对派的行动无所顾忌，他们否定苏联共产党对于国家发展的成就，批判苏联共产党的政权行为，并通过这种手段赢得了公众的认可。虽然这些党派的观点不尽相同，但是有一点是非常一致的，就是对以苏联共产党为代表的政治结构的典型对抗性。这些人以苏联共产党党员的身份反对苏联共产党的根本制度，并由此获得了持续发展的思想和制度基础，这成为了俄罗斯政治历史上关于党的创立的一大显著特色。

对苏联共产党有关政策的一致对抗性，在一定程度上也掩盖了这些党派的施政纲领带有明显的杂糅性的弊病，他们只知道进行政治批判，却缺乏对于政治制度重建的正确认识。在他们的思想观念当中，认为要重新建立的是一种与苏联共产党完全不同的纲领性体系。于是在这种笼统的政治观念的支配下，这些派别支持了在1991年7月以"民主选举"为旗号的俄罗斯改革路线，支持叶利钦做总统，建立一个统一的政治体系以进行改革，进而实现"对过去共产主义体制的克服"①。这些作为"既得利益者"的党派代表，以违背法律和道德的方式获得了政治的"合法性"，批判列宁和布尔什维克，抨击苏联共产党以革命的名义践踏人权，但是这些人在为自身谋取利益之时，没有顾及政治合法性的问题。1991年8月，当局势发生了根本性的转变之后，这些党派的行为根本不顾及法律和民主。比如，在之前支持分权的"民主俄罗斯"，为了占据机构主席的位置，不给苏联共产党党员政治翻身的机会，又称坚决不同意进行分权，而是要"包揽"职务。1993年的十月事件更是对俄罗斯政治伦理的深度讽刺：叶利钦总统在与反对派争权夺利的过程中，竟然单方面宣布取消议会，这造成了法律服从总统意志的非正常局面，使得苏联刚得到部分运作的权力分配体系和抑制平衡体系的作用化为泡影。此时，俄罗斯的政治文明进程缓慢，政治局面越来越复杂化，民众的生活水平急剧下降。政治行为违反法律规范和道德原则，这阻碍了俄罗斯的政治民主化进程，但对于国内的普通民众而言，则是对国家的未来理想期许在相当长一段历史时期内的破灭。

（二）政党行动的自我利益中心化

20世纪90年代，俄罗斯后共产主义制度的一个典型危机，是由多党派的共存所导致的政策一致性的缺失。国家面临着许多总体性的目标和纲领性任务，对内要进行彻底的政治经济文化体制改革，建立新的统一管理制度，要彻底改变人们生活水平下降的境况，对外需要重新确定由于分裂而变化的国家地缘政治的作用，主动寻找俄罗斯在国际关系上的新的位置。但是，对于这些具有原则性和重要性的问题，不同政党派别之间的利益和观点存在很大分

---

① Д. В. Копыл: Духовно-нравственное состояние российского общества в контексте реформ 1990-х гг.: диссертация ... кандидата исторических наук, 2010.

歧，俄罗斯的政治派别和机构之间尚未达成一致的意见。1995年，俄罗斯司法部公布的正式党派有236个，①如"企业家联盟""俄罗斯律师联合会""妇女同盟""运动员联盟""科技知识分子党""俄罗斯农业党""汽车实业家联盟""市政工人同盟"等，从名字上就可以看出这些政治联盟的真正意图。这些党派的组建并不是为了解决国家的问题和社会群体的困境，而是想通过参加选举，从而为自身在议会中谋取席位，进而为自身谋取利益。俄罗斯共产党与俄罗斯自由民主党具有群众性党派的特征，它们在各地区都有机构、组织和正式的党员。在20世纪90年代中期，俄罗斯共产党的正式党员有57万人，俄罗斯自由民主党的正式党员有几万人。②这些政党和带有党派性质的社会组织想在议会中取得资格和席位是非常难的，其在中央的核心权力机构上并没有发言权。国家政策的决定权依然集中于以总统为核心的政治家手里，只是在形式上改变了权力集中的现状。

　　随着政党派别的增多，其施政目的也多种多样，但是却缺少能像苏联共产党那样真正担当起对全民族和全社会责任的政党，也缺少具有统领全局的观念和能力的执政党，缺少真正能从普通民众的现实需求出发，切实解决民众在生产生活中所面临的困难的执政党。每个政党都怀着各自的心思，客观上而言，当时很多的政党基本不具有管理国家的能力。政党行动的自由化和利益中心化倾向，在很大程度上加剧了权力的分裂，为整个社会道德风气的逆转树立起了"负面榜样"。

---

① Российская газета, 1995.08.25.

② 参见 Политические партии России, М.: Росспэн,1996; Ю. Г. Коргунюк, С. Е. Заславский: Российская многопартийность. Современная российская многопарти-йность, М.: Индем, 1996.

（三）政治实践过程的实用主义化

在改革的过程中，从人民群众切身利益出发的政策制定原则被抛弃了，眼前的既得利益取代了社会发展的长远利益。各级政府机构只顾自己小集团或者个人的利益，往往草率作出具有全局性和影响力的重要决策。

为了巩固自己的利益，叶利钦总统发布了《有关俄联邦法律实施应符合俄联邦宪法的规定》的指令，这是在俄罗斯联邦宪法尚未正式通过之前发布的规定，这不仅意味着对于总统权力的无所限制，更是对法律的严重不尊重，因为这一指令在实施的同时就宣告了以往很多法律（共计46部[1]）的失效。在私有化改革的最初发展阶段，有利于个人公饱私囊的法律被推到了显著的位置，而对那些"没有用的"法律则采取了忽视的态度。20世纪90年代初，在1987年通过的《国有企业（公司）法》，由于给了企业领导人以全权的商业和经济自主权而倍受重视，因为俄罗斯的企业实施股份制的所有模式，为国有企业的领导和行政机构的领导提供了优惠的入股权。在大规模私有化改革的历史进程中，俄罗斯通过了《苏联国有和市属企业股份制法》（1991）和《苏联境内私有化债务和投资注册法》（1992），这两部法律对全面私有化改革的手段和途径加以确认，可以说是指明了以何种手段可以合法剥夺国有资产，涉及了公民个人存款、法人个人账户、贷款资金，还有国家用于私有化的专门投资。[2]在国家进行的一系列改革带来了灾难性的后果之后，政府为了减轻自身的压力，出台了《关于组织促进大规模解除工人工作》的政策，要求在规定时间内按照比例缩减工人数量，地方可

---

[1] Собрание актов Президента и Правительства Российской Федерации от 27 декабря, 1993, №52, Ст.5086.

[2] Независимая газета, 1997.06.28.

以根据地区发展情况确定相应的标准。换言之，俄罗斯联邦制造了大规模的社会失业群体，一些地方的权力机关和领导为了摆脱麻烦，实施了更大规模的裁员行动。

对于公众艰难的生活境况，俄罗斯没有制定出任何保障公民个人生活的赔偿方案和相关政策。1992年，时任副总理的盖达尔毫无同情心地在《消息报》上说："政府不可能像以前那样为居民承担责任，无论是公民购买轿车还是粮食，或是储蓄的贬值。"①政府没有责任感而只是急于推卸责任，很多人不明白社会究竟发生了什么变化，而国家为什么如此冷酷。《劳动报》刊载了一位技术工程师的信："在这样的条件下，我们还有什么指望？我不明白我们的钱都去哪儿了。"②在最基本的生活都难以维持的情况下，部分人迫于维持生计铤而走险，甚至走上了盗窃和抢劫的道路。

政治实践的实用主义还表现在，对一些不能快速带来利益的领域投资的大幅锐减：从20世纪80年代末到90年代中期之前，由于资金投入的不足，俄罗斯放弃了300多项有发展前景的科研项目，涉及航天事业、生物技术、新材料等领域。1995年，俄罗斯对于科研领域的财政拨款减少到了1990年的十二分之一，在整个20世纪90年代，俄罗斯从事科学研究的机构与人数缩减了60%—70%。③

（四）种族和边疆地区政治活动的分裂化

苏联解体后的十余年里，俄罗斯的社会道德滑坡与俄罗斯联邦对于处理种族问题和民族地区矛盾问题时所执行的暴力化路线有关，而种族地区政治分裂活动的日趋激烈甚至演化成为种族仇恨，

---

① Известия, 1992.01.29.

② Труд, 1997.09.01.

③ Независимая газета, 1996.01.02.

也与俄罗斯联邦采取的极端化处理手段不无关系。一些民族和边疆地区由于其特殊的文化背景和地理位置，对俄罗斯联邦权力机构的认同有差异，尤其是由于制度解体所导致的全面混乱状态，更加剧了此种情况的恶化。

在军事竞争与政治竞争的基础之上，在20世纪90年代初，在一系列地区出现了一些能对俄罗斯联邦权力施压的有影响力的政治中心。比如，在车臣战争爆发之后，俄罗斯联邦不断进行的追踪调查和媒体报道，反而提升了车臣共和国总统杜达耶夫（Джохар Дудаев）的政治影响力。因为北奥赛梯和与其接壤的印古什地区民族之间的领土冲突的加剧，他们的总统也成为了民族领袖。斯维尔德洛夫州的州长，因主张在本州建立共和制以实现政治独立的尝试而轰动一时。1997年，滨海边疆区的行政长官E.纳兹德拉金科（Е. Наздратенко），在试图摆脱中央统治的情报战中获胜，其知名度迅速上升。在克麦罗沃州和克拉斯诺亚尔斯克边疆区，也存在过类似情况。民族地区内部的文化认同的差异，边疆地区由于地理位置造成的心理疏远，地区领导人谋求的政治目标的不同，这些都是上述地区不同寻常的政治行为的原因。在俄罗斯联邦的民族地区和边疆地区，其总统和长官的个人阵地迅速壮大，其管辖地区越来越独立于整个俄罗斯联邦的主体，一些地区政治团体的寡头性质增强，这些都最终加剧了其政治分裂与民族分化问题。

俄罗斯联邦对分裂地区所采取的强硬的解决措施，进一步加剧了分裂地区与俄罗斯联邦在文化情感上的断裂。戈尔巴乔夫倡导的"公开性"，成为了揭开历史伤疤和加深民族仇恨的利器，为这些地区的民族分裂活动埋下了伏笔。当局领导人没有清楚地区分正当的民主诉求与民族分离主义的实质区别，尚未采取必要而有效的措施对民族分离主义进行及时的纠正，往往是凭借"说服"或者"威胁"进行压制。1990年，叶利钦等"激进民主派"为了架空联盟的中央政权，通过了《俄罗斯联邦主权宣言》，强调俄罗斯联邦法律的神圣性，俄罗斯有权决定自己的国家制度，这一宣言导致了分离主义的全面泛滥，车臣分裂主义的势力就是在这一时期开始分裂活动的。在私有化改革的浪潮中，俄罗斯联邦财政工业集团的很多商人，为了掠夺民族地区的石油和矿产资源，为了将这些地区的商人排挤出去而特别支持使用武力，1994年的第一次车臣战争就使8万多的车臣平民丧生。很多集团都在利用民族矛盾争取扩大其自身在石油和武器等领域的势力范围，可以说这些地区的分裂活动在很大程度上是由外部因素推动的。在普京上台之后，针对越来越多的恐怖事件，决定继续采取战争方式以彻底解决问题。1999年9月，时任俄罗斯总理的普京发表了具有历史意义的讲话："俄罗斯飞机正在车臣对恐怖分子的基地实施打击并且将继续下去，我们将四处追击恐怖分子，如果我们在厕所里抓住他们，就把他们塞进马桶。"[①]随后第二次车臣战争爆发了。对待以车臣为代表的民族问题的强硬态度，反倒加剧了这些地区的仇恨情绪，越仇恨就越想要复仇，越想要进行复仇受到的打击就越大，这样周而复始下去情况就越发复杂化了。

（五）对特殊人群和阶层安置问题上的非人道化

20世纪90年代初，俄罗斯形成了特殊的难民与移民群体。这些人为了逃避苏联加盟共和国的政治经济和社会动荡，而涌入了俄罗斯境内。在1990年至1992年，这一特殊群体的数量呈开放型增长的态势。根据俄罗斯联邦移民局调查显示，来自于阿塞拜疆、塔吉克斯坦、吉尔吉斯斯坦和乌兹别克斯坦等地区的难民和移民共有

---

① 于福坚：《从"自由民主"到"主权民主"：车臣问题与俄罗斯集权式国家整合》，载《中国民族报》，2010年1月29日第7版。

47万人，在全部移民人口中有约80万人属于被迫迁居。①还有一些移民属于生态移民，被迫离开遭到严重生态破坏的地区，例如切尔诺贝利核危机后产生的400万移民。②

俄罗斯联邦在安置移民的问题上，显然没有做好充分准备。当时，俄罗斯联邦移民局紧急事务委员会的主要职责是紧急疏散，但是在进行疏散之后，对于移民的生活如何安置则缺少后续的管理，没有住房与工作使移民生活难以为继。1993年1月16日，《工人讲坛》报刊载了一位移民妇女的信："我们是从阿布哈兹来的难民，1992年8月26日乘轮船来到新西伯利亚。在火车站我们被排斥，不让我们坐车，最后靠施舍得到了买火车票的钱……"③为了解决移民和难民带来的混乱问题，1992年2月6日，俄罗斯联邦出台了《俄联邦公民法》，1993年2月13日出台了《难民法》，1993年3月20日出台了《移民法》。但是，出台这些法律主要是为了保障俄罗斯联邦原有居民的生存利益不被侵犯，而对于那些外来移民和难民而言，生活状况并没有实质性的改观。这些移民与难民没有住房和工作等生活保障，这些人成为了生活在社会最底层的人。对于移民和难民问题的处置不力，也是诱发俄罗斯产生社会动荡的一个重要原因。

在后苏联时代，曾经参加过车臣和阿富汗战争的退役军人，都承受了巨大的精神负担和心理压力。因为战争致残的很多参战军人，由残疾导致的生活障碍致使很多人遇到了社会适应性问题。他们依靠政府的心理定势尚未改变，认为自己曾经是国家的功臣，所以应该得到国家的保障。但是在比较混乱的改革时期，改革者们根

---

① Рабочая трибуна, 1996.01.16.

② Социологические исследования, 1991, №6, С.82.

③ Рабочая трибуна, 1993.01.16.

本没有保障这部分人的计划。而且从 1992 年开始，大规模的军队缩编将军人安置费缩减到了更低的水平。据 1997 年 7 月《独立报》的报道，有 160 万名退役军人没有住房，这些退役军人占了退役军人总数的六分之一①。

此外，还有相当一部分的退休者和残疾人，由于他们之前享受的社会保障体系不存在了，而其自身又没有劳动能力，所以他们的生活也很艰难。俄罗斯政府基本上不再提供任何帮助，有些家庭甚至将这部分人赶出家门，这进一步增加了流浪者的人数。在这样不稳定的社会条件下，这类群体的心理更为脆弱和敏感，他们成为了改革不成功后果的主要承担者。

三、政治改革的道德后果

（一）社会陷入全面混乱

以经济中心主义为基准，采用实用主义的价值态度，采取不择手段的方式，以满足改革者的私利为目的的俄罗斯政治改革，更进一步加剧了社会道德风气的滑坡。这样，在俄罗斯社会形成了一种恶性循环，从中央到地方，从社会高层到普通民众，高层不以公众的基本诉求出发进行工作，因此公众对政府也失去了信心。实用主义的手段从中央散布到了地方，多数无所依从的民众在失去了应有的社会物质保障和精神关怀之后，为了生存不得不铤而走险，甚至作出突破伦理底线和违背法律的事情。这样容易产生各种错综复杂的社会矛盾，政府治理社会问题的难度也增加了。

制度被摧毁的本身是一个历史过程。可以说，苏联在解体后的最初十年时间里不是处于建设时期，而是处于破灭时期。原有的社会制度崩溃了，原有制度之下的社会道德和价值体系也随之破灭。

---

① Независимая газета, 1997.07.05.

对于道德价值观而言，俄罗斯社会处于一种"非道德"或"无道德"的历史时期。法律、文化、艺术等精神生活领域的虚无主义也开始普遍蔓延开来，对于当时的俄罗斯社会而言，物质生活问题是最为迫切需要得到解决的重大问题。1995年到1998年，俄罗斯社会舆论的调查显示：80%的受访者表示要在首先实现物质满足之后，才会考虑民主和其他问题[①]。

（二）政治发展失去价值指引

社会制度的剧变引发了一系列的连锁性反应：政治混乱引起经济滑坡，从而引发价值迷惘，同时政治和经济的窘局又加剧了教育的无为状况。政府不再关注道德价值具有的指引与导向作用，也不再致力于社会价值观念的定位与发展，而教育的商业化又使教育失去了以往的教育导向功能，政治本身也很少立足于道德的立场。因此，俄罗斯社会就日益呈现出了"非道德"的社会氛围，而这可以看作是在苏联解体之初的"非社非资"的制度导致的后果。

（三）政治体系的不稳定性增强

政治多元化背景下的执政理念呈现出了巨大的差异性，以往常规的政治思维已经被打破，各党派和组织自身具有松散性的特征，党派内部成员的政治立场也不坚定。因此，一些党派及其成员在施政的过程中很少从大局出发，他们的政治目标短浅，利用手中的权力达成一己私利。在无休止的政治争斗之中，频繁更换执政的路线，无疑也加剧了俄罗斯政权体系的不稳定性。

---

① В. Э. Бойков: Ценности и ориентиры общественного сознания россиян / Социологические исследования, 2004, №7, С.48.

第三节　文化改革与道德伦理观嬗变

一、多元化思潮引发的道德价值蜕变

自 20 世纪 80 年代后期开始，苏联的思想文化领域开始发生显著的变化。"杂糅"最能形容当时苏联的社会文化思潮的特征，与苏联的经济路线与社会价值观的关系不同，政治思想和社会价值观是纠缠在一起的，很难说清楚其中的关系。可以说，社会道德价值观的嬗变是思想趋向多元化的过程本身。多元化直接引发了社会道德价值观的嬗变，具有代表性的内容可归结为如下几个方面：

（一）人道主义化与道德价值内容空洞化

20 世纪 70 年代，人道主义思想开始占据了苏联社会意识形态的空间。在经过了长时期的思想禁锢之后，人们开始积极关注个体与个人的利益。在赫鲁晓夫时代，铲除和告别斯大林主义无疑是 20 世纪 50 年代和 60 年代苏联人道主义呼声日渐高涨的直接原因，这具有很强的政治意味和主观色彩。在人道主义发展的 30 多年期间，其他的原因也促使了苏联道德生活领域的人道主义化的发展，具体表现在如下几个方面：

第一，西方人道主义思潮的影响。

西方的社会价值导向都是以人为核心的，是一种人本主义的世界观。长久以来，个体的幸福往往成为了人们关注的焦点，西方总是以人道主义对苏联与其他国家的政治制度进行攻击，而苏联为了反对这种攻击，并揭示人道主义的本质，也加大了对西方人道主义研究的力度、广度与深度。在研究西方人道主义的过程中，苏联学者发现了一些需要全人类共同面对和解决的研究课题，比如生态问

题、全球化问题等。这些问题给苏联的理论家和学者带来了很多的启示，拓宽了他们的研究视域，使他们看待问题的立场也有所变化，这一态度的转变导致苏联淡化了政治与社会生活管理的阶级性和本土性。可以说，西方人道主义与人本主义的观念，在潜移默化地影响着苏联的政治家、理论家、学者、普通人的思想观念。

第二，发达社会主义理论对培养新人的要求。

1967 年，勃列日涅夫在庆祝俄国十月革命胜利 50 周年的大会报告中，在总结苏联社会主义的发展成就与经验时，提出了"发达社会主义理论"，指出苏联已经进入了发达社会主义的历史阶段，正处于向共产主义社会过渡的历史时期。在 1971 年，这一理论在苏联共产党二十四大上被再次予以重申，1976 年，苏联共产党二十五大使用了"个体生活的积极态度"的概念，并将其作为当时苏联道德教育的目标和任务，这使其逐渐成为了伦理学研究的对象。1977 年，苏联得出了其已经建成了发达社会主义理论的结论，并将其写入到了新的党纲之中。在此基础上打造出了新的历史共同体——苏联人民，同时指出了培养社会主义新人是"发达社会主义理论"的核心任务。

以对人的主体性的重视和对人的潜能开发为主旨的"发达社会主义理论"，成为了 20 世纪 70 年代，指导苏联发展的纲领性原则。社会道德理论的研究者们首先为这一理论服务，理论宣传成为了当时苏联意识形态领域的中心任务，开始注重充分挖掘个体的道德心理动机，认真研究个体的道德品质，积极探寻个体与群体之间的关系，进而为培养社会主义新人献计献策。以"发达社会主义理论"和"培养社会主义新人"为研究议题的各类研讨会在苏联全面召开，各大报纸和杂志也积极开辟相关的专栏。个体道德因而成为了苏联马克思主义伦理学在这一时期研究的重点内容，一系列比较有价值的文献也印证了这一点，比如 H.H. 克鲁多夫的《道德对个体行为的影响》（1977）、Л.M. 阿尔汉格尔斯基的《个体理论的社会伦理问题》（1974）、Б.О. 尼古拉切夫的《个体道德行为中的意识和无意识》（1976）、B.A. 勃鲁姆津的《个体道德品质》（1974）等。对人的重视已经从宣传层面上升到了理论研究层面，这也是苏联人道主义化从形式到内容的一个实质性举措。

第三，科学技术进步引发的道德呼唤。

20世纪是科学技术主宰世界的时代，它以不可遏止的态势形成了一种趋势。日益迅猛发展的科学技术深刻地改变着人们的生活，大幅度提升了人们的生活水平，这也在很大程度上缓和了不同阶级和阶层之间的对立。对于苏联而言，这种改变显得尤为重要，因为科学技术的迅猛发展与苏联社会主义建设取得的巨大成就在时间上颇为一致。人们对科学技术的重视，无疑促进了苏联社会主义的建设事业。科学技术的发展增强了人们的自觉性，提高了人们改造客观世界的能力，提升了苏联人对自我的认可度和信心，人的主体性和价值得到了高度重视，科学与道德的关系问题得到了密切关注，更加突出了人在科学面前的潜力。

科学技术在取得重大进步的同时，也给人类社会带来了一系列新的问题。苏联人很快就在社会主义建设实践中意识到了这一问题，科学技术的潜力不仅意味着它能够创造新的世界，而且也意味着它能够摧毁所创造的一切事物。因此，苏联人很担心大规模的开发和建设会遭到大自然的报复。1971年，莫斯科出版了《道德与科学》一书，书中提到了新的异化问题。实际上，由科学技术所带来的负面影响已经呈现出来了。1972年，罗马俱乐部发表了《增长的极限》的报告，它深刻地触动了苏联人的内心。相比于其他民族而言，此时的苏联人具有更为深刻的责任意识，苏联是最早开始关注全球性问题的国家。1972年10月,《哲学问题》杂志召开了苏联第一次全球性问题的研讨会。此后,各类研究文献陆续问世,涉及环境伦理、生态伦理、核伦理、医学伦理、基因伦理等领域,其中的科技伦理学更是成果颇丰。积极弘扬人道主义,主动探寻在科技时代如何既"好"又"善"进行生活的问题,成为了全球性问题和科技伦理学的研究中心。

И.Т.弗罗洛夫是研究全球化问题的代表人物,他在1974年指出:"全部的全球性问题,实际上都是在现代社会条件下以人的存在、人的发展问题为中心展开的。"①这其中贯穿了深重的人道主义情结,而这种情结无法用理性进行解释和说明。直到20世纪90年代,当很多俄罗斯人基本的生活条件无法得到保障之时,他们最关注的依然是全球性问题。对于当时的苏联人而言,人的存在问题和拯救人类的问题变得无比重要,成为了迫切需要解决的问题。苏联学者们得出了如下结论:"由于资源危机、生态危机、核武器威胁等因素的影响,人类的继续生存成为问题。因此,共同努力克服全球性问题,拯救地球、拯救人类成为全人类高于一切的任务。这一结论实际上是要从人道主义出发重新看待以往的一切……"②也正是从这一时期开始,人道主义的内涵从具体转向了抽象。

第四,根植于俄罗斯民族思想中的人道主义传统。

苏联是一个具有浓厚宗教传统的国家,宗教的影响延续了数千年的历史。在十月革命之后,苏联官方明确禁止了宗教信仰,但是宗教意识与宗教思想却无法在短时期内彻底消除。十月革命前的国教是东正教,东正教包含了更多带有直觉的、非理性的因素,更具

---

① 安启念:《新编马克思主义哲学发展史》,中国人民大学出版社2004年版,第336页。
② 安启念:《新编马克思主义哲学发展史》,中国人民大学出版社2004年版,第336页。

有神秘主义的宗教色彩。东正教极少用知识性和推理性的方式证明其对人性问题重视的原因，而其对人与人性的关注也很少有充足的理由。但是，"人性毕竟是俄罗斯具有的特征，人性是俄罗斯思想的最高显现"。①实事求是而言，马克思主义并没有像后苏联时代的学者们所批判的那样，割裂了俄罗斯民族的文化传统，因为人们思想观念的转变需要一个漫长的历史过程，而且即使是割裂了，也仅仅是形式上而不会是内容上的。马克思主义对于苏联时代的一部分苏联人而言是内心的一种终极信仰，对于另一部分苏联人而言可能仅是马克思主义的意识形态，但是东正教对于非苏联时代的绝大多数人而言则是一种价值观。

在这样的历史背景之下，全球化与全人类命运等主题占据了苏联意识形态和群体价值观念的中心。当然除了外部现实条件的影响因素之外，还包括内部的原因。随着个体道德和全人类问题得到了重视，深深地触动了潜藏于苏联人内心深处的深重的使命感和责任意识，它从宗教形态中被抽离了出来，在马克思主义世界观的指导下以其他的形式得以再生。此时此刻，外部的现实情况和现实任务，与根植于俄罗斯民族思想和民族性格当中的"人性意识"达到了一种高度的吻合。甚至可以这样说，对于俄罗斯民族而言，东正教是形式，"人性与使命感"才是俄罗斯民族骨子里与生俱来的东西。

如果将人道主义作为一种情结，作为俄罗斯民族的思想与理念，那么它是贯穿于整个俄罗斯民族的社会发展和道德生活的历史进程之中的。这是俄罗斯民族所独有的特点，而对于人性问题的过度关注，也导致了不切实际地看待和思考问题。他们逐渐开始用人道主义与人性的原则指导一切，甚至忽视了人的阶级性和社会性的

---

① Н. А. Бердяев: Русская мысль, М.: Наука, 1990, С.88.

差异问题,这样直接造成了苏联社会全面人道主义化的倾向,并且导致它逐渐偏离了马克思主义的历史唯物主义和辩证唯物主义的思想理论导向。

到 20 世纪 80 年代末,人道主义已经成为了苏联社会舆论与价值体系的支点。凡事必提及人道主义,但是此时的人道主义的内容却变得极为抽象和空洞。只要谈论道德就会涉及全球化问题和全人类的价值问题,涉及生态危机、核危机、非暴力等世界性问题,而将普通民众的日常道德生活准则置于一旁,对于在社会生活之中具体可见而又亟待解决的社会道德问题置之不理,道德价值的内容越来越空洞化了。一切问题都站在全球性和全人类的立场上考虑的后果就是,对西方社会价值观及其道德价值观的认同与接受,个人主义、享乐主义、利己主义、犬儒主义等的道德价值观念,逐渐进入并且占据了民众的价值视野,而俄罗斯本国和本民族原有的价值传承遭到了嫌弃。

(二)"全人类道德"和"非暴力"伦理观成为主流伦理观

在苏联解体前后,开始了讨论"全球化"问题的热潮。全球化问题涉及的是全球性生态危机、核危机等需要人类共同面对和承担的责任问题。但是俄罗斯人却将其上升到了超越一切目标与条件基础之上的高度,全球化的伦理基准变成了抽象的人道主义,其主张的原则是"全人类的道德",在实践上执行的是非暴力的伦理观,这样的抽象的人道主义抹杀了道德的现实性。当时俄罗斯社会普遍的观点是让道德独立于现实生活,要将人道主义的绝对化看作是道德从现实生活中的解放。这种认识想要表明的观点就在于,道德不受制于现实生活的束缚,但它却可以指导人们的现实生活。如此,伦理学与道德被赋予了空前重要的位置,抽象的人道主义被放在了道德价值的顶端,道德成为了全部社会精神文化的根本与基础,改革也被当作是道德革命，这表明了俄罗斯社会的伦理世界观已经同马克思主义的世界观彻底决裂开来。

在著名伦理学家A.A.古谢伊诺夫的积极倡导下，非暴力伦理学逐渐形成与发展了起来。其根本的意图是将"新思维"所主张的"全人类价值"转变成为实际行动的语言。"新思维"宣称"全人类的价值高于一切"，那么如何执行呢？答案是拒绝核武器、拒绝战争、采取非暴力的方式努力做到忍让和顺从。A.A.古谢伊诺夫说"非暴力伦理学是人类存在的直接而绝对的基础"①；托尔斯泰说"暴力就在于一些人能用力量强制另一些人按照自己的意志生活"②；黑格尔说"暴力是对外部事物中自由的现有存在的剥夺"③。非暴力伦理观否认任何暴力使用的道德性，并且拒绝为暴力提供道德论证。这实际上是否认了任何暴力革命的道德性，也是对社会主义道德原则的大力抨击。

全人类道德是在全球化背景下的一种主导性的道德价值观，成为了超越社会历史条件和现实的终极价值信仰，也直接葬送了苏联的社会主义道德体系与马克思主义的道德意识形态。作为全社会普遍遵守的全人类道德，给苏联带来的灾难是极具悲剧性的。这一点在下文中将有重点论述，这里就不再赘述。

(三)"历史终结说"对共产主义道德的否定

1989年，美国学者弗朗西斯·福山在《国家利益》杂志上发表了《历史的终结》一文。福山认为，西方国家实行的自由民主制度也许是人类意识形态发展的终点和人类最后的一种统治形式，关于"历史的终结"（конец истории）的论断由此得出。虽然批判的声

---

① А. А. Гусейнов: История этических учений, М.: Гардарики, 2003, C.896.
② Л. Толстой: Путь жизни, М.: Республика, 1993, C.168.
③ Г. В. Ф. Гегель: Философия права, М.: Мысль, 1990, C.142–143.

音不断,但是拥护者也大有人在。福山在《历史的终结及最后之人》一书中认为:历史会终结是在于"构成历史的最基本的原则与制度可能不再进步了,原因在于所有真正的大问题都已经得到了解决"①。福山对历史发展进程的忧虑,对社会意识形态与道德伦理观的认识、批判与预测,对民主自由的诠释都有见解。但是,福山对马克思主义的共产主义理论表达出了彻底的悲观情绪,这对于当时的俄罗斯民族具有深远的影响意义。"历史终结说"的兴起及其蔓延,基本上切断了人们对共产主义社会的坚定向往和憧憬,对社会主义制度及其价值体系的否定和仇恨达到了空前的高度,社会主义的道德原则、马克思主义的道德观念成为了被人们攻击的靶子。在20世纪90年代中期,有影响力的报纸和学术杂志,例如《哲学问题》《自由思想》《独立报》,经常出现关于"历史的终结"的论题,这也加深了社会对于共产主义道德乌托邦性质的批判。

(四)俄罗斯思想家作品对俄罗斯精神价值同质性的探寻

20世纪90年代,因为1922年前后"哲学船"事件被苏联政府驱逐的思想家的作品在俄罗斯得以重现。"Русская идея(俄罗斯思想)"成为了一个非常积极的词,别尔嘉耶夫、陀思妥耶夫斯基、索罗维耶夫等思想家的著作被重新搬上了书架。媒体以"俄罗斯思想"作为中心话题,在Google上输入"Русская идея"会出现100多万的相关词条。这种现象可以被看成是俄罗斯民族在社会转型时期,为寻找民族的文化价值之根所作出的一种应激反应。在以别尔加耶夫为代表的俄国思想家的作品中贯穿了一个鲜明的主体,就是具有文化遗产意义的象征性概念——"俄罗斯思想"。这是一个贯穿于俄罗斯民族文化历史中的线索,通过俄罗斯的民族性格、俄罗

---

① 〔美〕弗朗西斯·福山:《历史的终结及最后之人》,黄胜强等译,中国社会科学出版社2003年版,第3页。

斯的社会发展道路、俄罗斯的宗教、俄罗斯的文学艺术、俄罗斯的哲学、俄罗斯的历史发展等载体体现出来。在俄罗斯思想当中体现了某种清晰的文化价值观，能使人触摸到俄罗斯思想在历史深层的积淀，从而获得对俄罗斯民族的文化和思想的整体性认识。可以说，在数千年的历史发展进程中，俄罗斯思想发挥着传承文化的重要作用，多数人在苏联解体之后，在分崩离析的社会现实面前，希望用俄罗斯思想代替以往的官方意识形态以及西方的干预，并且用它来支撑其内心对于国家未来抱有的希望。因为俄罗斯思想象征了一种聚合力和凝聚力，其中包含了"爱国主义""强国渴望""社会团结"等要素，而这些都是能够体现俄罗斯民族精神同质性的要素。

值得提及的是，俄罗斯思想虽然在一定程度上起到了重树信心的作用，但是它毕竟是在唯心主义体系框架下进行的理论论证，其指导现实的作用也必然是有时代局限性的，甚至在某种意义上容易激发俄罗斯民族文化中的狭隘的民族主义，成为制造社会分裂情绪的思想根源。思想领域的杂糅性为社会道德价值观的嬗变提供了最大的可能性，以往俄罗斯思想的统一性与连续性被打破，核心价值观被以上述思潮为代表的分散型观念形态所肢解。可以说，思想多元化在很大程度上激化了俄罗斯社会道德价值观的嬗变。

二、教育改革引发的道德价值裂变

过渡时期的俄罗斯教育制度危机主要是由于社会制度危机所导致的，除了经济危机、政治危机和思想多元化的价值先导之外，教育制度的危机同样显而易见，并且以更为清晰的形式展现了俄罗斯社会道德价值观嬗变的过程。教育领域的价值观裂变可以具体归纳为如下几个方面：

苏俄伦理道德观的历史演变

（一）教育事业发展的公益性丧失

在20世纪80年代末，教育体系的改革已经呈现出了非公益性的特点。当时国家不再为教育发展进行经济投入，教育部对教育的定位与其所能发挥的经济功能联系在一起，国家主张学校在经济方面自给自足，鼓励学校自己解决教育资金缺乏的问题。国家不再管理学校的教育资金分配和使用情况，而是通过制订计划，包括资金收入和支出、政府采购等，以此来实现政府对教育的宏观管理，这在表面上使学校得到了经济民主和发展的独立性，但是在实际上是国家对教育采取了放任自流的态度。联邦政府的教育经费支出逐年缩减，根据俄罗斯联邦国家委员会的调查数据显示，1992年，政府对教育的投入占全部预算投入的2.7%，1997年，政府对教育的投入占全部预算投入的1.76%。[1]教育投入与教育领域为国家上缴的利润息息相关，1995年，因教育利润的上缴数量下跌，教育部部长下令教育经费的预算不能超过需求的60%—65%。[2]为了解决教育资金不足的问题，很多学校不得不与企业签订合同，来保证教育费用的来源问题。这样，一个学生可以得到约为35000—50000卢布的教育培养经费。[3]但是这种教育培养模式也导致了种种不良后果：教学内容的价值性被忽略了，一些被认为与学生将来的工作"无关"的人文性和历史性课程被删除，这无疑加剧了人们精神领域生活的贫乏化。学生的知识体系不够完善，就业面变窄。教学内容完全按照签订合同的要求进行安排，学生一旦失去工作，就会变成非常被

[1] В. А. Садовничий: V Съезд Российского союза ректоров / Университетское управление: практика и анализ, 1998, №2, С.3-10.

[2] В. Г. Кинелев:Объективная необходимость. История, проблемы и перспективы реформирования высшего образования России. М.: Республика.1995,С.327.

[3] Д. В. Копыл: Духовно-нравственное состояние российского общества в контексте реформ 1990-х гг.: диссертация ... кандидата исторических наук, 2010.

动的就业群体。

(二) 教育评价体系标准的唯利性转变

在苏联解体之后，国内教育领域的危机进一步恶化。在教育面临危机的同时，世界各国也开始了对教育的作用与意义进行重新评价，学校的存在与国家经济发展的直接关联程度是一个中心标准。欧共体工业研究和发展咨询委员会通过对欧洲劳动力技能水平的分析得出结论：在贸易出口市场上赢得最终胜利的国家，都是那些能将基础科学研究的成果迅速转化成为新工艺新技术，然后高质量生产和销售的国家。[①]没有竞争力的教育体系不可能培养出有竞争力的劳动力，而没有竞争力的劳动力不可能形成有竞争力的国家经济模式。的确，这一结论在总体上是具有指导意义的，但是，俄罗斯教育行政部门却将其理解为"教育评价标准的经济中心化"。加之当时"全球化""民主化"和"公开性"的社会背景，围绕利益性转变的教育评价标准也就显得不足为奇了。部门性的和专业性的院校开始向大学转化，学校的"大学化"进程迅速加快，这一时期俄罗斯出现了大批"部门大学"。在市场经济体制尚未健全之时，大学率先"唯利是图"了。这样使学校必然会承担一些本不应该承担的社会责任和经济改革的不良后果，学校没有培养出具有竞争力的劳动者，却被这样的办学形式拖垮了自身。其后果就是大学生的数量逐年递减，教育的时间得不到保障，教育的结构比例失调，教育的水平骤然下降，大学生的就业安置遇到了很大的困难。

(三) 文化愚昧阶层重新出现

在苏联时期，在特殊的危急时刻再次出现了精神贫化的现象。根源则在于政治经济改革的失败，由于教育经费的投入严重不足，

---

① Д. В. Копыл: Духовно - нравственное состояние российского общества в контексте реформ 1990-х гг.: диссертация ... кандидата исторических наук, 2010.

教师数量锐减。大学教师的收入跌落谷底，大学教授的收入从1987年时是工人收入的219%下降到了1993年的62%，在1992年到1999年之间，教师的数量至少缩减了50万人。[①]教师经常与失业工人一起参加示威游行活动，教育领域的这种危机直接导致了教育水平的下降。面对社会危机，教育行业本应承担起为民众解除迷惑的责任，向民众客观分析当前社会的状况，采取理性的心态克服困难。但是教育者在危机下处于自身难保的境地，在生活极为艰难的情况下根本无力顾及他者。这使很多人在面对社会危机时手足无措。于是，"新的中世纪"的蒙昧状态开始出现了，这一点也无疑是最为深重的精神危机。很多人在未能得到科学解释的情况下，通过向东正教回归试图寻找答案。各种宗教派别在这一时期被激活，有些人趁机推行别有用心的宗教教义。这些宗教派别的活动改变了社会意识和价值坐标，使人们在社会的危机时刻变得更为迷惑，不是努力去想办法解决问题而是安于现状，因此导致了精神蒙昧主义的再次出现。

三、文学作品中的价值溃退

在社会改革的历史时期，文化领域内的价值向度发生了根本性的变化。最明显的表现是文学作品的价值转向，20世纪80年代末至90年代初，文学作品率先发起了一股割断历史的思潮。一些体现苏联时期工业化和集体化的成就、讴歌苏联共产党形象的作品被销毁。那些具有明确思想主题的经典作品，比如奥斯特洛夫斯基的《钢铁是怎样炼成的》，被从中小学生的教学大纲中删除了，理由是这些文学作品使得学生的文学教育过程中充斥着具有过多的意识形态色彩。在抹杀历史的基础上对意识形态的生硬回避，不但是对优

---

① Госкомстат России, Россия в цифрах: Стат. сб, 2000, С.78.

秀文学作品的抛弃，更是对国家历史传统的主观割裂。而传统价值观往往贯穿于国家和民族的历史之中，历史是传统价值传承的主要载体，传统传承的载体消失了传统价值观也随之消失了。

在历史被抹杀之后，接下来进行的就是对历史的歪曲和杜撰。新兴的文化阶层开始通过文学作品对苏联的历史进行批判性评价，"揭露历史的罪恶"成为当时的主流意识。А.索尔仁尼琴的《古拉格群岛》、А.雷巴科夫的《阿尔巴特的孩子们》、А.热古林的《黑色的石头》、О.沃尔科夫的《陷入黑暗》、В.萨拉莫夫的《罪恶世界特写》等文学作品，都将苏联的历史看成是当前人们遭受的社会打击和饱受苦难的罪恶源泉。于是，他们通过这些作品批判了列宁，批判了苏联人在卫国战争时期表现出来的共产主义道德价值观。① 此外，许多电视台、报纸与杂志也成为批判历史与歪曲历史的媒介，其中以莫斯科新闻和《火星》杂志为甚。"共产主义意识形态的神话性"，成为了苏联报界在20世纪80年代末90年代初的主要议题。

这种对苏联历史的歪曲和评价迎合了社会混乱的政治思潮，于是在这种负面力量的影响下，一些承载了传统价值的概念和原理被推翻了。一时间，作为世界革命先驱的苏联被污为与德国法西斯齐名的"反文明恶主"和"邪恶帝国"。苏联文学作品中贯穿的马克思列宁主义的思想，包括共产主义理想在文化改革的浪潮中走向覆灭。这是一种更为深刻意义上的心灵剿杀，因为这些文学作品曾经是激励斗志的源泉，作为引领行为的价值坐标在人们心中长久沉淀下来，它的精神支撑的作用无疑是巨大的。

---

① Ю.А. Шрейдер: Сознание и его имитация / Новый мир, 1989, №11, C. 244-255.

四、西方意识形态渗透与道德价值裂变

意识形态的渗透是西方对社会主义国家进行和平演变所采取的主要手段，它能起到从根本上改变价值向度的作用。这是一个潜移默化的过程，虽然非常漫长，但它确实能够内化于人的内心之中。而西方人特别是美国深谙此道："思想意识的差异不可能用暴力抹杀"①，"共产主义是对极端恶劣的不公正的一种革命，只能用铲除引起共产主义革命的根源而不是用武力对付"②。

西方意识形态渗透的手段主要包括如下几个方面：

第一，在思想源头上推行"意识形态弱化论""去政治化""非意识形态化"。结果导致共产主义的意识形态和价值观念被逐渐淡化，原有的集体主义，互相帮助、民主集中的原则等道德价值观念被逐渐消解掉了，这样彻底损害了共产主义及其理想信念，人们越来越推崇文化价值的自由沟通。

第二，在文化源头上动摇传统俄语的语言规范。语言作为文化传播的载体，具有横向沟通与纵向传承的功能。在西方意识形态渗透思潮的强力影响之下，俄语的语言规范出现了很大的变化：词义范围超长拓展、修辞界限变得模糊、语音和书写美式化、传统的构词方式明显变化。在语言自由化浪潮推动下的苏联人，逐渐表现出了对美式语言风格的向往，轻视和嫌弃本国语言，这深层次反映出来的问题是苏联人失去了对本民族文化和传统价值观的认同。

第三，在大众的生活领域西方的渗透也无处不在。这一时期苏联人的舞蹈、电影、音乐、文学作品等方面也都渗透着美国的价值

---

① 石国亮：《西方国家意识形态渗透战略的历史逻辑与战略沉思》，载《马克思主义研究》，2007年第11期，第81页。

② 石国亮：《西方国家意识形态渗透战略的历史逻辑与战略沉思》，载《马克思主义研究》，2007年第11期，第81页。

观，都以承载着改变苏联人的价值取向的任务而出现。西方大众文化价值观的这种简单性和轻率性，刚好减轻了苏联人由于经济危机而产生的无奈感，由于历史沉淀和传承而来的俄罗斯民族的传统精神，由此遭到了彻底的遗弃。

"现实有效性"的手段达到了预想的目的。在西方意识形态渗透的策略下，俄罗斯人的价值向度发生了逆转。西方的意识形态渗透不只是在精神层面，更是全方位地渗透到了俄罗斯民族的政治、经济、文化和日常生活的领域之中。向西方看齐的经济私有化改革和市场化导致了贫富两极分化的严重，俄罗斯的通货膨胀问题严重，失业率激增，而这些现实问题又导致了人们集体劳动热情的持续下降，过去在共同劳动中结成的互助精神和集体主义的道德模式被解构了，"人们的意识定位从集体主义转向了个人主义，最终导致了唯物质主义、恣意妄为、暴力和金钱崇拜、冒险主义的价值观定位"①。政治上大力鼓吹西方民主带来的社会平等，然而他们面临的现实却是社会分化的不断加剧，自由价值成为了改革者们掩盖改革失败的借口，他们以非道德的手段将从前属于国家的权力与财富私有化。由此可见，当时整个俄罗斯社会道德化的境况。在文化和舆论宣传层面，西方影视的色情内容严重侵害了俄罗斯人的精神世界，尤其是青少年的身心健康。根据调查结果显示，在苏联解体后的15年间，美国电影占据了俄罗斯电影81%的市场份额。88%的青少年以美国电影里的价值导向作为道德原则。②俄罗斯认为，电影是社会教育的基础性因素，是进行心理保护的重要方式，但是此时的电影却根本没有能够起到应有的正面的价值导向作用。另

---

① А.В.Миронов:Кризис духовных ценностей на социокультурном пространстве современной России / Социально-гуманитарные знания,2007,№2,С.41.

② А.В.Миронов:Кризис духовных ценностей на социокультурном пространстве современной России / Социально-гуманитарные знания,2007,№2,С.48.

外，西方的舆论宣传扭曲了历史事实和历史真相，夸大了苏联社会主义制度的失败及其带来的罪恶，大大淡化了苏联历史中的英雄人物的事迹，而侧重于突出宣传与苏联政府思想对立的人的事迹，试图历史虚无化、将未来神话化。在这种舆论的引寻下，俄罗斯人以苏联时期的历史文化精神为耻，缺乏区分是非和判断善恶的能力，错误地认为今天的生活窘境都是从前的社会制度和意识形态所造成的。因此，他们在思想上嫌弃从前苏联的思想制度和价值体系，呈现出了极端性与阴暗性的负面心理，在行为上表现出了很强的复仇性与攻击性。

客观上而言，西方意识形态的渗透对苏联所产生的负面影响是全方位、多领域、持久性的。它既改变了苏联大众的日常生活方式，也改变了人们根本的文化观念。这些来自西方的意识形态文化具有不确定性、非理性、去道德化、非传统性等缺陷，这种文化逐渐模糊了大众的价值视野，消解了道德的准则，弱化了人们的判断能力，钝化了人们的思维方式，割裂了民族传统文化的传承。在西方流行文化的过度渗透之下，苏联和东欧人民尤其是青年人，表现出了对本民族传统文化的不屑一顾，对社会主义道德文化的藐视，却很向往美式生活的文化和道德观念。因此，西方流行文化以其强大的渗透性、广泛的覆盖面、最日常的方式，达到了其最直接、最有效、最广泛的意识形态渗透的效果。

因此，在西方的物质文化和精神文化的双重强烈冲击的背景之下，苏联民众在寻求社会改革的路途上逐渐放弃了自己最初的道德坚守，迷失了本民族的道德价值立场与文化判断能力。

综上所述，思想多元化为文化领域内的社会道德价值观的嬗变提供了可能，而教育则是一种制度和媒介，文学领域的价值导向推动了苏联共产主义道德价值观的嬗变，西方的文化侵略和意识形态渗透是一种极为重要的外部条件和影响因素。在这几种因素的综合作用之下，俄罗斯社会道德价值观嬗变的路程随着文化领域的非道德化而逐渐蔓延开来。

第四节　道德哲学研究转向与道德伦理观嬗变

有关伦理学范畴、道德判断和道德评价的真理标准、道德价值等重大理论，将苏联马克思主义伦理学中最有价值的概念范畴、理论疑惑和现实主张联系起来，构筑了苏联马克思主义伦理学研究的逻辑篇章，同时又能反映社会道德变迁的过程，为伦理学研究和社会道德建设提供践行伦理理论联系道德实际的范本。

在苏联马克思主义伦理学发展史上，一些重大的理论争论与完整独特的苏联马克思主义伦理学的形成、发展乃至终结密不可分。

一、伦理学范畴之争确立学术研究的科学转向

20世纪60年代是苏联马克思主义伦理学诠释其科学性的初始年代。20世纪20年代和30年代初期的那些繁杂多样的思潮已随历史之风流荡无返。20世纪30年代初期直至50年代中期则是一个鲜有争论的年代，不但是伦理学界，整个社会科学界都是这样。这大概与斯大林政权力图结束意识形态争论以统一思想加快社会主义经济建设的努力有关。事实上，在1932年到1955年的《哲学问题》和《科学哲学》杂志的文章目录上，未见以"争论"或"讨论"为标题的伦理学文章。

不能否认的事实是，60年代的伦理学在马克思主义意识形态的萌萌下呈现出明确的体系化特点，这一点恐怕与海啸般的"反斯大

林运动"难脱干系，文学领域的"解冻"迅速蔓延至整个思想界，包括伦理学界。事实上，道德理论化就是与开始于1961年《哲学科学》杂志组织的有关伦理学范畴的讨论息息相关的。伦理学范畴及其本质问题率先引起学术瞩目事出有因：

首先，对伦理学范畴问题的关注是学科本身研究纵深化的体现。20世纪60年代之前，苏联马克思主义伦理学还处于感受性研究和全景式解读阶段。随着研究的不断纵深，伦理学研究自然地向理论解构的深处进发。伦理学研究自身的发展遵循着一个由浅入深、化零为整的过程，这在客观上反映了学科知识本身发展的科学逻辑路径。随着研究内容的拓宽、研究态度的科学转向，研究深度呈现出前所未有的纵深化发展趋势。在这一前提下，为科学定论的争论在所难免。诸如伦理学范畴、道德价值、道德评价、道德功能等以往未曾深入涉猎的问题都逐渐纳入争论式研究样态，这在客观上促进了60年代苏联马克思主义伦理学研究理论化的本质性特点的生成。

伦理范畴是反映道德最本质的方面和最基本理论构成的概念，是理解伦理学问题的开端，其他诸如道德本质、道德结构和功能、道德价值、道德判断、道德意识等道德理论问题的研究无不以对伦理学范畴的理解为逻辑起点。而在当时的伦理学界，对于伦理学范畴的界定还有很多分歧和不甚明晰的地方，这个问题不弄清楚，等于学科的研究对象不能确定，那么接下来的问题都将止步于这一原点理论问题。可以说，对伦理学范畴问题的研究构筑了苏联马克思主义伦理学的研究基础和理论前提，是学科本身研究纵深化的开端。

其次，对伦理学范畴问题的关注是伦理学研究从道德意识形态向道德理论化转变的标识。20世纪60年代之前，苏联马克思主义伦理学的研究多致力于社会主义国家的道德意识形态建设。那时的伦理学研究与苏联社会主义文化道德建设紧密相连，伦理学的规范作用受到特殊的重视。《道德信念、情感和习惯教育》《论共产主义道德理想》《社会主义的集体主义和个体的形成》《共产主义道德教育的本质问题》《论培养青年一代的共产主义道德原则》《苏共二十一大和对劳动人民的共产主义道德教育问题》《爱国主义和国际主义》《建设共产主义和马克思主义伦理学的某些问题》是 1958 年到 1961 年苏联《哲学问题》杂志刊登的伦理学文章的题目。从这些文章标题中可以清晰地感受到，"道德应然"问题是当时伦理学研究的主题。伦理学以批判资产阶级道德、阐释"共产主义道德原则"、探讨"共产主义道德教育"的实施路径为核心任务，研究的道德意识形态特色突出。随着伦理学日渐纵深的理论解构，更多的伦理学理论问题被放置在核心位置，道德意识形态色彩逐渐被淡化，道德学术理论研究结果渐丰。伦理学研究从关注道德意识形态向关注道德理论本身转化，而有关伦理学范畴的本质问题的讨论正是大幕渐起的支点。

有关伦理学范畴的争论（有文称为"讨论"）历经从 1961 年到 1965 年的 4 年多时间。

争论一方的代表是时任高尔基乌拉尔国立大学辩证唯物主义和历史唯物主义教研室副教授的 Л.М. 阿尔汉格尔斯基，另一方是苏联社会科学院哲学所列宁格勒分所所长 А.Г. 哈尔切夫教授。争论以 Л.М. 阿尔汉格尔斯基 1961 年 3 月发表在《哲学科学》第 3 期的题为《伦理学范畴的本质》一文为开端，以 А.Г. 哈尔切夫 1965 年 3 月同样发表于《哲学科学》的文章《有关伦理学范畴之讨论的总结》为终结。当时一些著名的伦理学者，如 А.Ф. 施什金、Г.К. 古姆尼茨基、Ю.В. 索果莫诺夫等人也参加了争论。

Л.М. 阿尔汉格尔斯基一方的观点主要有：

第一，弄清伦理学范畴的本质是解决其他理论迷惑的关键。

马克思主义伦理学的发展对全面分析伦理学范畴、阐释其本质和内部关系提出了要求。客观地弄清楚伦理学范畴的本质，是解决伦理学研究诸多争论和迷惑的关键。而明确伦理学的研究对象又是把握伦理学范畴的关键所在。

第二，伦理学范畴是一些最基本的伦理学概念。

Л.М. 阿尔汉格尔斯基指出，伦理学范畴是"一些能反映道德根本特征的最基本、最主要的伦理学概念，如客观能动、具体历史的道德评价标准（善和恶），针对道德职责（义务）、道德责任（良心）、道德尊严（诚信）和道德满足（幸福）提出的道德要求"[1]。此外，还包括人类行为内部动机的个体道德信念和道德情感。

第三，伦理学范畴与道德原则既有联系又有区别。

Л.М. 阿尔汉格尔斯基承认道德规范、道德原则、个体道德品质在广义上都可以被看作是伦理学范畴，但这并不意味着二者没有区别。"善""恶"作为核心的道德范畴，随阶级利益和要求历史地发生变化。与此同时，"善"的概念更多地反映某种公认道德原则的核心内容，需要道德原则来呈现。"'善'的范畴的具体内容通过道德原则来揭示，另一方面其他伦理学范畴的内容也直接取决于对'善'这一核心范畴的理解。"[2]

第四，伦理学范畴是科学概念。

Л.М. 阿尔汉格尔斯基认为将义务、良心、诚信和幸福等概念称之为道德范畴是不准确的，这样是对作为社会意识形式的"道德"

---

[1] Л. М. Архангельский: Сущность этических категорий / Наука философии, 1961, №3, С.125.

[2] Л. М. Архангельский: Сущность этических категорий / Наука философии, 1961, №3, С.119.

和作为道德科学的"伦理学"的差别的忽视。日常的道德观念、道德情感、道德习惯是作为社会意识呈现出来的,而伦理学范畴,是科学概念,是对道德观念、道德情感、道德习惯进行理论分析的结果。间接地反映社会道德原则和道德观念是伦理学作为科学的现实基础。

А.Г. 哈尔切夫一方与 Л.М. 阿尔汉格尔斯基一方在若干观点上持相悖态度:

首先,伦理学范畴包含道德行为和道德关系。А.Г. 哈尔切夫认为 Л.М. 阿尔汉格尔斯基将伦理学范畴单纯界定在道德意识层面显然过于偏狭,那些突出道德实践性的道德行为和道德关系理应被纳入伦理学范畴之内;道德活动、道德关系和道德意识紧密相连,在逻辑上密不可分,合力构成完整的道德范畴体系;一定社会的道德观念必然是相应道德关系的反映和道德活动的结果。

其次,道德属于价值范畴。А.Г. 哈尔切夫认为 Л.М. 阿尔汉格尔斯基没有彻底弄清"道德"和"伦理"概念的界限。"道德"属于价值类型,而"伦理学"属于科学范畴。他基于道德本质和道德发展规律的科学性出发,判定伦理学作为社会科学的学术特点。"伦理学"在程度上显现出较"道德"更高的理论化和系统化特征。"道德"是伦理学研究的对象,不是学科体系,它更多地被看成是社会价值意识,而不是科学理论。

这一结论的现实影响清楚地表现在伦理学研究从此名正言顺地卸下了以往负载的众多"道德说教"的"包袱"。А.А. 古谢伊诺夫甚至认为,对这一局限的克服在苏俄哲学史上具有开创性意义,它甚至超越了索洛维约夫的道德哲学体系。如果这一理论分野能被看作是苏联马克思主义伦理学的自我批判的话,那么,它无疑是后来"伦理学是科学"的开篇词。此外,争论的同时就是对"范畴"概念在伦理学体系中关键地位的确证，学界普遍认为，范畴才是能反映伦理学本质的内容，这一结论使苏联马克思主义伦理学迈向体系化和科学化的脚步渐进极境。事实上，这貌似小的举动背后藏了大心思，因为就是不久之后，苏联伦理学对全人类道德规范的研究便大规模铺展开来。

20世纪60年代初期到中期有关伦理学范畴的争论掀起了苏联马克思主义伦理学研究科学化的大幕，它一边让伦理学更有伦理学的味道，一边慢慢卸载着伦理学道德劝解的功能，为后来走向彼岸、进行另一种批判打下了基础。

二、道德判断标准之争奠定理论认识的真理基础

20世纪60年代中期，苏联伦理学界对马克思主义的道德理论和伦理范畴的理解熟稔而深厚，多年的理论积淀和深入研究淬炼成研究者的学术自信。理论联系实际地对现实问题进行道德评价和道德判断的积极性增长是学术自信的反映。此外，更多的社会道德实践也给了学者们施展评价实力的空间。在这样的大环境下，道德判断铺设了苏联马克思主义伦理学研究由理论向实践进发的可行路径。当然，还有足够优越的社会环境提供的外部保障。在事实上将《共产主义道德法典》纳入党纲的苏共二十二大，在客观上拓宽了道德因素的作用范围，道德调节上升至与行政调解几近趋同等值的地位。"在完善党的思想政治教育和道德教育的方式方法上提供了帮助"[①]，这等于给道德问题进行评判提供了发言权。上述条件，都为道德判断标准之争培育了理论和实践语境。

道德判断问题占据当时马克思主义伦理学的学术高地，有据

---

① М.Г. Журавков: XXII съезд КПСС и некоторые вопросы этики / Вопросы философии, 1962, №2, С.5.

可循。

首先，社会道德实践需要科学的道德判断标准指引。取得长足理论进展的苏联马克思主义伦理学与和谐高尚的社会道德生活交相辉映。一方面社会道德风尚总体向善，道德生活规范有序；另一方面，社会道德生活领域的实践也被积极拓展：集体与个人关系的调适、社会主义人道主义的实施、社会义务的承载、社会利益的分配、创造性劳动的开展……这既是道德实践，又是伦理考验。这些考量制度合理性的探索性试验，没有预设范本，全都是实践典型。理论从实践中来，升华后还要指导实践。何以指导实践？唯科学性能担此重任。这样，道德判断的科学标准亟待确立。

其次，学术研究实践增加了主观认识的参与比重。一方面，社会道德实践的极大拓展需要科学的道德判断标准，另一方面，伦理学的学术关怀也从伦理本体自发地逐渐转向认识论领域，即伦理思维如何认识道德世界的问题。如汉斯·D.斯鲁格所言，"首先，哲学家们思考这个世界，接着，他们反思认识这个世界的方式，最后，他们转向注意表达这种认识的媒介"[①]，这一论断同样适用于伦理学，能够说明伦理学从形而上学，上升到道德认识论，最终走向道德语言哲学的自然进程，这既是规律表现，又是现实要求。与先前对伦理学本质、起源、功能、范畴等原点理论研究不同的是，在苏联马克思主义伦理学的研究中，主观认识的学术参与比重增加了。主观认识是在研究具体的道德理论问题时遇到的。但解决理论问题离不开道德价值立场、道德评价标准、道德判断准则。在此情境下，对道德评价和道德判断问题的研究成为苏联马克思主义伦理学研究的主要内容。

---

① 〔美〕汉斯·D.斯鲁格：《弗雷格》，江怡译，中国社会科学出版社1989年版，第10页。

当时围绕着道德评价和道德判断展开的研究集中在三个问题上：

其一，是道德评价的对象。伦理学界对道德评价对象的界定有广狭之分。广义将人的全部行为均纳入道德评价范畴，狭义则只承认反映社会心理的人的行为、道德规范和道德关系等是道德评价的对象。但广狭之分并未造成学术分歧，有关道德评价对象的界定基本形成定论。

其二，是道德判断的依据。此前有关道德评价的依据问题未见伦理学者着墨陈词，其原因在于社会约定俗成的道德要求长久地替代了道德评价依据的角色。但道德要求尚且不等同于道德评价，遑论学术意义的道德评价标准。学者们对道德评价依据的认识另取新路，最终归依到К.А.施瓦尔茨曼和А.Ф.施什金那里："能够最大程度反映人本性的要求、反映那些为未来而团结奋斗的人的评价标准，才是唯一正确的道德评价依据。"①

其三，是道德判断的知识基础。与道德评价呈现逻辑接续关系的是道德判断，而道德判断则离不开它的真理标准，价值和真理互为逻辑统一。但在苏联时期，直到1962年才首开道德价值研究的学术先河。对道德价值和真理基础的关系问题存在诸多理论分歧，甚至于构成截然对立的论争派别。

两个学术派别的重大理论分野在于是否承认道德判断的真理标准。这一具体理论争论的出现与伦理学界有关"伦理学是科学"的判断密切相关。到1965年，持续了4年的"伦理学是不是科学"的纷争尘埃落定于科学视野，但不同观点仍在一定范围内保留下来。既然伦理学是科学，那它就应该有客观的道德依据，能兼容多

---

① К.А. Шварцман, А.Ф. Шишкин: О некоторых философских проблемах этики / Вопросы философии, 1965, №4, С.89.

元的伦理思考，经得起道德实践的检验，它的评价标准更要具有实证性。可就在1961年，学界新宠K.A.施瓦尔茨曼还发文立论，直言"新实证主义消解伦理学"①。很显然，这样的学术纷争必然导致对道德判断真理问题的立场对峙。

以Д.П.葛尔斯基和Г.克劳斯为代表的一派否认道德判断的真理标准。在他们看来，道德判断时常使用道德规范，而道德规范本身并非科学知识，所以不具备认知功能；道德规范系人为操作，故缺少与客观事实相吻合的要素，无法用实证的方法确证道德规范。这一派观点因否认道德判断的真理标准，继而否认"伦理学是科学"的判断。

以М.本格、А.Ф.施什金和Н.Н.莫克罗乌索夫、В.П.科布拉科夫为代表的另一方则坚持道德判断具有真理性。М.本格在《伦理学研究方法》一文中集中阐释了道德判断具有真理基础的观点：在经验方面，可以把道德判断的标准与描述性的假设相对比，以确定它是否符合于某种实践需要；在逻辑方面，可以通过把道德判断的标准同社会中其他起作用的规范和原则进行对比，以证实这些规范体系彼此之间并不矛盾；在科学理论方面，可以通过把道德判断的标准和对阶级利益和社会总体发展趋势的认识相对比，实现对道德判断的学术理论论证。②

争论基本上以承认道德判断具有真理基础一派的胜利而告终。В.П.科布拉科夫1968年在《哲学问题》上发表的《论道德判断的真理问题》中做了总结性陈词：道德判断基于道德认识，因而具有知识基础；真理范畴可以为道德判断提供标准；对道德判断的真理

---

① К. А. Шварцман: Неопозитивизм уничитажает этику / Вопросы философии, 1961, №1, С.64.

② 武卉昕：《苏联马克思主义伦理学兴衰史》，人民出版社2011年版，第70页。

标准进行学术检验理论和实践可行；伦理相对主义在科学伦理学框架内无立足之处。

有关道德判断真理问题的讨论在道德哲学研究领域取得了丰厚成果。这是苏联马克思主义伦理学对伦理学理论的突出贡献，是伦理学研究在认识论问题上的真知灼见，它保证了苏联伦理学在其后近20年研究的科学性，直至A.A.古谢伊诺夫《新思维和伦理学》的发表。这20年间，苏联社会道德生活和伦理学研究方向经历了戏剧性嬗变。在马克思主义伦理学理论框架下，从60年代的道德意识形态和道德理论形态平衡存在状态，到思想价值体系和科学研究体系呈现最佳统一的70年代，再到思想理论多元分解的80年代的发展过程中，可以说，伦理学研究对社会道德活动和道德现象进行的伦理判断，都是坚持真理标准的。在历史唯物主义的现实语境中，伦理学实事求是地反映社会道德生活，在社会历史理论体系中落下公正的道德判锤。到80年代后期，时隐时现，却从未缺场的"人道主义"占据了伦理学术舆论和研究主场，并从具体彻底走向抽象，为"新思维"鼓吹下的"全人类道德"造势，致使道德判断完全抛弃真理标准，走向学术虚无。

所以，有关道德判断真理标准的确定保证了苏联伦理学乃至其他社会科学相当程度的平稳科学发展，对今天俄罗斯和世界马克思主义伦理学在世界伦理学轨道上的科学运行，具有前景性意义。

三、价值问题之争引发伦理思想的多元趋向

从20世纪60年代下半期开始，苏联社会的精神生活状态发生了变化，变化来自于对个体存在意义的确证和对精神自由的追求，"对创作自由的追求也产生了发展自由个性的需要。公民责任问题

对很多人来讲成了道德、伦理选择问题"①。人们的物质生活富足无忧,精神世界鲜活生动,道德情操神圣崇高,批判意识峥嵘渐露。在这样的大时代背景下,70年代苏联马克思主义伦理学正式开启了对价值问题研究的破冰之旅。

苏联马克思主义伦理学对价值问题表现出的学术青睐,仍可追本溯源。

第一,60年代有关价值问题的讨论先期铺陈了研究基础。

1964年4月、1965年3月和10月,苏联先后召开了三次关于价值和价值论问题的学术研讨会。会议的目的是想把马克思主义伦理学框架内的价值同资产阶级的价值观,尤其是道德价值观相区别开来。在价值哲学还是彻底的唯心主义理论的认识时期,针对道德价值范畴的专门阐释是不存在的。理论回避在客观上是存在的,但是先前围绕着"价值"的讨论为后来热议"价值"推开了方便之门。对伦理学者来说,那些曾经被批判的"价值"理论似乎并不陌生,立场变了,素材还在。而且,具有批判传统的俄罗斯人,在学术上也一样喜欢以今日之美批判昨日之陋。甚至于自我批判也绝不做作,完全发自文化本能。这样,那些从前了解的东西就成了目前研究的极好材料。不能否认,60年代有关价值问题的批判性讨论为70年代的集中研究先期做了素材准备。

第二,马克思主义伦理学研究愈发显现出政治和社会功能。

与20世纪40年代、50年代、60年代不同,马克思主义伦理学的研究呈现出的政治、社会功能,不再以外部的意识形态迎合为特色,而是研究内容本身对社会和政治元素的容纳。政治决策和社会问题的解决都需要科学的价值指引,对价值问题的关注无疑为具

---

① 〔俄〕亚·维·菲利波夫:《俄罗斯现代史(1945—2006)》,吴恩远等译,中国社会科学出版社2009年版,第205页。

有政治伦理和社会伦理意义之问题的解决提供实践思路。比如，А.И. 季塔连科的《道德与政治》一书就对马克思主义的政治理论和方法进行了伦理阐释。Л.М. 阿尔汉格尔斯基的《个体理论的社会伦理问题》、А.А. 古谢伊诺夫的《道德的社会本质》、莫斯科大学伦理学人的集体著作《道德的社会本质、结构和功能》都将道德作为调节社会意识、指导政治决策的行为手段和价值导向来看待，以确定行为和现象的社会文化和政治意义。

有关价值问题的立场分歧巨大，推动对价值问题的研究上升到激烈而富于创造力的理论争论境地。В.П. 图加里诺夫和 О.Г. 德罗伯尼茨基各成一派。争论从 1970 年开始至 1974 年 О.Г. 德罗伯尼茨基的生前著作出版为止，并以后者的胜利而告终。

В.П. 图加里诺夫的观点包括：价值具有阶级性和社会性；价值是满足需要和利益的手段；价值是以规范、目的和理想形式呈现出来的思想和动机；[①]价值由生活价值、社会-政治价值和文化价值三部分构成；价值方法具有重要认知意义；价值具有实践指导意义。

О.Г. 德罗伯尼茨基的认识较之更显系统，其主要观点可归纳为："价值"是包含主客观因素的概念，价值的主观方面应得到重视；价值范畴对于理论认识的意义不大；价值方法可以被科学研究的方法代替；价值与人的认知和意志紧密相连；价值具有社会实践性、历史性和可知性。

О.Г. 德罗伯尼茨基的理论贡献不容置疑，而且他把对价值和道德价值的阐释放到了自己完整的"道德概念"体系中，以严密的理性主义和科学的伦理学研究方法逻辑地阐述价值概念的来龙去脉，其价值主观性理论受到学界重视。在 70 年代其后的苏联马克思主

[①] В. П. Тугаринов: Теория ценностей в марксизме, Л.: Изд-во Ленингр. ун-та, 1968, С.11.

义伦理学研究中,特别多地强调了道德行为和道德现象甚至道德原则制定的主观因素。同时道德本质的客观内容被逐渐消解,道德价值问题得到前所未有的关注,在20世纪80年代甚至被当成全部人类文化的神经枢纽和行为指南。

道德主观性元素受到重视在客观上给个体道德意识的自由表达推开了绿窗。任何群体和个体的道德行为都受其道德动机促动、受道德意志控制、受道德情绪感染、受道德直觉牵引。这些主观选择的因素被助力发酵,施力于道德群体或道德个体身上,其结果必然引发伦理思想的多元趋向。加上社会文化领域自由活跃的氛围、西方持久不懈的"分化"努力,学术思想和研究取向的多元化在马克思主义伦理学框架下渐成定势了。多元化促使伦理学对非马克思主义观点的迎合性接纳,导致无定论无原则的学术争论激增,思想立场极端化趋势增强。最后,伦理思想的多元化在某种程度上与走向极致的人道主义研究、作为终极道德指南的"全人类道德"原则等一起肢解了苏联正统马克思主义伦理学,加速了苏联马克思主义伦理学迈向终结的步伐。

在苏联马克思主义伦理学的发展历史中,学术争论犹如一条细细的丝线,将马克思主义伦理学中最有价值的概念范畴、理论疑惑和现实主张联系起来,为社会历史研究提供了独特视角。伦理学家不甘作壁上观,以争论实现理论创新,解决疑难问题,构筑了苏联马克思主义伦理学研究的逻辑篇章。伦理学范畴之争确立了学术研究的科学转向,道德判断标准之争奠定理论认识的真理基础,价值问题之争引发伦理思想的多元趋势。伦理科学转向打开道德认识的真理之门;善价值源于真理,成功指导道德实践,而摒弃真理的道德价值有陷入立场多元、形式极端的研究泥沼的可能,甚至成为损害马克思主义伦理学的肇始之源。

一是20世纪60年代初有关幸福和生活意义问题的争论和现实影响。

20世纪60年代"人是最高的价值"之观点的提出在今天看来虽略显突兀，但却事出有因。从苏联成立到20世纪60年代，国家经历了社会主义的创建、国内政治斗争角力、工业现代化探索、卫国战争胜利、战后经济恢复、赫鲁晓夫改革。经历使制度成熟，战争胜利提升民族自豪感和个体信心，制度稳定为经济发展创造和平环境，经济发展推动国力增长。国富民强是一个历史逻辑概念。国家富有强大必然惠及民众个体，个体物质精神利益得到满足是国家富有、政府施为的最具体体现。国家和民众的联系在民众层面的表现是民众自我精神需求的暴涨。在安定和平的生存环境和物质保障稳定存在的条件下，丰沛自我精神的需求便从容凸显出来。生活实践的全面展开，促使人们对生活意义和个体幸福的追求从外部体验进入内部观念，思考的内容也极大丰富。

在这样的前提下，1961年苏共二十二大召开，提出了"一切为了人，一切为了人的幸福"的口号。[①]1963年召开的苏共中央全体会议又提出"形成每个社会成员的科学的共产主义世界观、集体主义心理、习惯和行为是我们全部任务的重要组成部分，是生活的意义所在"[②]的统一观点。在大背景下，有关幸福和生活意义问题的讨论和争论如火如荼地展开。争论下存在着理论认识分歧。

争论的双方由以П.М.耶吉杰斯为代表的正方和以Г.К.古尼茨基为代表的反方构成。参加争论的还有В.П.图加里诺夫和Ю.卡诺德等。代表性文章有《论文化和生活的价值》(1960)、《论生活的

[①] 曹长盛、张捷：《苏联演变进程中的意识形态研究》，人民出版社2004年版，第437页。

[②] Правда, 1963.06.19.

意义》（1961）、《马克思主义伦理学中的幸福的范畴》（1961）、《马克思主义伦理学论生活的意义》（1963）、《生活的意义、幸福、道德》（1967）等。

正方的代表观点集中在 П.М. 耶吉杰斯《马克思主义伦理学论生活的意义》一文中，主要包括：

其一，生活意义是社会历史概念。对生活意义范畴的理解受制于社会历史条件，随着社会生活条件变化，人们对生活意义的理解相应上升到世界观层次。

其二，生活意义的内容具体真实。真正的生活意义强调个体生活对于人类历史和社会进步的现实意义，人的个体幸福选择应符合人民群众的利益和社会进步的需求。

其三，生活的目的和意义主客观相连。生活的意义和目的既有联系又有区别，生活的目的是人客观的生活意义的主观表现，主观目的见诸客观意义，二者是辩证统一关系。

反方 Г.К. 古尼茨基的主要观点有：

其一，生活的意义既是客观的，又是主观的。

其二，幸福是人的满足感不可分割的形式。

其三，个人和群体的满足指数是衡量人的幸福感的标准。

Г.К. 古尼茨基关于生活的意义、幸福、道德问题的判断集中体现在 1967 年 5 月发表于《哲学问题》杂志上的题为《生活的意义、幸福、道德》一文当中，在文章中，他针对 П.М. 耶吉杰斯《马克思主义伦理学论生活的意义》一文当中的观点一一给予了反驳。客观地讲，有关幸福和生活意义的争论以 Г.К. 古尼茨基为代表的反方在实践中取得了胜利，这与当时社会意识形态对个体感受的重视密切相关，也是对"人道主义"问题加速研究并导致最终泛化的催化剂。

二是20世纪70年代有关道德结构问题的争论和现实影响。

解决了道德是什么的问题，接下来就是道德是什么样的问题，或者说道德到底是以什么方式存在的问题。于是道德结构问题浮出水面。

有关道德结构问题的争论在А.И. 季塔连科和О.Г. 德罗伯尼茨基之间展开：А.И. 季塔连科的观点在《道德意识结构》一文阐述得尤为清晰，他以具体方式指出了道德的价值目标、自我意识的特殊心理监督机制、特殊的行为调节方法、构成道德的特殊元素、体现在道德基本元素当中的道德经验的特点等道德结构元素，利用历史比较方法和阶级分析法，力图实现对这些结构的分解整合。而О.Г. 德罗伯尼茨基的观点主要反映在1974年出版的《道德概念》一书中。在那里，道德系统结构由道德活动概念、道德关系概念、道德意识概念三方面构成，道德结构体系具有层次性和联系性。

70年代有关道德结构问题的争论是伦理学界仁者见仁、智者见智的学术争论，是无定论的争论。这在苏联伦理学的历史中并不多见。当然从这一层面也反映了伦理学研究的自由氛围、社会舆论逐渐宽容、个体意识受到尊重、学术空间拓展迅速等是无定论争论显现的外部原因。

三是20世纪80年代诸多无定论争论和现实影响。

20世纪80年代以后，由于社会思潮和执政党观念的变化，社会主义道德对社会现实生活的疏离和调节功能被极度弱化，学者们甚至普通民众也对先前经典作家道德理论判断产生了怀疑。于是争论多了起来，争论的议题也无所不包："道德基本范畴""共产主义道德教育及适用性""伦理学研究对象""伦理学未来前景""人道主义与现时代""马克思主义伦理学的现实问题"等。一大批伦理学家，如В.Т. 加仁、В.Т. 叶菲莫夫、В.Н. 谢尔达科夫、А.И. 季塔连科、А.А. 古谢伊诺夫、Ю.В. 索果莫诺夫、В.Н. 纳扎罗夫、В.И. 巴克史丹诺夫斯基和 К.А. 施瓦尔茨曼的著作引起了关注，并自然成为争论的核心人物。学术争论成为伦理学乃至社会科学领域的时代特征，但争论往往是没有定论的，它表明了人们在新的道德现实面前，对于坚持经典作家道德观点的动摇。随着争论的不断展开，对于马恩道德观的认识和理解逐渐呈现出多元化、多层次的特点。争论最终导致观点的泛化，在 1990 年召开的"改革和道德"的圆桌会议①上，传统马克思主义道德观已被阐述得面目全非。历史唯物主义和辩证唯物主义方法被摒弃，道德本质的阶级性和客观性被全面抽离，抽象的、缺少现实关怀的人道主义上升为最高的道德原则。从这一结局看，无定论的争论终结了传统马克思主义伦理学在苏联的研究历史。

苏联马克思主义伦理学史上的重大争论虽已成为学术过往，但当历史之风浮掠而过，这些争论就显现出了让未来人逐本溯源、明晰是非的独特理论魅力和实践功能。争论本身也是克服社会道德问题的学术反映，这一点恰好说明道德伦理研究和社会发展变化、学术理论变迁和社会制度嬗变之间的作用与反作用，为我们提供了一个践行理论联系实际的范本。

四、道德概念内涵演变与道德伦理观转变

苏俄百科全书视域中道德概念内涵的历史演化反映了苏俄社会道德现实的历史演化，包括：道德史观转向唯心主义、道德选择转向功利主义、道德信仰转向虚无主义、道德评价转向庸俗主义、道德价值转向抽象主义。道德概念是对社会道德历史和现实的系统化表达，是伦理认识的起点。从道德概念内涵的历史变迁的背后探索

---

① Перестройка и нравственность （Материалы "Круглого стола"） / Вопросы философии, 1990, №7, С.3–24.

到了道德观念变迁的规律和线索，能为我们提供分析社会制度变迁原因的视角。这是看待社会问题包括道德问题的基点。

大百科全书作为权威的国家学术认证，在理论界和社会生活领域的作用不言而喻。很多国家将编纂百科全书作为国家事业、全民工程和历史成就来实施，可见它的学术权威地位。不同时期，大百科辞典的内容会随着社会的变化和发展、社会价值导向的变迁而发生变化。以概念形式呈现出来的大百科辞典内容的变化主要体现在对概念的界定上。任何时代，任何国家都是一样。

苏俄的百科辞典从1952年到1997年的40多年间几易其名，1952年名为《大苏联百科辞典》，1953年至1955年更名为《大百科辞典》，1987年再易其名为《苏联大百科辞典》，1997年应社会变迁之需更名为《大百科辞典》。随名字变迁的还有内部的概念解读，包括道德概念。道德概念内涵的演化背后是社会道德价值观的变迁。

五、核心道德概念的演化

道德作为人们掌握世界的精神-实践方式，是观念的上层建筑和意识形式，但离开了社会历史和现实，确切地说，离开了社会物质生产和生产方式的道德，在行动上是无力的。它必然是社会经济基础的反映。基于此点，道德天然地被赋予了社会历史性，不同时代的社会呈现出不同的道德面貌和道德图景，相应地形成不同的道德观念。道德概念也是这样。道德概念是对与道德观念、道德行动等相关的道德范畴的理论化、系统化的学术提炼，它虽是以语言形式在字典中呈现出来，但却是映射社会道德现实变迁的镜子。

"义务""荣誉""良心""幸福""道德""责任""伦理"等概念是伦理学的核心概念，从核心概念的演化过程中能反映出社会变迁，包括道德变迁的端倪。苏俄的情况概莫能外。

"义务"概念的变迁路径：

1952年——"义务是人对社会、祖国、国家、阶级、党的责任"；

1953年——"捍卫祖国是每个苏联公民最神圣的义务"；

1976年——"是社会对个体道德要求的集中体现，通过个人对社会、集体和自己所负的责任表现出来"；

1987年——"唤醒良心的人的道德责任和伦理范畴"；

1997年——"唤醒良心的人的责任"。

"良心"概念的变迁路径：

1952年——"良心是人对社会和群体承担道德责任的意识和情感，是个体对自己行为和思想的自我道德评价"；

1955年——"良心是人对周围人和社会承担道德责任的情感"；

1976年——"是个体自我道德情感和道德意识的表现形式，是人的本质性和社会性特征，是对社会历史必然的主观表达，同时反映主观与客观的现实统一"；

1987年——"良心是有关善恶的道德意识概念，是对自己行为负道德责任的意识"；

1997年——"是对自己行为负责的、内心的道德信念"。

"满足"概念的变迁路径：

1952年——"满足是以个人情感呈现出来的自己对个体的社会意义的幸福感"；

1953年——在重复1952年概念的同时，附上了一句高尔基的名言："人！是一个痛苦的词语"；

1987年——没有"满足"这一概念；

1997年——也没有"满足"这一概念。

"职责"概念变迁的路径：

1952年——"职责"概念被解释成具体的责任：军人的战斗责任，对国家负责；公民责任，工作人员的职责，团结责任，纪律责任等。

1997年——"职责"被单纯地阐述为法律职责，仅在与公民责任有关的四个范畴内被提出：纪律责任，生产责任，纳税责任，法律责任。

"道德"概念的变迁路径：

1952年——"道德是社会意识形式，道德是涵盖了人与人、人与社会关系的行为标准和原则的综合体"；

1973年——"道德是规范性的、非制度性的调节手段"；

1976年——"道德是把握世界的精神-实践方式"；

1979年——"'道德金科玉律'是道德调节的特殊表达"；

1997年——"道德是社会关系的表现和意识的特殊形式"。

与"道德"密切相关概念的变迁路径：

1987年前，对与"道德"相关概念的解释，基于一致的价值立场，呈现出内容上的相关性。① 如将"道德情感"解释成"反映个体对社会和他人态度的道德情感形式"基于"苏联社会的道德政治统一"，这种统一指"经济利益、政治利益、共同目的和观点的统一"；用"调节、教育、认识、评价-命令、指导、激励、沟通（保证人们的交往）、预测"等积极向度指标来解释道德的功能，尤其注意道德的教育规范功能。

基于"一定社会或阶级的人和个体的需要"将"道德价值"解

---

① Большая Советская Энциклопедия (БСЭ), 1952; Энциклопедический словарь (ЭС), 1953–1955; Советский энциклопедический словарь (СЭС), 1987; Большой энциклопедический словарь (БЭС), 1997.

释为"满足其需要和利益的手段",同时也阐述了道德价值的规范作用和理想形式。

总之,这一系列道德概念都基于社会现实性,呈现出意识对客观现实的反映,体现道德概念内容的具体和真实性特点。

但是,苏联解体前后道德概念的现实性、客观性、社会性特征不见了,对道德观念的解释越来越多地呈现出抽象性、主观性和意识优先的特点,以"不切实际的应然"代替实际需要的"实然"的同时,又主观忽略迫在眉睫的"应然"。社会制度的改弦更张从根本上改变了社会道德模式,也根本改变了人的社会道德观念模式。

六、概念演化背后的观念演化

(一)道德史观转向唯心主义

上述道德概念变迁的突出特点之一就是对道德概念的总结抽离了其本身的社会性特征,放弃了对社会历史条件的考察,更多地呈现出将道德概念囚禁在意识和感受层面的趋势。

20世纪80年代末到90年代初,伦理学研究呈现出泛化的特点,这与当时的社会发展模式和意识形态表达方式的多元化密切相关。尤其是当戈尔巴乔夫"新思维"提出之后,伦理学在学术阐释上进行积极配合,因为"新思维"召唤人类理性。这里的"理性"不是实事求是依据当时社会现实作出的科学判断,而是以"生命越来越成为意识活动的产物,越来越成为道德选择的对象"①为前提作出来的。当一个国家一个民族不再关注它本国家和本民族的成员的具体、现实的需求,而是离开了社会现实来关注所谓"全人类的生命权""最高的人性""普世的道德"的时候,这个国家民族的伦

---

① А. А. Гусейнов: Этическая мысль: Новое мышление и этика, М.: Политиздат, 1988, С.14.

理探索就彻底转向了伦理虚妄。为了避免诸如"地球覆灭"之类的杞人忧天的悲剧,"必须要从根本上进行价值观的重新评价,即实现从小集团的、民族的、阶级的固有思维向全人类思维、从仇恨和暴力伦理向信任和忍耐伦理的转变",①这是当时苏联伦理学界的主流观点。可是当时苏联的情况是石油价格下跌、外汇贮备锐减、政府裁员致失业剧增、"加速发展战略"几近崩溃。自己国家的困难尚且沟壑难填,那么所谓"全人类利益的优先权""人性""信任和忍耐"都只能流于空谈。没有了现实根基,道德观念的选择在历史观上堕落了。

  反映在道德概念的变迁上,历史性、现实性不再作为概念界定的前提和主要指向,实事求是的科学判断特点被泯灭了。在这个过程中,最高的公民义务转化成"完成良心呼唤"的范畴,公民在国家层面上应承担的道德责任被抽离了。"良心"是个体良心,针对个体道德完善。个体道德完善的目的有多种,有人单纯为自己的健康和精神感受。个体道德完善的途径多样,宗教忏悔也是唤醒良心的重要方式,"良心"的社会道德内容不见了,取而代之的是相对狭窄的个人情绪体验。"义务"概念从"对社会、祖国、国家、阶级、党的责任和捍卫祖国的最神圣职责"蜕化为"唤醒良心个体任务",从前道德引领社会风尚的"义务"指向范围"从国家到个人"的变化弱化了作为道德原则的"义务"功能,其变迁使"义务"负载的道德行动意义的范围大幅缩减,概念的伦理意义和社会历史功能被极大弱化。道德概念的界定抛弃了历史唯物主义是社会道德生活的反映。

---

① А. А. Гусейнов: Этическая мысль: Новое мышление и этика, М.: Политиздат, 1988, С.16.

（二）道德选择转向功利主义

苏联时期，作为社会问题的失业现象是不存在的。人们接受了相应的职业技术或专业教育，立刻就能就业，然后就会得到政府分配的免费住房，之后会顺理成章地组建家庭，生育孩子。在这种条件下，不用考虑生计问题。在苏联解体的过程中，"非国有化"浪潮汹涌而至，"休克疗法"四面楚歌，社会财富被野蛮分割并迅速集中到少数人手中，物价一路直上，失业激增，民众一夜致贫。失业的职工在物资匮乏和通胀严重的情况下，不得不自谋生路。

苏联解体虽是一夜之间发生的事，可它的影响却日久天长。最重要的是，苏联解体改变了从前的社会保障模式，工作没了，房子没了。人们为了自己的生计，首先得找到能工作赚钱的出路。当问题只表现为一碗粥和一种理论的时候，人们一定首先会选择那碗粥，毕竟人活着要满足需要，而需要的满足总是有层次性的。当"果腹"成为第一需要的时候，很少有人会去关注其他需要，这样，审美体验、道德慰藉等精神层次的要求就通通隐遁了。社会主义苏联也好，资本主义俄罗斯也罢，道德终归是建立在现实基础上，而不是建立在意志之上。在困难严峻时，偷盗、吸毒、酗酒、伤害的情形经常发生或者时而多发，1990年到2007年俄罗斯持续走高的犯罪率和社会其他调查结果是例证。后来，经过内部的休养生息和政府对经济的务实发展，情形开始向好，但是道德选择的功利主义转向却已完成了。道德教育整体缺失、体力劳动被藐视、拜金羡富成为主流思想，相应地，人们讨论的都是与"经济""法律"等能带来物质利益的话题，什么赚钱多，就对什么趋之若鹜，反之，则门可罗雀，显示出价值行为选择的工具性。

反映在道德概念的变迁上，义务、良心、荣誉、道德本身及相关范畴都转向了对个体的关注："义务"变成了"唤醒人良心的责任"，成了做坏事之后向上帝忏悔的单纯的自我救赎的"责任"；"良心"的崇高性丧失；"责任"简化为"法律责任"和"纳税责任"；"道德"及相关概念单纯地成为"意识的特殊形式"。而谁都知道"满足"不但是物质满足，还包括精神满足，更多是以情感体验的方式表达出来。苏俄百科大辞典50年代对"满足"的解释包含了情绪上的幸福体验，这体验跟当时苏联蒸蒸日上的国力、迅猛发展的科学技术、富足稳定的生活条件、和谐高尚的道德图景密切相关。依据这样的事实逻辑，可不可以推测，百科全书里抹掉了"满足"一词，其肇始之根在于苏联社会末期和苏联解体之后，苏俄国家一落千丈的国际地位、举步维艰的物质生活境况、混乱多元的价值争论呢？毕竟，良好的社会经济条件会给人提供物质保障，人的安全感、自我认同随之而来，社会思潮与社会发展呈现良性互动格局，反之呈现恶性循环。

以目的代替义务，以功利代替崇高的社会道德观嬗变也清晰地反映在道德概念的内涵变化中。

（三）道德信仰转向虚无主义

道德是信仰的表达形式，崇高信仰支撑的道德行为具有正价值导向，对社会发展起积极推动作用。苏联时期，集体主义、爱国主义、诚实守信、勤劳互助是社会主义道德的基本原则，也是构成社会道德图景的具体内容。这些原则对规范行为、鼓舞人心作用巨大，是作为社会主义在道德上的优长所在；这样崇高的道德信仰作为意识的凝结力量，在苏联社会的文化道德建设中起到了社会主义价值观的引领作用，它是一种信仰导向，建构起苏联人的精神坐标系。因此，人们才能理解苏联在艰苦的战争岁月取得的重大胜利，才能理解在无可借鉴的社会主义建设道路上取得重大成就的原因。后来的苏联解体，其过程本身在客观上造成了道德信仰世界的真空，领土分裂、民族分化使思想道德世界支离破碎。社会主义道德原则被摒弃，个人主义、功利主义、利己主义、拜金主义充斥社会群体价值世界。除了宗教，再无其他信仰。而俄罗斯的宗教除了起到个体灵魂安顿的作用外，从来没在国家发展的决策层面起过重大引领作用。象征民族认同的统一历史教科书被废除，标志着爱国主义培养的重要载体不起作用。开辟社会主义时代及其道德风范的创始人列宁的墓碑被多处损毁，一个时代及其风貌被否定了，但却没有一个更完善、更进步的时代及其精神风貌来填补，学校的传统道德教育一部分被宗教道德教育所占据，另一部分踪迹全无。媒体不顾应当承担的价值导向作用，去道德化的娱乐精神充斥舆论空间。

"问题群"背后是道德信仰真空谁来填补的更为重大的问题。社会的剧烈动荡让人产生心理上持久的不安全感。为什么不安全？因为不相信。不相信国家，因为它不给人们以安全的土地以生息；不相信社会，因为社会没有持久的安定祥和的状态；不相信未来，因为未来扑朔迷离；不相信他人，因为团结协作的关系被打破；当然也不相信道德，因为道德不能凭空而建。"道德"从先前被理解的"人与人、人与社会关系的行为标准和原则"退化为单纯的"社会关系的表现和意识的特殊形式"，道德重要的规范价值的作用不见了，道德信仰的虚无主义成形了。这一点通过调查结果即可证实[①]：俄罗斯全民舆论调查中心的调查结果显示，1995 年有 76% 的被调查者认为应小心谨慎地与人交往；在 2014 年对信仰目标的调查上，[②]除了 28% 的被调查者信仰宗教，有 47% 的被调查者没有信仰，剩下的 24% 不是有明确信仰，而是"很难回答"。一个国家公

---

① Д. Д. Борисов: Можно ли доверять людям? 2016.03.15.

② Российская молодёжь: какой она представляется самой себе - и какой её видит старшее поколение, https://wciom.ru/analytical-reviews/analiticheskii-obzor.

民的信仰状态整体缺失，它的道德信仰状况的虚无主义显而易见。这些是掩藏在道德概念内涵后面的事实。而道德概念演化过程中其内涵的去道德化就是现实中道德信仰虚无主义的证据。

（四）道德评价转向庸俗主义

苏联解体在思想上是内外施压的结果。西方在意识形态上自然采取主动渗透灌输的方式，但苏联内部和后苏联时代初期的政府也是积极配合，两者形成"合力"，在消费文化的指引下，道德评价标准越来越朝着庸俗的物质主义转化。

"去神圣化"表现在社会精神生活的各个领域，尤其是新一代的文化价值立场呈现出新的特点："第一，思想空虚；第二，贪婪无耻；第三，不分善恶。"[①]这三者呈现逻辑接续关系。思想空虚是社会道德信仰缺失的结果。信仰上没有追求了，人的需求就只能通过对物质利益的追求表现出来，对精神的追求越浅薄，对物质的追求就越贪婪。当个体、群体乃至全社会均以物质追求作为实现个人价值的支点时，就会失去善恶导向，良莠不辨、善恶不分是必然结果。事实上，"这些新特点对民族固有的习惯、传统、道德、精神原则、教育原则、文化价值和思想优点构成极大的冲击"[②]。相当多的电影、电视、文学作品反映的就是这种无思想、无价值、善恶不分的思想、价值和道德观念。比如2004年到2006年占据银屏的电视系列剧《2号楼》的受众主体是十三岁到二十四五岁的少年和青年，这部剧的情节充满暴力、流血、性和犯罪，但是没有指引价值导向，因为没有电视审查环节，市场化是标准。电视节目的社会监督环节被免去了，随之免去的是受众的价值选择的神圣化。电影

---

① А. В. Щипков: Нравственный кризис информационного пространства России / Молодая, 2009, №7-8, С.93.

② А. В. Щипков: Нравственный кризис информационного пространства России / Молодая, 2009, №7-8, С.90.

《大师与玛格丽特》(1994)、《华丽人生》(2007)等都是一些解构传统道德，主张消费主义的庸俗作品，但却获得了很大的受众市场。

道德生活的"去神圣化"客观地反映在道德概念内涵的变化上：

崇高的责任意识缺失是道德评价转向庸俗主义的例证。"责任"从先前涵盖国家层面、社会层面、个体层面的责任降到单纯的个体层面；从包纳团结责任、工作责任、纪律责任到仅指法律责任；从伦理原则和道德义务被削弱到法律概念。从"责任"概念的主体范围缩小化、内容指向单一化、价值立场偏离化等变化，可以看到社会现实中公民对"责任"承担的实际状况。众所周知，法律和道德作为社会调节的手段，应协同起作用。法律是刚性调节，道德是柔性调节，刚柔相济，方能长治久安。一个社会的道德需要有法治来保障，可法治的发展同样需要道德的感召。很难想象，不负道德责任的人，如何能够遵守法律，没有了道德责任的约束，是很容易触碰法律底线的。这一点是否可以用来解释苏联社会后期和解体后的相当长时间内，与社会道德失范并行的犯罪率高升的现象呢？

（五）道德价值转向抽象主义

道德价值是个体和群体的行为和品质对他人和社会所具有的道德意义。这些意义来自于对个体和群体道德行为和品格的评价。而道德行为和品格必然产生于现实的道德生活，同时反作用于社会道德生活。社会道德生活的现实性是社会道德评价即对道德行为和品质进行评估的客观性的保障。苏联时代，那些符合社会主义社会和广大人民提出的道德要求的道德行为和品德是善的，反之是恶的，由此显示出道德行为和品格的道德价值。无论是道德生活中的行为，还是道德精神中的品格，都是具体、现实的。慢慢地衡量道德价值的一些具体要求被弱化了，"全人类道德"抽象的"人道主义""全球伦理准则"等价值原则被提升到至高无上的位置，这些准则在外部似乎符合了全球伦理的要求，但内部的具体要求被抽离了。再没有客观有效的标准和价值来衡量和引导个体群体的道德行为时，社会道德价值由具体转向抽象。

道德概念的演化十足地证明了这一点。以"良心"概念为例："良心"在这一过程中，从对群体和社会的良心堕入对主体道德感受的情感体验的偏狭一隅，后期更多强调了自我的感受。"良心"发现的空间从崇高的国家责任意识到普通的情感，然后是善恶概念，最后是善恶本身。在似乎"关注"概念学术性本身的过程中全然摒弃了概念发生作用的社会历史价值场，"良心""真正"成了自我的道德救赎机器。可是，自我的良心救赎所依何物呢？世界是联系着的，无论是物质世界还是精神世界，都以联系为存在根基。"良心"是精神世界里的"良心"，"良心的救赎"是精神存在样态的改变，单靠一己之精神力量何以做"良心救赎"的大文章？"良心"概念在变迁的过程中，失去了生长之媒介，变成了抽象的"良心"本身，概念彻底被概念化了。

实际上，这期间，在苏联和俄罗斯的百科辞典和专业哲学-伦理学教材中，还能发现"道德"概念解释的演化路径：20世纪60年代，"道德是社会意识的形式和协调个人与社会利益的手段"；20世纪70年代，道德是一种特殊的调节人的行为的机器，"道德是规范性的、非制度性的调节手段""道德是掌握世界的实践-精神方式"，"道德金科玉律是道德调节的特殊表达"。在这一变化过程中，"道德"从"社会意识形式"变成了"意识形式"，从对"人与社会、人与人的关系的行为标准"变成"社会关系的表现"。道德概念本身所涵盖的具体的社会实践内容被忽略掉了，道德本身的规范化作用被抽象化了。实践性是道德行为的客观内容，规范作用是道德的本质功能，在社会转型的过程中，道德主体不再进行道德实践，换句话说，不再实施向善的道德行为，道德不发挥价值指引作用，那么社会的道德状况会是怎样的一副面貌呢？对这一疑惑，近年来俄罗斯社会道德价值观的逆转性恐怕已经用写实的手法作答了。

概念是对社会历史和现实的系统化、理论化的表达，是理性认识的起点。而理性认识必然以感性认识为基础材料，是感性认识的发展。感性认识主要来源于实践，来源于丰富而实际的事实材料。道德概念是对社会道德历史和现实的系统化表达，是人们伦理认识的起点，是以道德社会、道德生活和个体道德活动为基础素材的，它来源于现实而清晰的道德实践。苏俄百科全书视域中道德概念内涵的历史演化反映了苏俄社会道德现实的历史演化，道德现实演化又为道德观念的形成和演化提供基础素材。从道德概念内涵的历史变迁的背后探索到了道德观念变迁的规律和线索，更看到了社会道德现实变化的历程。它甚至能够为我们提供分析社会制度变迁原因的视角，社会道德生活是社会生活的组成部分，社会存在变迁决定社会意识的变迁，社会道德变迁决定道德意识的变迁。这是看待社会问题，包括道德问题的基点。

七、伦理学中的马克思主义传统

（一）历史理论视野中的苏联伦理学

当提到国内哲学传统和国外（首先是西欧）哲学传统的相互关系的时候，不知为什么，人们总是忘记，在俄罗斯历史中的整个苏联阶段，在对马克思-列宁主义的各种解释版本中，解决全部哲学问题（包括伦理学问题）的、起主导作用的正是西方马克思主义哲学。我们如此习惯于国内哲学中的马克思主义，以至于常常在"潜意识"的水平上把它理解成为本国的"发明创造"。但是马克思主义是作为当代西方社会的思想、哲学和社会形成问题的反映而产生于19世纪中叶的，并且，它以各种形式（其中包括苏联方式）在20世纪的发展其实是整个世界哲学的继续。

苏联伦理学把以历史唯物主义和辩证唯物主义形式呈现出来的马克思-列宁主义哲学作为了自己的科学-方法论基础，这就决定了研究道德问题的总的方法。马克思主义把道德解释成为更为复杂的社会关系体系中的元素，并且道德本身的发展最终取决于全部社会-历史关系的辩证发展。在这种情况下，为了正确认识和相应地解释个别道德现象，应当把全部社会历史关系作为基本元素列入固定的整体当中。但是这样认为苏联时期的全部伦理学是不正确的。更准确地，应当说是，在它的框架之内存在着一个主干，在大量的理论争论当中形成了某种对道德概念、道德现象和伦理学本身的统一理解。苏联伦理学的理论研究是作为"统一中的多样"而展现出来的。把道德作为历史、社会和个人生活中的复杂多样的构成的解释导致伦理学研究领域的不同研究者们只关注了伦理学的个别方面。这是伦理学研究的主要困难，因为没有任何一个人能被称之为"马克思主义伦理学"的最全面、最相当的表达者。最终的结果是所有的人都是马克思主义者，但是，他们一方面从事各种各样的伦理学问题研究，另一方面对于同一个问题又有自己的特殊观点。因此，由苏联时期的马克思主义伦理学的特点而预想出来的阐述就具有了"包罗万象"的特点。它的主要任务在于，要弄清楚存在于马克思主义伦理学中的、反映在安排和解决伦理学问题哲学方法论一致性当中的哲学模式，并且要表明，它的理论结构是位于世界伦理思想的运动轨道上的。

俄罗斯的苏联时期的马克思主义伦理学是复杂而多样的，这一点在相当大的程度上取决于马恩列和其他马克思主义理论家的著作中对待道德的态度。作为哲学一部分的伦理学，一方面执行着成为阶级斗争武器的意识形态的功能，它要证明社会主义制度和生活方式的优点，努力建构共产主义理想。另一方面，它如整个马克思-列宁主义哲学那样，致力于对世界进行科学的理论性的解释。因此，哲学伦理学家们不仅是在社会主义社会里面，而且也在世界历史的视野当中，尤其是他们不是在某一个方面，而是在伦理思想的世界运行轨道上从事着对现实道德生活和一些最本质的道德问题的研究和分析。在 1917 年革命以后的相当长的时期内，在国内的科学和教育结构中，作为独立的科学哲学的教学课程的伦理学是不存在的。只是到了 1961 年，当"共产主义建设者道德法典"被写入党纲以后，伦理学才被列入学术-教学过程，出现了伦理学课程的设置和教科书，在各高校和科研机构开始创建伦理学教研室，其本身的伦理学研究活动开始形成。但是对待伦理学的这种态度不仅取决于当时的意识形态（尽管不可能不考虑这一因素），它多少还取决于 20 世纪世界伦理学的总体状况。当时的伦理学是科学吗？道德是如何成为科学-哲学分析的对象？这些是全世界哲学家们关注的问题。杰出的苏联伦理学家德罗伯尼茨基最好地表达了问题的实质："以哲学和道德呈现出来的这种社会意识形式似乎彼此离得很远，让人觉得，好像哲学和道德之间不存在直接联系，二者没有可比性。"① 为了理解苏联理论化的伦理学中的这种以及这类问题的方法、方法的特点，必须揭示出它的哲学方法论基础的总特征。

在国内道德哲学中，道德被看作是社会现实的一部分。相应

---

① О. Г. Дробницкий: Философия и ценностные формы сознания: Философия и моральное воззрение на мир, М.: Наука, 1978, C.86.

苏俄伦理道德观的历史演变

地，伦理学在总体上也是社会哲学的一个分支，并且一直以这种形式存在，直到 60 年前。但是，当伦理学被作为一个独立的学科划分出来以后，其中的伦理问题的解决就是在以社会历史进程的马克思主义版本——历史唯物主义的形式表现出来的社会哲学的基本问题的框架内进行的。马克思本人的话可以最全面最精辟地证明马克思主义唯物史观的本质。

> 人们在自己生活的社会生产中发生一定的、必然的、不以他们的意志为转移的关系，即同他们的物质生产力的一定发展阶段相适合的生产关系。这些生产关系的总和构成社会的经济结构，即有法律和政治的上层建筑坚立其上并有一定的社会意识形式与之相适应的现实基础。物质生活的生产方式制约着整个社会生活、政治生活和精神生活的过程。不是人们的意识决定人们的存在，相反，是人们的社会存在决定人们的意识。社会的物质生产力发展到一定阶段，便同它们一直在其中活动的现存生产关系或财产关系（这只是生产关系的法律用语）发生矛盾。于是这些关系便由生产力的发展形式变成生产力的桎梏。那时社会革命的时代就到来了。随着经济基础的变更，全部庞大的上层建筑也或慢或快地发生变革。在考察这些变革时，必须时刻把下面两者区别开来：一种是生产的经济条件方面所发生的物质的、可以用自然科学的精确性指明的变革，一种是人们借以意识到这个冲突并力求把它克服的那些法律的、政治的、宗教的、艺术的或哲学的，简言之，意识形态的形式。我们判断一个人不能以他对自己的看法为根据，同样，我们判断这样一个变革时代也不能以它的意识

为根据，相反，这个意识必须从物质生活的矛盾中，从社会生产力和生产关系之间的现存冲突中去解释。无论哪一个社会形态，在它们所能容纳的全部生产力发挥出来以前，是决不会灭亡的；而新的更高的生产关系，在它存在的物质条件在旧社会的胎胞里成熟以前，是决不会出现的。所以人类始终只提出自己能够解决的任务，因为只要仔细考察就可以发现，任务本身，只有在解决它的物质条件已经存在或者至少是在形成过程中的时候，才会产生。大体说来，亚细亚的、古代的、封建的和现代资产阶级的生产方式可以看作是社会经济形态演进的几个时代。资产阶级的生产关系是社会生产过程的最后一个对抗形式，这里所说的对抗，不是指个人的对抗，而是指从个人的社会生活条件中生长出来的对抗；但是，在资产阶级社会的胎胞里发展的生产力，同时又创造着解决这种对抗的物质条件。因此，人类社会的史前时期就以这种社会形态而告终。①

在这一段中可以清楚地看到国内马克思主义对待作为科学的伦理学的特殊态度的根源。以生产力和生产关系的总和形式表现出来的社会物质基础是可以作为科学研究的对象的，无论是经验主义的，还是哲学的。道德到底是意识形态形式，那么它也是社会意识虚幻的转变形式，它本身没有学术价值和意义，因此它或者会以客观的社会现实形式（作为哲学科学的研究对象），或者整个作为统治阶级巩固和维持其政权的武器表现出来（抑或是作为被统治阶级争取政权的形式）。因此对那些隐藏在道德概念、观念和体系背后

---

① 《马克思恩格斯全集》第 13 卷，人民出版社 1962 年版，第 8—9 页。

的，所谓的"所有掩饰和伪装"下面的全部关系进行分析是苏联伦理学最重要的问题之一。在自己的著作中，马克思、恩格斯特别强调了他们对于资本主义社会的现实社会关系的科学揭露，而不是对资本主义的道德批判。另一方面，阶级斗争学说是马克思主义中最重要的部分，在苏联马克思主义中得到特殊强调的主要是社会的暴力革命。为发动人民群众进行革命变革，必须有相应的道德主旨，因为只有到那时，思想才会像马克思本人所说的那样，变成物质力量。正是这种在科学方面拒绝道德，同时为了社会改造在革命理想主义的道路上又需要道德的两面性导致了对待苏联伦理学的矛盾态度。这种既是科学描述，同时又是规定的价值方法的伦理学定位的结合的复杂性决定了苏联伦理学的活动范围，20世纪基本道德理论的争论（实然–应然问题）是苏联伦理学的中心问题。

作为理论方法的唯物史观在相当大的程度上导致了把道德理解成为社会关系的形式和认识世界的精神实践方式，这种社会关系像人类一切其他关系一样，是由形成于特定历史时期的社会生产方式决定的。"可以用最为概括的形式把道德解释成为受一定条件制约的社会历史存在的人之行为的本能属性，道德具有联系那些活生生的、具体的个体的价值意义。"[①]根据马克思主义学说，道德问题是在社会和个人意识中形成的现存社会关系的反映，这种社会关系又是在人的现实活动中形成的，因此道德问题只具有相对独立性，它只是社会历史状况的反映，而不是它的本质。这种立场导致了一系列理论问题的产生，其中的主要问题可作如下归纳：

因为马克思主义学者否认绝对的道德标准和道德价值的永恒性和不变性，它们被看作为更加复杂的社会历史关系的基本元素，因

[①] А. И. Титаренко: Марксистская этика учеб. пособие для вузов, М.: Политиздат, 1980, С.27.

而道德的起源问题就成了最主要的问题之一。对于这一问题，苏联伦理学界基本上形成两派观点，它们之间的区别是研究者的方法立场，首先针对的是道德的特征。一些人（施什金、伊万诺夫、谢苗诺夫）认为，道德是同最初的集体劳动行为一起出现的，以保证对他们的调解。在这种观点中存在着"丧失"道德特征的危险，因为，在对原始社会进行分析的时候，道德一方面是自然的、生物性的行为方式的继续，另一方面，道德是很难同其他社会调解形式区别开的形式。另外一些人[①]认为，道德并不产生于人对于兽性的摆脱之初，而只是产生于人类社会历史发展的特定阶段，随着部落内部的、要求道德调节的社会差别的出现而产生的。这样，对道德的理解就和行为调节的各种标准的作用联系在了一起。因此道德被看成为人类历史较为晚期出现的现象。这种解释留下了另外的阴影，以更为简单、原始的方法解释道德的绝对性和对行为的价值调解。

把道德作为人对待世界（无论是自然界还是人类社会）的特殊的精神实践方式的、有关道德起源问题的讨论，在基本理论方法方面存在着对道德作为有关价值的和应然的解释的分歧。于是，人们进行了一系列这样的讨论，并一直持续下来，成为20世纪世界哲学伦理学的中心问题之一。问题的本质可作如下归纳：道德本身一方面是单独指导每一个人的或者某种社会群体的、人类活动的标准——应然领域，另一方面，道德要以人对待周围世界的价值-情感方法为前提。由于道德本质的这种双重性，在19世纪末20世纪初的世界伦理学中就形成了理论上相互冲突的、某些方面直到现在还

---

① Н. В. Рыбакова: Моральные отношения и их структура, Л.: Изд-во Ленингр. ун-та, 1974, С.27–42; О. Г. Дробницкий: Научная истина и моральное добро, М.: Наука нравственность, 1971, С.291–299; А. А. Гусейнов: Истоки нравственности, М.: Знание, 1970, С.33.

持续着冲突的两个派别：价值伦理学、现象学伦理学①、情感主义②和规范伦理学。在对苏联伦理学的这个理论方法问题进行分析的过程中形成了价值和规范相互制约的观点。"总体而言，道德上的应然和价值的样态是可逆的：全部规则可以用评价的方法加以论证，相反，对行为的评价可以援引规则来论证。问题在于，什么是最具决定性的因素。令人关注的是，伦理学界那些强调道德的行为调节特点的理论家通常总是把评价理解为规则，于是就像那些把道德看成是特殊的世界观的思想家一样，永远是绝对命令屈从于价值概念。"③苏联时期的大部分研究者，只有当论及发达形态的道德存在时才赞同这一观点，而当说到道德的起源问题时，他们就不赞同这一点了。

为了理解苏联伦理学有关道德起源问题讨论的特殊性，必须指出苏联伦理学当中道德价值和道德规范的相互关系问题所采取的形式。在相当大的程度上，这个形式的特殊性即便不是偷换概念，至少也是把相互关联的不同概念变成近义词，或者干脆混为一谈。在西方伦理学所有关于价值和规范的争论与分歧当中，绝大多数研究者形成了一致的观点，即无论是价值，还是规范，都是某种区别于以人的合理的、目的性活动呈现出来的、的确无可争议的科学的认识对象的东西。否则的话，苏联伦理学就会完全是另外一个样子。正如上面已经指出的那样，苏联时期的哲学，包括作为其中一部分的伦理学自认为是研究社会存在、自然也包括道德的科学合理的方法。伦理学的任务被赋予了双重性的理解：第一，揭示服务于现存社会——历史制度的某些行为标准的意义（或者换言之——价值）；

---

① Д. Ж. Мур: Принципы этики, М.: Прогресс, 1984.
② Б. Рассел: Почему я не христианин, М.: Политиздат, 1987.
③ О. Г. Дробницкий: Понятие морали, М.: Наука, 1974, С.358.

第二，查明人类存在的真正道德目的。第一点被看成是对于本质和现实的分析，第二点是对应然的分析。伦理学的这种功能在相当大的程度上是由道德本身的结构决定的，"道德规范不仅强调是什么，而且强调人与人关系中的应当"[①]。但是这样的话，经常会发生价值和现实合理性相互混淆的情况。道德规范的产生问题可以通过认识服务于现存社会的价值-意义过程得到解释。某些研究者（比如克勃良科夫：《论道德判断的真理》，《哲学问题》1968年第5期）认为，道德判断的规范性准则对于人和社会是有价值的。换句话说，如果联系整个社会背景，认为道德起源于原始社会，那么得出的结果就会是，人们在共同生活的过程中最开始就确定了自己某些行为的益处和害处，并且只是后来在这一认识的基础上，不过还是以它们的因果关系为前提的认识的基础上，形成调节他们行为的道德规范。这种理论结构正是那些把道德的起源问题同人类社会形成的初期联系在一起的学者的出发点。德罗伯尼茨基在这一问题上持另外一种观点。在对这种观点进行分析的时候，他公正地指出，某些无根据的假设是这一观点的基础，首先认为道德规范形成阶段上的、目的性明确的、合理的思维方式是属于人的，研究者从本质上将不同的问题相互混淆在一起——对某种道德准则的出现给予合理的理论解释的可能性和它们形成的现实过程："在某些基本的全人类道德规范的形成条件下，或者是在此之前，人们就为何应当这样、为什么应这样做而不是那样做，尤其是没有对社会规范的起源和意义进行合理的解释。因此在对这些规范进行解释的时候，往往描述和论证的并不是那些能现实地理解社会生活的意义的基本原理。再往下的结果就是：后来的这些在人类社会和表现为较大的迟

[①] В.Г. Иванов, Н.В. Рыбакова: Очерки марксистко-ленинской этики, Л.: Изд-во Ленингр. ун-та, 1963, С.358.

滞性的文化发展过程中起着重要作用的全人类规范要比人的理性所能预想的范围广得多，多样得多。"①但是应当指出的是，考虑到道德规范的意义和起源的道德研究中的方法论分歧的重要性，德罗伯尼茨基还是一直坚持对"价值和应然""事实和应当"的相互关系进行完整合理的解释，他把价值理解成为人在特定的社会历史条件下形成的日常现实活动的意义，而把应然理解为它的前景形式，即应当成为但尚未被变为现实尚未达到的前景形式。

　　社会关系的、也是道德关系的历史真实性是以提高苏联伦理学对道德的历史类型②和伦理学说史③的兴趣为结论的。这里还涉及马克思主义伦理学的本质问题。根据马克思、恩格斯在《德意志意识形态》中提出的见解，"道德、宗教、形而上学和其他意识形态……便失去独立性的外观，它们没有历史，没有发展"④。另一方面，作为社会关系与人的行为的价值定位形式的道德和作为道德的理论表现的伦理学是真正人类历史的重要的组成部分，因此它们能够，也应当成为哲学研究的对象。因此，对其进行批判的分析就成了研究伦理学说史和道德历史类型的基本方法。在这里，与其说"批判"是对先前历史形态的否定态度，不如说"批判"是本末倒置的，也在相当大的程度上对历史形态的马克思主义理解，这一理解是以寻找最核心的依据、最本质且真实的内容的形式呈现出来的。揭示作为道德历史类型基础和某种伦理学说内容的、客观的社

---

① О. Г. Дробницкий: Понятие морали, М.: Наука, 1974, С.368.

② А.И.Титаренко: Структуры нравственного сознания: Опыт этико-филос. исследования, М.: Мысль, 1974.

③ В. Г. Иванов: История этики Древнего мира, Л: Издательство Ленинградского университета, 1980; В.Г. Иванов: История этики средних веков, Лань, 2002; А. А. Гусейнов, Г. Иррлитц: Краткая история этики, М.: Мысль, 1987; Г. Г. Майоров: Этика в средние века, М.: Знание, 1986.

④《马克思恩格斯全集》第3卷，人民出版社1960年版，第30页。

会-经济现实成为苏联研究者们的任务。依据马克思主义伦理学的立场观点,社会关系就是这种社会经济的现实性。"每个社会,尤其是每一个社会经济形态都是以个人之间的社会关系为特点的。包含在这些关系中的人的一定的社会-道德观与一定的社会关系类型是相适应的。这一基本的道德评价标准预先决定了个体行为的道德选择和他们的共同特征。从特殊的角度出发,可以把这种观点看作是主体对待社会道德价值体系的态度的道德价值观。正是在这一意义上,原始道德观的概念才得以成立。原始社会的氏族部落关系和血族关系使个人形成了依赖于社会的、特殊的、优秀的原始道德观(奴隶社会和封建社会也一样)。被资本主义的物的依赖性联系在一起的、形式上自主、独立的个体之间的关系是这种原始的个体道德观形成的前提,它具体区别于共产主义社会的人本质上所持的道德生活立场。因此,原始道德观就既是客观的,又是主观的。说它客观,是因为它以道德价值的视角反映了个体真实的社会地位;说它主观,是因为它是依据个体道德意识的共同方针决定的,进行自己的道德选择,给自己以评价,维护自己的优点,认可某些价值,否定另外一些价值等。"[1]道德和社会关系的这种联系能够建构道德历史的发展,即按照社会的经济形式对道德历史类型的产生、发展和更替给予描述(应当指出的是,马克思主义强调了作为某种相应生产方式的社会组织类型的五种社会经济形式:原始公社的、奴隶制的、封建主义的、资本主义或资产阶级的、共产主义的,其中社会主义被看作是向共产主义的过渡)。在关注道德历史类型的这些研究者当中,最典型的、最使人感兴趣的是上述提过的 А.И. 季塔连科的《道德意识结构》。在这部著作中,对历史存在有关于道德关

---

[1] А. И. Титаренко: Структуры нравственного сознания: Опыт этико-филос. исследования, М.: Мысль, 1974, С.251−252.

系的特殊体系和道德意识的特殊结构的思想进行了仔细分析。作者突出强调了这一结构的重要标志：价值目标、自我意识的特殊心理监督机制、特殊的行为调节方法、构成道德的特殊元素、体现在道德基本元素当中的道德经验的特点。依据 А.И. 季塔连科的观点，在对封建主义和资本主义进行比较的基础上，可以实现对这些结构的分解。建立在个人依赖关系基础上的社会（封建主义社会）有别于社会关系获得了物的特点的社会（资本主义社会）。这一区别非常真实地反映在个体的道德关系和道德思想的类型本身上。个人的依赖性，作为明显的社会关系的形式，可以由包含在日常习俗、传统习惯、宗教教义和礼节、国家的法律法规等一系列纯粹的外部道德标准来调节。由于社会关系的"物"的形式具有抽象的共性和拜物教的特点，因而它要求外在的道德指令进行较大程度的内化，在把它们变成个体行为深层次的心理调节器的同时，使更独立、更发达的道德意识成为可能。А.И. 季塔连科认为，在资本主义社会，对群体（家庭、家族、团体、行会、协会、阶层、阶级等）的归属是个体的主要价值目标，它可以向个体提供一些与社会等级结构相符的对自由和独立的理解、防御手段、行为规范、法律和义务。社会归属感被认为是决定道德价值和行为的道德规范的个人品质的不可分割的部分。因此，平等和自由被认为是资本主义最伟大的道德价值和成就。正是在自由和平等的解释当中，封建社会和资本主义社会的道德组织的差别才得以明显地表现出来。对于封建时期的人来说，自由首先被解释成为一些人有而另外一些人没有的、把不平等关系看成是社会组织的"本来"形式的权力——特权。而且，这些权利-特权具有义务性质。由于发达的商品经济和市场关系，资本主义社会认为，对于所有人而言，不依赖于社会地位的个体自由是有可能存在的（市场消除了一切），它可以成为资本主义社会的道德要求。在人的心理监督和道德评价的意识机制当中，道德情感认识占有优势地位，同时形成了资本主义的道德理性结构。每一种形式都设计了调解人的行为的特殊方式：封建主义给个体提出了严格的必须要完成的行为标准、礼节、礼仪行为的规则，规则的内容在个体的依赖性方面反映出来，相应地，这一个体也要受到检查。资本主义社会从其自由与平等的主旨出发，确定了普遍的道德原则对道德规范的具体内容的优先权。这一原则规定了行动逻辑、它的主要优势和风格，而它们的调节方法则更自由、多样。这一点被苏联伦理学看成是道德进步的标志，因为自由和平等在资本主义社会当中获得了普遍的和包罗万象的道德要求的实际特点。但是这样的话，有关自由和平等的实现问题就变得尤为重要了，因为毕竟它是作为道德进步的必要标准而呈现出来的。而在资本主义社会当中，这些要求只有通过位于市场关系中的私有者的个人私利的实现才能够成为可能，而这样做的结果，只能是社会的异化。正如马克思所说的，资产阶级革命的全部思想和口号——自由、平等、团结、"自然法则"观念和社会契约——都是以本身具有对抗性质的资本主义社会的商品——财产关系作为自己的存在依据和方式的。在这种情况下，道德不仅被解释成为这些现实的社会问题和矛盾的反映，而且是以虚幻的社会意识形式对这些问题的掩盖。"劳动力的买和卖是在流通领域或商品交换领域的界限以内进行的，这个领域确实是天赋人权的真正乐园。那里占统治地位的只是自由、平等、所有权和边沁。自由！因为商品例如劳动力的买者和卖者，只取决于自己的自由意志。他们是作为自由的、在法律上平等的人缔结契约的。契约是他们的意志借以得到共同的法律表现的最后结果。平等！因为他们彼此只是作为商品的所有者发生关系，用等价物交换等价物。所有权！因为他们都只支配自己的东西。边沁！因为双方都只顾自己。使他们连在一起并发生关系的唯一力量,是他们的利己心,是他们的特殊利益,是他们的私人利益。正因为人人只顾自己,谁也不管别人,所以大家都是在事物的预定的和谐下,或者说,在全能的神的保佑下,完成着互惠互利、共同有益、全体有利的事业。……原来的货币所有者成了资本家,昂首前行;劳动力所有者成了他的工人,尾随于后。一个笑容满面,雄心勃勃;一个战战兢兢,畏缩不前,象在市场上出卖了自己的皮一样,只有一个前途——让人来鞣。"①

在苏联伦理学对道德的历史类型和伦理学说史的一系列研究当中有很多研究可以用一个主题来把它们联系起来:对现代资产阶级道德观的批判。类似的著作,其中大部分这样的标题(有时会具体到某一国家、某一时代或者某一流派)可以相对应地分为两类。第一类,可能占大部分,但也是最没有意思的一部分,其中多半是片面的、定了性的、相当令人讨厌的"研究",与其说它的主要任务是分析国外的首先是西方的伦理学观点,不如说是对它们进行否定的(而非哲学的)批判,并试图把这种意识形态依据,相应地,还有社会主义道德和马克思主义伦理学作为苏联社会主义制度的优越性。但与这些著作同时存在的,还有一些真正严肃的学术研究,其中意识形态成分只是作为苏联时期哲学著作必需的"礼节性的"衬托,而其自身的内容则是哲学和伦理学批判的典范。О.Г.德罗伯尼茨基的《道德概念·历史批判纲要》(莫斯科,1974年)被认为是这方面研究的经典著作,到现在它也被认为是对20世纪国外的、主要是欧美伦理学的最好的分析(还可参见 О.Г.德罗伯尼茨基、Т.А.库兹明的《现代资产阶级伦理观批判》,莫斯科,1967年;К.А.施瓦尔茨曼的《现代资产阶级伦理学:虚幻和现实》,莫斯科,1983

---

① 《马克思恩格斯全集》第23卷,人民出版社1972年版,第199—200页。

年)。应当指出的是,把伦理学理论的世界性问题包含在国内道德哲学中加以概要叙述,是当时对现代国外伦理学进行批判性哲学分析的主要手段。

O.Г.德罗伯尼茨基的著作对马克思主义伦理学来说是具有典型性的。第一,著作指出了,道德概念本身形成于历史过程的进程中,而不是某种本来就有的现象。并且这一形成和发展过程不仅仅是"更加真实的"意识的结果。在人类历史的进程中,道德-伦理学的对象本身也在发生着改变。第二,在对现代西方伦理观进行批判研究的过程中,形成了一系列具有悖论性质的道德概念体系:主观的-客观的、普遍的-特殊的、现实合理性-道德意义、全人类的-个体的等[①]。O.Г.德罗伯尼茨基指出,所有现代资产阶级的矛盾,从一方面说,都是没有根据的理论概括的结果,从另一方面讲,是现代道德问题的表现,它作为现实社会历史状况的反映,最终为伦理学的研究创造了研究视野。"为什么总是会出现这种非此即彼的抉择,依我看,问题并不简单地在于,资产阶级学者们只是注意到了道德中的某种非典型的、特殊现象,并赋予其极端重要的反映和表现,捏造出它本身并不具有的普遍性和绝对性。问题也不在于,为了以某种方式减弱这种极端性,使之达到某种相互妥协和平衡。实际情况是,在道德领域中,我们总是和那些普遍的、适用于所有人的道德原则打交道,同时又会同一些特殊的、彼此相对立的观点打交道(至少在阶级社会中总是这样)。如果涉及'真正的''真实的'原则,道德要求在他们的社会-历史制约性和意义方面总是客观的,同时在其表现方式上总是主观的;他们更反映社会和人的现实要求,同时,他们对于现实合理性的理解绝不相同。"

从马克思主义伦理学的观点立场来看,这些"对立"当中没有

[①] О. Г. Дробницкий: Понятие морали, М.: Наука, 1974, C.87–121.

任何逻辑上的不相容。"解决问题的关键在于，这里的每一个要素都绝不是孤立于其他原则的、抽象普遍的，或真实或虚假的原则。上述所列举的每一个道德判断都只是在道德概念的完整结构框架内、在它们彼此相对立的特点体系内才具有理论学术意义。复杂的体系的类型，通常来说，都有几个不同的水平面、次序不同的层面和层次。只有当对理论概括的各种水平的态度表现出来的时候，外部相互排斥的状况才会消失。建构一种'纵向-垂直'的、多层统一的并且不简化为在一个水平面上的横向联系的尺度是理论的任务。"①

在马克思主义唯物史观和辩证唯物主义方法论基础上对社会关系进行的研究，不可避免地给苏联伦理学提出了把对道德进行遗传学和历史学研究同弄清道德的结构和功能相结合起来的问题。②把道德作为经历了漫长历史的复杂构成来理解，可以使我们弄清楚作为人类社会生活完整现象的道德。这样，在苏联伦理学当中，由于苏联哲学理论和方法论的统一，道德的个别表现就被解释成为内部有着完整的结构体系的一部分，这一点可以在对伦理学的各个流派和伦理学范畴的体系结构的研究中特别清楚地看到。

辩证唯物主义（其中也包括把它理解为对对立的铲除）首先表现在，很多研究者在叙述马克思-列宁主义伦理学的优点的时候，在各种各样的、有时是截然相反的矛盾体系当中，看到了解决存在于整个道德哲学历史时期中的矛盾的方法。可以认为，马克思主义伦理学以学术加工的形式将全部历史积累的最优秀的成果加以兼收并蓄。"马克思主义伦理学从克服道德学说的传统对立——享乐主

---

① O. Г. Дробницкий: Понятие морали, М.: Наука, 1974, C.118.

② Н. В. Рыбакова: Моральные отношения и их структура, Л.: Изд-во Ленингр. ун-та, 1974.

义和禁欲主义、利己主义和利他主义、自发的道德追求和过于严肃的道德义务这一可能出发,在揭示这些包含在对抗性社会的矛盾本质当中的对抗的根源的同时,不是在论述道德问题、进行关于享乐的或禁欲的道德宣传方面,而是在现实地消除它们绝对的巨大的对立的社会角度上提出了这一问题。"①这一论题同时作为伦理学课程必要的基本原理而显现出来。"在人类从前全部的历史当中,道德概念都是自发形成的,以约定俗成的习俗呈现出来,仅仅是后来人们才会从理论上尝试对它的起源进行解释(或者把它归结为上帝,或者使其脱离人的自然本性)。随着解释道德发展规律的科学的社会发展理论出现,伦理学开始能够对道德原则加以科学的论证,证明一些原则的合理性,而对另一些原则进行批判。它获得了帮助人们有意识、合目的地制定符合历史要求的道德概念的可能。"②依据苏联大多数伦理学者的意见,把伦理学作为道德科学的伦理学的规范和学术性问题也是这样解决的:对道德问题的真正社会历史意义、道德概念和范畴进行揭示的伦理学研究使应有的道德原则在认识社会发展规律、认识它的现实内容(以道德的价值标准形式被认识的)的基础上得以形成。

重新对形成马克思主义伦理学,尤其是 О.Г. 德罗伯尼茨基观点体系中的实然–应然问题理解的特殊性加以关注,对理解这一解决方法是有意义的。正如已经指出的那样,由于苏联哲学被定性为学术性,这种两难处境就被看成是完整合理的形式。О.Г. 德罗伯尼茨基把应然解释为人对形成于道德规范历史发展进程中的现存的社会道德秩序不满的反映。实然被看成是习惯、传统的–约定俗成的行

---

① О. Г. Дробницкий, В.Г. Иванов: Словарь по этике, М.: Политиздат, 1989, С.271.

② И. С. Кон: Словарь по этике, М.: Политиздат, 1981, С.424.

为方式，在实然的框架范围内，人的实际活动得以实现。而道德上的应当是人的主观情感反映。以 О.Г. 德罗伯尼茨基的观点，实然-应然问题的起源就在这里。"事实上，在道德领域（这也是道德区别于其他习俗的一个方面），在人的约定俗成的实际行为和道德要求所规定的应当的行为之间不存在直接的吻合。如果仅仅从外部对这种不一致加以经验主义的判断和描述，那么就不可能描绘出一个内部完整统一的习俗的多面性、对存在持否定态度的道德意识、事实和必然的真实状况。由此，我们熟知的'实然与应然'的二分法就在伦理学领域产生了。"①对实然与应然的这种解释同时也使道德哲学的一个重要问题——自由与必然的问题得以解决。在马克思主义伦理学中，自由与必然的问题采取了历史必然性和对待社会现实的批判态度的相互关系的形式。要知道，如果承认现存的社会制度是不取决于人的意志的世界历史发展的客观规律的结果，人也是这一发展的结果，那么，形成人本身对世界的认识，包括对道德的认识的现存的社会制度、社会关系就可能遭到人的批判，甚至是否定。换句话说，人对待表现为道德世界观不可分割的一部分的自我存在的批判态度之标准的根源和出发点究竟是什么？大部分苏联伦理学家赞同的答案是："道德要求本身所具有的应然形式，更表明道德要求要通过人的存在的、更为深刻的历史决定性来论证，而不是通过习俗关系、日常社会生活的相互影响和外部环境的影响来论证的。"②在这里，我们可以看到，苏联马克思主义伦理学实现了对自由与必然、外部行为和内部行为及对它们的道德评价的辩证统一的尝试。应然就这样产生了，它是作为形成于具体的社会历史条件当中的道德行为的固定的、约定俗成的形式而产生的，但它是指向

---

① О. Г. Дробницкий: Понятие морали, М.: Наука, 1974, С.265.

② О. Г. Дробницкий: Понятие морали, М.: Наука, 1974, С.340.

未来的、某种"最高级的""最具前景的"社会和个人的意识形式，它理想化地跨越了人类对现存社会现实的不满。这种应然是形成于社会中的对立和矛盾的结果，道德无法解决这些矛盾，而只能暴露和证明，人的社会存在需要改变，其中包括社会制度的革命性更替。

"通常的传统意识和调节方法反映的只是事物的实际状况，因为它被现存的社会关系所复制，并能保留很长时间。一些不能被解决的实际问题——比如既有的矛盾和对立、冲突、非此即彼的抉择、某种趋势、另外的可能等在道德意识中也有所反映和表现，现实只能够发起这些问题。但正是因此，道德经常无法解决社会实际问题给出现实的途径和解决方法，只是提出认识并激化问题，作为问题的症状成为社会和某种思潮关注的对象。

"这样，道德的功能不仅缩减为对现存事物秩序的支持，而且有时还表现为它的变化要求；社会原有的道德观念经常表现出自己不协调的特性。道德一方面作为从前文化遗产的保护者、作为社会关系当中已经取得的成就的集中体现者、作为维持社会秩序的方法突出出来；另一方面，道德割断了人更广阔的前景、某些其他的潜力以及没有被实现的'真正人'的存在趋势。正因为如此，道德观念可以存在于对社会现实的批判态度当中，人们可以把它当作社会阶级的和党的运动的进步——变革纲领中的理想旗帜。

"道德的这两个功能具体体现为道德的两个相互矛盾的体系——维护和保持现有社会基础的统治阶级的道德和致力于新的未来的革命阶级的道德。但是即使是在这种情况下，我们指的也不是道德的'两个概念'，而最终指的是人类道德的总体发展，指的是通过彼此抵触的观点的碰撞的斗争而实现的、从一种社会历史状态向另外一种社会历史状态的过渡，在这个过渡的过程中道德中伟大的、超越历史的、全人类的因素才能够保持住并得到发展。"①这种情况，作为苏联伦理学中相当普遍的状况，决定了与公共道德和个体道德相关的问题的广泛性。

问题的实质在于公共道德和个体道德的辩证统一。作为现存的道德关系的公共道德是全部社会关系的一部分，它形成于历史发展的进程中。个体道德是在日常的道德实践生活和道德理想中支配人的价值和规范，它可以存在于对道德现实生活的批判态度当中。前者具有客观性，后者具有属于道德意识形式的主观性。这一问题的复杂性在于：个体道德意识的形成不能直接脱离现存的现实社会经济关系。个体道德具有相对的历史制约性，同时它是以无条件的和绝对的形式呈现在道德意识当中的道德规范和道德价值。马克思-列宁主义伦理学试图通过道德的全人类性和阶级性的辩证法来研究这一问题。

苏联伦理学在否定道德的绝对性、坚持认为道德是特定历史时期统治阶级统治意志的表达的同时，否定了伦理相对主义。全部的阶级道德不仅反映某一阶级的利益，而且反映现存的社会关系和在相应的历史条件下人的相互关系。某种形式的阶级道德成为了占统治地位的道德，它就会被看成是公共的、万能的，这一点取决于它的基本形式和原则在多大程度上反映历史发展的客观规律和这一时期大多数人的利益，相应地，它会促进历史的进一步发展。正因为如此，作为全人类道德形式体现出来的、本质上落后的阶级道德，随着历史的发展，会由进步的道德变成反动的道德。恩格斯在他的著作《反杜林论》当中所阐述的观点可以作为这种解释的出发点："一切已往的道德论归根到底都是当时的社会经济状况的产物。而社会直到现在还是在阶级对立中运动的，所以道德始终是阶级的道

---

① О. Г. Дробницкий: Понятие морали, М.: Наука, 1974, С.271.

德；它或者为统治阶级的统治和利益辩护，或者当被压迫阶级变得足够强大时，代表被压迫者对这个统治的反抗和他们的未来利益。"[1]但是，因为马克思主义认为，在现存的社会历史现实当中，无产阶级反映了人类历史发展的真正利益，那么"无产阶级的道德"就是最真正的道德。"我们的道德是从无产阶级阶级斗争的利益中引申出来的。"[2]列宁在自己的题为《共青团的任务》的发言中说道。这样，因为无产阶级阶级利益的特点不仅是保卫自己的统治，而且是消灭一切统治和剥削，那么，无产阶级道德就被苏联伦理学看成是真正的人类道德的表达。对这一观点的论证可作如下表述：

同在自己的发展中不断变化的社会经济关系相适应的阶级道德同时存在和保留的还有某些人类相互关系的、共同的原则和规范，它反映了人类特有的存在方式。苏联伦理学认为，存在着某种普遍的、无所不包的道德价值，一些是人们积极提倡的，如善良、诚实、宽容、互相帮助等，而另一些是人们谴责的，如邪恶、怯懦、下流、嫉妒等。但是在各个历史时期，会以各种理解赋予其不同的现实内容，规定这些要求的适用范围，人的这些道德品质就存在着相对的意义。通过多样的、大量的历史形态——比如民族的、阶层的、宗教的、阶级的等——来说明那些构成道德规范和道德价值的真正内容的（例如可参见 B.П.费季索夫的《善与恶》，沃洛涅日，1982 年）、基本的、全人类的道德原则就成了苏联伦理学的任务。社会与个人的辩证关系的另一方面是：以道德规范和道德价值形式表现在道德意识当中的全人类内容在行为中的实现，只有在当他们获得了自己的社会意义的、一定的历史条件下才有可能。这一点决

---

[1] 《马克思恩格斯全集》第 20 卷，人民出版社 1971 年版，第 103 页。
[2] 《列宁全集》第 39 卷，人民出版社 2017 年版，第 338 页。

定了道德范畴问题在苏联伦理学中的确立。社会历史发展规律仅仅是在总体上制约道德规范和道德价值的内容，并不决定它的具体形式。作为哲学的伦理学只能表达对道德思想进行评价和分析的总的原则，但是不能提供回答全部道德问题的万能答案，这些道德问题只能在具体的生活情境当中逐一地解决。这一完整的辩证法使伦理学可以避免形式主义和抽象的道德劝诫。但对于作为公共意识和个体意识形式的道德存在本身而言，这里毕竟隐藏着某种危险。

把道德划分为公共道德和个体道德使苏联伦理学得以提出关于道德主体的问题。道德主体既可以是某一社会组织，而可以是个别的人。个体道德意识的本质、它的结构和功能就这样成了苏联伦理学的研究对象（可参见 О.Г. 德罗伯尼茨基《道德意识的本质》发表于《哲学问题》杂志 1986 年第 2 期；В.П. 克勃良科夫《伦理意识》，列宁格勒，1979 年）。最重要的结论是，人在自己的生命活动的范围当中，既是社会和道德关系的创造者，又是它的结果。相应地，在马克思主义当中就特别强调了人对世界的改造，这一点同对个体道德的形成和教育的分析是密不可分的。苏联伦理学的价值-意识形态方针极大地巩固了这种状况。因为根据马克思主义的理解，符合真正人性的人的积极能力的全面发展，只有在人类历史的"史前时期结束"之后和无阶级的共产主义的人类社会开始之初，当人真正成为自己历史的创造者的时候，才会成为可能。但是，如果这样的社会真的实现了，那么作为价值标准的、同时又是以批判的态度对待社会现实的道德就会失去自己存在的基础，因为马克思主义认为，在共产主义社会中，作为道德存在的客观条件的社会矛盾将不再存在。作为人类行为的实际方法的实然和符合人类存在的本质要求的应然的现实结合点出现了。但是，如果在现实的人类历史当中没有发生过这样的情况，那么根据绝大多数伦理学学者们的意见，由于有了科学共产主义理论学说，这就是既成的事实。并且，共产主义道德的特点是作为人的存在的真正目的和现实性的、以应然的形式呈现出来的东西，而不是科学合理的事实。换句话来说，历史进步的真相是以作为对现实的感性批判态度的道德变化形式出现的，而不是以科学真理的形式出现的。"道德思考的真正前提是社会现实本身，是正在成为历史的现实。但是道德意识把这个原始的'事实'当成特有的价值标准形式。同科学-历史观念相比较而言，它的局限性就在于此……在从资本主义向共产主义过渡的过程中，当历史必然性不可避免的时候，道德意识就会使那些没有科学历史观的广大工人和劳动人民群众意识到自己的作为'真正的人的'应有的特殊的阶级利益，并以这样的方式把这些利益同全部人类社会历史发展的前景相对照。"伦理学，最终是道德本身，在人类历史的社会主义阶段也正是这样证实自己的存在的。苏联伦理学的任务也是被这样论证的：把教育"新人"的任务当成对共产主义社会的准备，道德教育问题是这一任务的中心。

我们在完成对苏联时期马克思主义伦理学的研究分析以后，应当指出的是：第一，苏联的伦理学理论是在世界哲学运行的轨道上发展起来的；第二，其中很多当今社会现存的道德问题的解决方法都不仅是历史的一种表现，而且会引起现代道德哲学的理论兴趣和关注。

（二）俄罗斯伦理学中的马克思主义传统

以索果莫诺夫教授为突出代表的俄罗斯伦理学的发展已经持续了大约40年。这40年不是简单地指全世界范围内、有几代学者参与的、大的时间段（尽管它本身就可以成为将其划分为特殊历史范畴的依据），而是指伦理话语的内部统一。对这一阶段的特殊性进行全面了解，同了解它的个别代表（特别是那些在整个这个时间段内一直保持创作积极性的人——以索果莫诺夫教授为例）一样，至少能回答与"马克思主义和伦理学"相关的两个问题。

伦理学首次在苏联被设置为大学里的课程并在这一知识领域开始专业化研究的 60 年代，是共产主义意识形态在社会中占统治地位的年代。不但如此，对伦理学的关注还直接和把共产主义建设者道德法典作为对个体行为的准则性要求写入苏共党纲密切相关。定性为马克思-列宁主义的伦理学当然就名为马克思列宁主义伦理学。直到 80 年代末，所有的研究、争论、相互批判以及伦理学的学术生活的其他形式都是在马克思主义世界观的影响下进行的。那么这里的第一个问题就是：我们在理解那些在 2500 年历史发展过程中形成的、由杰出的哲学家们提出的、已经成为体系的、具有标准的理论和规范的道德模式的伦理学内容的时候该考虑到的，即意识形态在多大程度上影响了伦理学的学术内容。

90 年代初，苏联共产主义崩溃、国家意识形态观念被拒绝之后，马克思主义在俄罗斯变成了众多观念流派之一，甚至遭到了怀疑。不言而喻，这对伦理思想的地位产生了明显的甚至可以说是极为重要的影响。虽然如此，但是这并没有影响到伦理思想和 60 至 80 年代伦理学的继承关系。不仅伦理生活的社会评价标准——包括专家构成、学术团体的特点、鉴定方法，而且伦理学的内容分析——主要议题、观念和讨论都显示了，伦理学从马克思主义苏联时期向后马克思主义和后苏联时期的过渡整体上是平稳的、连续的。这样的发展态势会有什么样的可能？或者换另一种说法，如果伦理学本身的内容不受根本损害地从苏联伦理学中解放出来，那么伦理学意味着什么？苏联伦理学的马克思主义学说又表现为什么呢？

拟议的文章只是局限于对伦理和道德问题的马克思主义方法论的特点进行分析。这种分析不可能获得上述问题的具体答案，但它是获得答案的必要条件。

就作为历史现象的马克思主义到底是什么、它的本质特征是什么这一问题而言，在其拥护者和反对者中间没有统一的定论。本书从如下观点出发来论证。马克思主义是完整的世界观和机器工业时代社会改良方案等学说的综合体。马克思主义学说经过德国思想家和革命家马克思和恩格斯的系统研究，并在他们的继承者的著作中获得了发展，其中，列宁占据了最杰出的位置。以黑格尔、费尔巴哈为代表的德国哲学和以圣西门和傅立叶为代表的法国社会主义、以斯密和里卡尔多为代表的因果经济学思想对马克思主义的形成产生了重要的影响。这些思想源泉构成了马克思主义的三个组成部分：唯物主义辩证法、政治经济学批判、共产主义学说。在马克思主义中一切都是为了没有对抗的光明未来而斗争，光明未来的来临是和无产阶级的革命解放斗争紧密联系在一起的。马克思主义认为自己是唯一正确的社会科学方法论和社会理论。19世纪下半叶马克思主义在欧洲得到普及，1917年俄罗斯的马克思主义者掌握政权并在全世界范围内成为绝大多数代表工人阶级和他们所领导的群众运动的政党的世界观，成为把建设共产主义作为自己最终目的的国家的官方意识形态，这些国家处于苏联的影响之下，在最辉煌的50至70年代几乎覆盖了超过半数的地球居民。1989至1991年苏维埃联盟解体之后，作为世界精神和政治力量的马克思主义的影响急剧缩小和弱化了，但并没有完全消失。它仍然是当今世界最普遍、最有效的反宗教意识形态之一。

马克思主义在半个多世纪的历程中发生了显著的变化，获得了各种形式，而每一种形式都自诩为对它唯一正确（或者是完全正确，或者是适合于具体条件）的解释。马克思主义内部的多样性按照各种标准、随着发展程度的提高获得了一定的结构形态。从马克思主义对伦理学和道德的态度角度理解，最为重要的是如下形态（阶段）：早期马克思主义、经典马克思主义、恩格斯主义（这一术语没有流传开来，现在使用它是为了指出恩格斯于马克思生前和逝世后在马克思主义体系化的过程中坚持的特殊观点）、伦理社会主义、考茨基主义、列宁主义、新马克思主义、苏联伦理学。

1.成为共产主义革命者的卡尔·马克思的生活选择正如他的中学毕业论文《青年在选择职业时的思考》所证明的那样，在很多方面被道德自我完善的激情和服务人类的英雄主义所激励着。在马克思一生的创作和行动中都可以感受得到他的道德动机，但在他的早期更为明显。早期马克思的观点在《1844年经济学哲学手稿》中得到最为充分的表达，其代表性的观点是从人类学立场出发对资本主义进行的人道主义批判。马克思在劳动产品异化、劳动本身异化、人的类本质异化和最终表现为人与人的异化形式的劳动异化中看到了社会矛盾的深刻根源。他理解的共产主义是"以扬弃私有财产作为自己中介的人道主义"，"是通过人并且为了人而对人的本质的真正占有"。[①]在马克思对资本主义的分析和对共产主义的描述中，道德评价、动机和目的起了重大的作用。

2.包括成熟马克思观点和学说的经典马克思主义——首先是唯物史观和无产阶级的世界历史作用的学说——其特点是在历史形态中对道德和伦理进行根本否定。它的纲领性内容包含在《德意志意识形态》有关"共产主义者根本不进行任何道德说教"[②]的论断中。马克思没有像先前的哲学家们那样创建道德理论。他对道德持怀疑态度，认为道德是歪曲和掩盖社会矛盾的社会意识的变化形式，认为道德似乎"不想像某种真实的东西而能够真实地想像某种东

---

① 《马克思恩格斯全集》第42卷，人民出版社1979年版，第120页。
② 《马克思恩格斯全集》第3卷，人民出版社1960年版，第275页。

西"①。道德对于马克思,就像对于傅立叶一样,是"行动上的软弱无力"②。在社会方法论方面,马克思对待道德的态度和它对待宗教的态度没有什么区别。他认为,道德不配有理论,它需要的只是批判和克服。马克思赞同先前哲学伦理学对道德的批判部分,赞同思想和行为领域对道德的否定评价。但是他并不认为不完善的世界既然如此,在原则上就是不可改变的,并不认为它的不足只可以通过内部的自我完善和来世才能弥补。马克思对存在有另外的理解——他是可以按着人的标准来改造的社会实践。因为存在本身是历史的存在、是社会实践,所以它可以变成完善的、有道德的、真正与人和谐的存在。马克思在《关于费尔巴哈的提纲》中提出的鲜明主张的意义就在于此:"哲学家们只是用不同的方式解释世界,而问题在于改变世界。"③至于说到经典马克思主义和哲学伦理学的关系,那么《德意志意识形态》中马克思对康德论断的总结是能说明问题的:"康德只谈'善良意志',哪怕这个善良意志毫无效果他也心安理得,他把这个善良意志的实现以及它与个人的需要和欲望之间的协调都推到彼岸世界。"④康德的批判并不是为了善良意志的思想而进行的,而是因为他停滞在那里,无法看到善良意志在此岸世界实现的可能性。马克思改造道德现实的思想体现在他的共产主义学说当中。在这里他遇到了无法在当下解决的、有关道德主体性的难题。马克思是这样表达的:不完善的人如何建设完善的社会,或者是教育者如何进行自身教育?答案是,进行革命性的改造并同时经受道德净化的历史力量——无产阶级。马克思、恩格斯十分冷静地对无产阶级的现实状况——它的道德、知识甚至体力发展水平

---

① 《马克思恩格斯全集》第 3 卷,人民出版社 1960 年版,第 35 页。
② 《马克思恩格斯全集》第 2 卷,人民出版社 1957 年版,第 255 页。
③ 《马克思恩格斯全集》第 3 卷,人民出版社 1960 年版,第 6 页。
④ 《马克思恩格斯全集》第 3 卷,人民出版社 1960 年版,第 211—212 页。

——进行了评价，认为无产阶级不是解决问题的基础动力。但是他们认为，当革命发生了，人也会随着事态的发展而变化，无产阶级会从"自在"的阶级变成"自为"的阶级，净化一切"旧制度的残余"，总而言之，会发生"灰姑娘变成公主"的巨变。马克思的观点是：由于有了无产阶级学说，共产主义就会由乌托邦变成科学。但是，大概在全部马克思主义中就这种学说是最乌托邦的。在马克思之前的哲学中，道德是和某种确定的活动混为一谈的。它一直是思想活动，它的对象范围局限在个体在场的界限之内。马克思把道德和对象性活动联系在一起，即把道德和无产阶级的社会政治革命联系在一起。马克思认为，无产阶级的现实状况是，无产阶级解放自己的斗争只有赢得了最优秀的道德品质（自我牺牲、人类团结等）的胜利，才能够成功。但这意味着什么？这里，共产主义可以有两种解释：（a）无产阶级在斗争中应当遵循道德赋予的规定，或者是（b）斗争本身具有道德意义，成为自己的伦理准则。第一种可能性已经被唯物史观的全部逻辑所排除，只剩下第二种可能了，即无产阶级的具体革命被赋予了道德性。马克思本人公开地保留了这个问题，他没有看到道德原则和政治合理性之间的冲突和矛盾，因为无产阶级斗争本身是高尚的，是致力于全面反对私有制的、人剥削人的制度，旨在建设一个"联合体，在那里，每个人的自由发展是一切人的自由发展的条件"①。

3. 恩格斯在马克思主义体系化的进程中，在《反杜林论》中坚持与马克思相同的世界观，而在马克思逝世后所写的一些著作中，特别是在19世纪90年代的一些书信当中，他却拒绝马克思主义的基本立场，即作为意识的变化形式的道德会同阶级社会一起消亡。恩格斯认为，无产阶级历史性地改变了道德，赋予道德以自己的阶

---

① 《马克思恩格斯全集》第39卷，人民出版社1974年版，第189页。

级形式，但它并没有抛开一切；无产阶级的道德反对资产阶级的道德，是未来道德的雏形。恩格斯强调道德在社会意识形式的共同框架内的相对独立，强调道德对经济基础的反作用。恩格斯认为，道德具有历史惯性和自身发展的逻辑。恩格斯表达了关于道德症状学的重要思想，他认为道德愤怒并不能作为社会经济病症的诊断书，但是毫无疑问它可以作为它的症状，并以此指出结合的方法，把伦理学和其他社会科学领域富有成就地结合在一起。恩格斯甚至使用了真正人的道德的概念，只有"超越阶级对立和超越对这种对立的回忆的、真正人的道德才成为可能"①。拉法格，还有马克思和恩格斯的其他年轻的朋友和后来的战友倍倍尔、普列汉诺夫等人都对作为整个历史现象的道德的马克思主义认识，尤其是道德思想的起源问题做出了卓越的贡献。由于把道德解释成为超越阶级范围的现象（哪怕是部分超越），有关"作为阶级以外之现象的道德的源泉和基础是什么"的问题就随之产生了。

4. 此问题的答案之一和用康德思想来补充马克思的观点的尝试联系在一起。德国马尔堡学派新康德主义的代表人物柯亨、那托尔卜、沃尔伦德尔以及其他人证明了，在唯物主义框架内无法对作为理想应然领域的社会主义进行论证。应当合乎伦理地理解它，这样就把社会主义同康德伦理学理解成了一致的东西。社会主义被解释为与具体化的康德目的王国相符的时代。伦理社会主义的新康德主义思想渗透到了社会民主党派之中。它的主要传播者是伯恩施坦，他认为社会主义不可能是科学的，因为它不反映现实，而反映利益。伯恩施坦认为在自己的实证经验方面社会主义包含某种虚无，在这一意义上它是应然领域，或者说是通向应然的运动。

5. 马克思主义的伦理化遭到了自己大部分拥护者的反对。普列

---

① 《马克思恩格斯全集》第20卷，人民出版社1971年版，第103页。

汉诺夫是伯恩施坦主义的极端反对者。反对他的还有恩格斯的战友、继普列汉诺夫之后的工人运动理论家卡尔·考茨基；他写了专门的著作《伦理学和唯物史观》（1906）。他用康德唯心主义思想否认道德依据，不但扩大了历史唯物主义的范围，而且以达尔文主义补充了它。考茨基认为，道德的基础是人的社会本能（自我牺牲、勇敢、对公共事业的忠诚等）。它们的总和构成道德准则和普遍的道德情感。作为内心信念的道德的神秘本性不可能导致任何外部利益和决定，考茨基把它作为本能来解释。这样道德被论证为不但在阶级社会有阶级性，而且具有普遍意义的、超阶级的特殊现象。考茨基德伦理学承认道德在全社会范围内现实的社会团结和调节作用，这种作用在世界民主发展时期表现得更为明显。

6. 于20世纪一同来临的新的战争和革命时代赋予了马克思主义以极其激进的形式，这一点在对道德的态度上也有所表现。这一明显的变化首先与列宁的理论和实践活动联系在一起。为了便于理解列宁对道德问题的总体态度，我们可以以他赞同桑巴特的观点的论据来说明问题，他说"马克思主义本身从头至尾没有丝毫伦理学的气味"，因为在理论方面，它使"伦理学的观点"从属于"因果性的原则"；在实践方面，它把伦理学的观点归结为阶级斗争。①列宁主义多多少少复活了经典马克思主义对道德的否定，认为道德是奴役劳动人民的精神工具（布哈林、卢那察尔斯基、无产阶级文化协会）。但是把道德和无产阶级的阶级斗争的政治目的联系在一起、把共产主义道德作为这种斗争的伦理支持的观点占据了优势。这一观点在列宁的《共青团的任务》中获得了依据，其主要思想在于"为巩固和完成共产主义事业而斗争，这就是共产主义道德的基

---

① 《列宁全集》第1卷，人民出版社2017年版，第382页。

础"①。托洛茨基在《他们的道德和我们的道德》中更具继承性地、更为体系化地论证了这一观点，道德被看作是阶级斗争的功能，把道德和革命无产阶级的战略和策略联系在一起。

7. 20世纪30年代初开始出现了一股潮流同列宁主义同时存在。不同的是，它同列宁主义进行争论，反对列宁主义。这股潮流一方面诉诸早期马克思（故意刁难成熟马克思和列宁的无产阶级专政的学说），另一方面把尼采学说、弗洛伊德主义、哲学释义学以及其他新的学说归入马克思主义。这股潮流因而得名"新马克思主义"，并被冠以各种具体的名称和流派：卢卡奇主义、法兰克福学派、左派存在主义，等等。新马克思主义利用异化和物化概念把社会批判提高到伦理人类学的高度，它再向前发展就会导致资本主义和国家社会主义的区别消失。新马克思主义用苏联的辩证唯物主义标准使哲学的革命积极性（被他们理解为无产阶级的无组织的阶级斗争）与恩格斯和列宁的科学化的马克思主义相对抗，否认被异化的生活方式和一切解放运动。如果说苏联的马克思主义是以科学的名义说话的，并被实证性的定位了的，同时又是一种对马克思主义的右派-保守主义的解释，并且伦理学在其中占据了不重要的二级学科的位置，而道德是上层建筑之一，那么新马克思主义依靠的就是个体自发的积极性并诉诸生命哲学的、充满道德激情和愤怒的极左方案，可以把它解释为伦理化了的马克思主义。新马克思主义更是一种思想-心理学说，是一种社会情绪，而不是严格意义上的思想流派，不是某种强大的人文知识领域，它从70年代开始失去了自己的力量和吸引力。随着西方国家社会意识中保守主义的加强和把苏联国家的社会主义体制向人道社会主义方向演变的企图的破产，新马克思主义失去了极大的给养而逐渐边缘化。

---

① 《列宁全集》第39卷，人民出版社2017年版，第342页。

8. 作为独立学科形成于 20 世纪 60 年代初期的苏联伦理学并不是简单的评论和描述对道德的列宁式理解，事实上，它的针对性并不在此。同新学科相关的全部工作的重点在于论证道德和政治意识形态的依赖关系，指出道德在社会动机、评价、调节标准体系中的重要作用和意义，在道德内容中强调创建超越阶级对抗和意识形态矛盾的全人类因素。伦理刺激和道德呼吁与内部的非斯大林化运动、外部的和平共处局面相吻合绝不是偶然的：这时已经不是对阶级仇视现象的揭露，而是对"劳动群众的共产主义教育"，不是以战争的敌对态度对待外部敌人，而是表现社会主义的优越性。对这些任务所提供的意识形态保证，用当时的语言可以将其称之为对伦理学的社会操纵。以各种理论方法论述了道德在人和社会生活中的独立性和不可替代的作用。首先应当指出的，是尝试形成专门的马克思主义的伦理规范纲要。其中最完整的是施什金和米利涅尔-伊利宁的观点体系。施什金在历史唯物主义的框架和基础上系统化了伦理学，同时特别强调了马克思主义经典作家的那些能够把道德解释为实证的、全人类的现象（集体主义、忠于职守的劳动以及其他）的判断。米利涅尔-伊利宁正确地总结道：马克思主义不会形成特殊的规范性理论，而是把在历史进程中培养的人道主义理想变为共产主义的行动话语。事实上他赞同马克思主义伦理化的说法，把共产主义解释为真正人性原则的实现。苏联伦理学基本的理论探索，还有相应的理论分歧是与对经典哲学传统的掌握密不可分的。对苏联伦理学文献进行认真分析，可以从中发现康德思想（以德罗波尼茨基和索洛维约夫的著作为代表）、黑格尔学说（以索果莫诺夫和季塔连科为代表）、个人主义（以班得杰拉德泽和萨姆索诺夫为代表）、价值哲学（以阿尔汉格尔斯基、瓦西连科、舍尔达克夫为代表）、自然主义（以叶菲莫夫为代表）、功利主义（以巴克史丹诺夫斯基为代表）以及其他学说流派的影响。这些把用马克思主义的术语进行掩盖作为基本手段的思想传统并没有公开表露出来，而是和马克思主义概念和学说联系在了一起，然而也正是这些人提出了伦理学理论的重要内容。在20世纪90年代，马克思共产主义最初不再是行政性的命令，稍后变成了不需要的东西，后来干脆被看成是不道德的。这一巨大变化对于苏联伦理学来说当然是一种挑战，但并不是无法接受的挑战。当然不能把伦理学的马克思-共产主义形式看作是某种在外部掩盖伦理学的非马克思主义内容的伪装，如果对伦理学文本进行客观分析，就会发现并非如此；如果从作者们的主观立场出发来看的话，那就更非如此了。笔者无意简化问题，只是想强调一点：不再为意识形态服务的，并在哲学世界观多元化的新条件下成为伦理学继续发展的基础的苏联伦理学具有丰富多样的学术内容。问题是：伦理学会发展成什么样？它会以什么形式存在？后苏联时期的伦理学在俄罗斯会有怎样的发展？需要重点强调的只是：伦理学从苏联时期向后苏联时期的过渡总体上是连续的。

如此一来，在马克思主义的土壤中生成了如此众多的伦理学体系，如果试图用马克思主义伦理学的统一概念来概括它们，那么这一概念必然就是多义的、不确定的。可以指出的共同特征可能只有两个：对马克思的主观热爱和反资本主义倾向。从理解道德的角度出发，这些特征都是外在的，并且在这一意义上，"马克思主义伦理学"这个词组更是某种道德学说的符号，而不是内容丰富的评价（这里可以以很多文章为例）。在严格而狭窄的意义上、从马克思对道德所作的理解出发来看，马克思主义伦理学是与经典马克思主义的观点立场相吻合的，吻合之处在于对待作为阶级社会精神产品的伦理和道德的虚无主义态度。倡导对待道德的反规范的、结构主态度，在从对道德的颂扬到对道德的批判的过渡中把伦理学作为科学——这种发生在伦理学发展的历史中的巨大转折也正是如此。这些思想与马克思没有直接的继承性关系，但是这些思想却根深蒂固并对新时期的伦理学发展产生了重要的影响。这里可以指出三个重要阶段：在构成上和整个主体思想方面与马克思有关道德观点的本质表达令人惊讶地一致的尼采伦理学；遭到道德语言批判的伦理学的新实证主义传统；能够将其解释为伦理反规范主义极端形式的后现代主义哲学尝试。马克思的最根本的、最富有理论成果的伦理学思想不仅在正统的马克思主义传统中，而且在它的范围之外也有所发展。

第三章
苏俄伦理道德观变迁实录

第一节 道德选择问题及其历史嬗变

作为价值观念的组成部分，道德观念是在现实的社会生活中，人们基于感觉和知觉对具体道德现象的内在联系和本质特征的认识。道德观念具有客观性和社会历史性，可以作用于社会道德实践。归属于价值观念形态的道德观念的实现途径包括道德选择、道德评价、道德规范和道德教育。其中，道德选择是道德价值进入实践层面的前提性环节，对于全部道德价值的实现意义重大。道德选择是道德选择主体在一定目的和意识支配下对某种道德行为所作的自觉选择，是道德意识活动的重要方式之一。苏联历史理论视野中的道德选择对道德实践具有引导作用，无论是社会道德层面还是个体道德层面。

苏联时期对道德选择问题的关注较晚，并且是通过对个体道德选择的要求来实现的。1980年莫斯科大学出版社出版了 А.И. 季塔连科主编的《道德选择》一书，其前言中阐述了道德选择问题的重要性、内容、视角、目的，当然也为从前的道德选择实践做了理论提升和总结：

行为的道德选择是人类活动的实践轴心，全部道德生活均围绕道德选择展开。社会活动的调节最鲜明地反映在代表某一价值体系的个体意愿的选择行为中，道德作为特殊的掌握世界的行为调节器，是相互交叉的——从良心的自我监督到对社会舆论惩罚的恐惧，从创造善的内部需求到关于理想、价值和生活意义的世界观念。选择过程集中在多样的道德命令、价值定位和具体的实践活动中，人的道德力量、自我发展和完善的能力在其中起作用，个体生活中选择行为的综合是其道德经验的基本内容。道德选择在道德活动中不可代替，一代代人在为自己创造生活价值体系的同时，在道德探索的过程中进行着选择。选择自己的生活在本质上就是用自己的生活（生命）来选择。选择为什么生活、如何生活。人会常常在善恶中选择，在高尚和低贱中选择，善的道德选择的持续性和持久性取决于个体的道德可靠性，在迅猛复杂的当代社会发展条件下，这一品质是必备的。社会主义社会是世界上最具动力的社会，社会主义社会中的变化具有合目的的科学性特点，具有道德可靠性的、全面发展的个体的社会诉求也愈发高涨，这与新人的总道德风貌不可分割，道德风貌的形成过程是建设共产主义的重要组成部分，正如勃列日涅夫所说，在经历前所未有的变化中，应将理想信念、巨大的生活热情和文化知识、才能聚合起来并运用它们。持续的、合目的的社会主义道德价值的选择会提升个体素质，让行动变得有意义。在社会主义社会中的每个人的道德选择中都应该体现"积极的生活立场、有意识地对待社会义务、让言行一致成为行为准则"[①]。

创造性分析道德选择问题能够促进个体道德可靠性的形成及人的自我完善的内部储备。在人们睿智的目光前揭开了生命价值、行为意志动机、决策和动机生成的内部机制。哲学伦理学分析能够帮助人们理解自身，发展对自我认知的现实批判能力，相应地拓展自

---

① Материалы XXV съезда КПСС, М.: Политиздат, 1976, C.84.

我完善和自我教育的可能性。道德选择不仅有从社会理论视角出发的研究，还有从规范视角出发的研究。道德选择问题虽然很重要，但是研究不多，所以会有不同作者的不同观点和不同研究方法（选择的情感和理性时机的作用，行为的结构，道德命令的本质，反射的意义）。研究道德选择问题涉及心理学、社会学、教育学的知识。总体性研究道德选择问题决定了研究问题的特点：一方面分析选择的客观时机，它的社会阶级制约性、典型情况状况、个人满足道德目的的手段、行动的风险和可能、在确定的社会关系体系中个体的道德立场、行为及其现实结果、社会反映（褒奖、惩罚）、行为目的、社会中人的行动的反映路线等；另一方面分析选择的主观的、内部的、道德心理机制和构成：良心，义务，反射，个体自我评价及其道德需求，道德动机，价值定位，行为动机，预见结果的能力，选择的情绪，意志，事实刺激之间的关系，通过人际关系、道德理想、世界观反映出来的个体道德价值的特点。注意行为道德调节这两个层面能够了解到道德选择的特殊专业角度——价值论的、义务论的，以及新的观察道德特点和功能的方法。个体道德选择是研究客体，它揭开了道德总理论的蓝图。

一、以社会发展和个体完善为基准的价值前提

苏联时期道德选择问题展开的前提在于：

第一，培养社会主义新人的道德风貌。

培养社会主义新人是有政策前提的，即 1967 年 11 月庆祝十月革命 50 周年的纪念大会上勃列日涅夫在报告中正式宣称，苏联已经建成"发达的社会主义"。这一说法在 1968 年马克思诞辰 150 周年纪念大会、1970 年列宁诞辰 100 周年纪念大会、1971 年苏共二十四大中被多次提及，并在 1977 年以根本法的形式把"苏联已经

建成发达的社会主义社会"这一结论写在新宪法中。虽然"苏联已经建成发达的社会主义社会"的结论失之偏颇，因为它脱离了当时现实条件，抛弃了生产力的客观标准，但是为建设发达社会主义社会实施的一些举措，是确实客观可行的。包括建立强大的物质技术基础，保证充足的日用消费品，使生产资料的两种所有制形式相接近并最终融合、造就社会主义新人等。造就社会主义新人就要提高人民群众的教育文化程度、政治觉悟和思想成熟的程度，使人们形成科学的马克思列宁主义世界观，提升人民群众的整体素质，包括道德素质，而整体道德素质的提升要依靠个体道德价值世界的完善；重视人的主体性、重视对人创造潜能的开发是发达社会主义对新人培养的主旨。道德选择作为道德活动的核心环节，在个体道德实践中起重要作用，所以，当时对道德选择的认识基本上从培养社会主义新人这个核心目的出发的。要培养新人，首先要认识社会主义社会中的人，即个体本身，个体的活动的动机，包括道德活动动机，个体的道德品质、个体道德意识、个体道德评价及其原则，如何进行道德教育，应该树立什么样的道德规范等等，"持续的、合目的的社会主义道德价值的选择会提升个体素质，让行动变得有意义"①，也能使人的全面发展成为可能。可以说，对道德行为选择问题的关注是苏联社会主义新人培养的需求，是因时因势的对策性理论和实践选择。

第二，实现个体道德完善。

个体稳定而持久的道德性是道德选择的前提，持久道德性的形成需要稳定的个体价值观来支撑，苏联时代的价值观是以集体主义为核心的，包括爱国主义、受阶级和历史性制约的善价值、社会主义的正义和公平、良心、诚实和尊严等内容的社会主义价值观体

---

① А. И. Титаренко: Моральный выбор, М.: МГУ им. М. В. Ломоносова, 1980, С.6.

系，还要以恒定的道德品质和道德情感来保证，如勇敢、自尊、自豪感、独立感、爱国主义情感、同志间的阶级情谊等。稳定正确的价值观、恒定的道德品质和道德情感是保证道德选择正确的前提，在面临选择时，尤其是关键的选择时，相当多的人没时间仔细考虑如何做，在意外的情况下，心里的应急机制就会启动，有些人本能地选择利他，有些人本能地选择爱己，有些人则吓得失去本能。而这种在关键时刻表现出来的不同的本能，即危急时刻的道德选择，必然源于主体的恒定价值观和清醒的善恶观，源于日常的道德判断积累。比如，同样对一件具有道德善恶性质的事件作伦理判断的时候，有正确价值观和高尚道德品质的人肯定都有一个"向善"的价值指向，会作出更多的道德正价值选择，日积月累的道德认识、道德判断淬炼并内化成生命中的恒定的价值观念。这样，这一恒定的价值观念才会在道德选择过程的最关键和最后环节以道德本能的形式表现出来。用社会主义的道德价值观培养的就是符合社会主义道德价值观的道德选择，用社会主义要求的道德品质和道德情感培养的人，在社会实践的道德选择也一定是自发自觉地按照前者的要求来实施，这是道德内化的结果。苏联在二战战场上付出了2600万人的生命，取得了苏德战争的伟大胜利，实现了新生社会主义制度战胜资本主义强国的誓言。参战的苏军怀着对国家的热爱和对正义的信仰，在需要流血牺牲的战火里，毫不犹豫地将自己的生命献给社会主义祖国，这种道德选择是靠着平时长期的道德教育和道德完善的实践来实现的。实现持久稳定的个体道德完善与关键向善的道德选择是二位一体的，二者互为目的也互为因果，毕竟，个体的道德性在道德选择中还是最具决定性的特点。在道德选择的过程中形成完善的个体道德品质，对于社会主义社会的道德建设尤为重要。

二、道德选择的制约性

一是道德选择的自由与必然相统一。

苏共二十五大为建设发达社会主义提出有关个体生活立场的概念和标准，使得道德选择中自由与必然的关系获得了特殊的现实性。研究社会主义的道德关系和道德现象的出发点是决定论，即道德关系和道德实践受制于社会历史必然性。唯物主义关于自由与必然关系的观点是苏联时期解决道德选择中自由问题的前提，如恩格斯所说，"自由不在于幻想中摆脱自然规律而独立，而在于认识这些规律，从而能够有计划地使自然规律为一定的目的服务"①。在这一唯物主义的前提下，道德必然性在道德选择中表现在对道德选择自由的客观制约性上，"道德选择的自由，是根据所认识的历史必然性而决定采取行动的能力，而历史必然性往往以道德必然性的形式出现"②。也就是说，人在做道德选择的时候，应尊重社会历史必然，尊重社会既定的道德原则和道德价值，在意识中形成固有的不可逾越的规范模式，并在行动中体现出来。

道德选择的自由条件（客观约束性）引起一种担心，即不利于激发主体的创造性和在道德实践中的选择能力，因而，个人利益和社会利益一致基础上马克思主义伦理学原则上认可个人自我选择的自由，这一原则从列宁时代一直延续至20世纪80年代中期，其主要目的是为了与西方思想中的脱离实际的自由意志相区别："决定论思想确定人的行为的必然性，摒弃所谓意志自由的荒唐的神话，但丝毫不消灭人的理性、人的良心以及对人的行为的评价。"③恰恰相反，只有根据决定论的观点，才能作出严格正确的评价，而不致

---

① 《马克思恩格斯全集》第20卷，人民出版社1971年版，第125页。

② 〔苏〕А.И.季塔连科主编：《马克思主义伦理学》，黄其才等译，中国人民大学出版社1984年版，第141页。

③ 《列宁全集》第1卷，人民出版社2017年版，第129页。

把什么都推到自由意志上去。同样,历史必然性的思想也丝毫不损害个人在历史上的作用:全部历史正是由那些无疑是活动家的个人的行动构成的。列宁坚持的以决定论的思想方法看待社会问题的原则被贯彻了60年之久,在道德选择问题上不仅提供了总的方法,而且激发了道德理智选择的积极土壤。

在苏联社会道德实践中,尤其是在具体的道德选择实践中,自由与必然的关系问题相对简单地被解决了,即在生活的不同领域和阶段,人可以自由地选择自己的行为方式,但并非不受约束,它是受条件限制的:"第一,受个体身体体能或精神心理状态的限制。第二,受当时行为状况的客观条件制约,毕竟人总是会在他生活的现实条件中选择,而无从超越这一条件。"①当然,道德自由绝不是完全受制于自然,受制于自身的身体和心理条件,受制于周围客观生活的条件,只是告诉人们在道德选择的时候,需要先认清这些客观制约性,合理地利用它们。在这样的认识前提下,能够规定道德选择善恶的具体标准和内容,保证践行标准的有效性。第三,个体的道德知识,即直接取决于个体对行为的具体状况及周围情况对人的道德要求的认识程度。但也有知善行恶的情况,所以还是要实现个体道德真正成熟,这一点苏联政府也在家庭、社会和学校的道德教育中积极地进行了探索。

总之,道德自由相当多的时候,表现为道德选择的自由,这一自由的实现是道德客观与道德主观协同作用的结果,即在尊重道德客观制约性的前提下实现主体有意识的符合社会利益的善的选择。道德选择是社会道德客观性与个体主观学习积累的合作成果,从这一认识出发的道德选择符合苏联社会对人的培养的要求,整个苏联

---

① А.И. Титаренко: Моральный выбор, М.: МГУ им. М.В.Ломоносова, 1980, С.47.

时期的相当长时间内，在道德教育领域中也是这样践行的。

二是个体的道德立场坚定向善。

道德选择的实现除了受社会历史条件的制约，还要由个体一贯的道德立场所决定，因为对道德实践活动的选择是面对道德现象的选择，对道德现象的判断来源于从前积累的道德经验、信念、知识、原则、情感、观点，在关键的抉择时刻，这些日常积累会率先通过道德意识的核准，进入实践层面。了解道德选择的这一机制不是让主观意识随意起作用，而是通过培养和学习，形成合乎社会要求的道德信念、原则、情感和观点，让上述要素的综合作用表现为恒定的道德立场（道德价值立场），这样即便是应急反射，也是建立在长期认知基础上的反射，而不是纯粹生物性的本能反射。个体的道德立场是社会阶级历史条件和个体主观努力的结果，所以，可以认为，它是道德选择行为的现实坐标，因为不管怎样，道德选择要通过道德实践主体来完成。苏联时期，对于社会主义人的培养的目标集中在培养具有"积极的生活立场的"人上面。所谓"积极的生活立场"包括积极的世界观、人生观、价值观，在价值观里包含积极的道德价值观、伦理观等，而即便是单纯的道德伦理观也不只涉及伦理学的知识积累、道德生活的实践淬炼，而是涉及社会学、心理学、文化教育和社会文明总发育的水平，所以，恒定的个体道德立场的养成是正确进行道德选择实践的重要基础。苏联时期，培养个体恒定的道德立场有可行的途径：

首先，是遵守社会主义社会的原则。苏联社会要求公民们了解社会主义和共产主义的理想，现阶段和长远阶段人们需要达到的目标。在近期和远期目标的实现过程中提出公民需要做到的标准，如树立共产主义的道德信念，培养共产主义道德品质，警示道德选择失误带来的现实危害等，是力图将可操作的现实规范内化成道德本能的现实举措,是客体主体化的过程,与单纯的主体内化(如激情论)截然不同。

其次,是遵守职业(团体)道德原则。苏联规定了以集体主义为核心的共产主义道德规范体系,集体主义不但是核心道德原则,而且引导了苏联公民道德建设体系中职业道德(团体)道德原则的建立。公民劳动生活客观环境的存在决定了公民归属于哪一个社会群体,个体的社会立场在这一社会群体中表现出来,比如工人有自己的生产观点,农民有自己的培育观点,教师有自己的教育方法,干部有自己的处理问题原则……这些社会立场的一部分在实践中通过道德观点反映出来,因为每个人都会努力地在道德上表达自己的社会地位、权利、义务,以确证自己的社会存在。这样的话,对职业群体进行善恶、幸福和生活意义的教育就显得尤为重要。苏联通过工作宣传、夜校、党的活动等在职业团体内部进行的道德教育,也是从小社会层面的道德选择实践的知识灌输,事实上,起到了重要的指导作用。

作为道德选择活动的重要前提,个体道德立场归根到底还是由共同的社会历史条件、阶级或社会阶层的价值体系的特点决定的。

三、道德选择坚持的方法

苏联时期,对有关道德选择的方法进行了理论和实践的长期尝试。在批判各种错误方法论的基础上逐渐形成了看待道德选择问题的方法。伦理唯心主义方法(客观唯心主义和主观唯心主义)、遗传学方法等方法的致命缺陷被纠正后,马克思主义的辩证唯物主义和历史唯物主义作为总的方法论被确定下来。道德选择的方法归根到底要由客观条件来决定,因为选择行为本身决定了主体要对选择的后果负社会责任,为了保证道德选择有利于社会群体,选择必须遵循社会发展规律，这是道德选择要以辩证唯物主义和历史唯物主义为基本方法的根本原因。具体说来：

第一，人的道德意志形成取决于社会历史条件。

道德选择是人的道德意志活动的表现，或者说通过人的道德意志活动加以实现。但道德意志不是纯粹的从道德思维运动发展的结果，其内容、形式、表现和运动规律都取决于社会条件。道德意志自由是借助于对道德现象的认识来作出决定的能力。人的道德选择不仅在个人物质生活上，而且在精神生活上、在群体生活领域中都受客观条件制约。个体道德选择与道德自由并不是等同的关系，并不是在道德选择的时候可以随心所欲地使用意志自由的权利。

第二，道德意志外在表现为社会道德规范。

道德选择通过道德意志表达，但苏联的道德意志，无论是个体的还是群体的，都呈现出与社会整体利益一致性的特点。道德自由不仅是选择的自由，还有对行动、行为负责的义务，相应地，在社会主义社会中，就是对社会和集体负责任的义务。在道德选择中实现过程与结果的统一，就是要将道德意志看成是社会的道德规范和道德原则，"这些道德要求和规范对个人而言就是外在的必然性。意识到这些要求、人主观接受这些要求，把自觉行动的个人的意志同信念和情感有机的结合起来，所有这些就是所谓的道德自由"①。在道德选择的实践中，将社会道德规范作为前提标准，通过自己的道德意志表现出来，是对待道德选择的正确方法。

第三，道德选择遵循道德发展的总方向。

社会主义社会的道德选择问题包含在社会主义道德体系当中，社会主义道德的前路是共产主义道德，因而社会主义道德选择要遵

---

① 〔苏〕A.Ф.施什金等：《伦理学原理》，蔡治平等译，北京大学出版社1981年版，第46页。

循社会道德前进的总方向。这一论点在苏联时代的道德预测学和道德预测理论中多次被提及。作为新制度的开拓者,社会主义苏联在社会伦理道德建设领域提出了很多新的理论观点,构成马克思恩格斯未曾提出的共产主义道德(原理)。这一原理要在伦理道德上摆脱以往一切压迫阶级的束缚,实现与社会发展前进方向一致的道德解放,如列宁所说,"道德是为人类社会上升到更高的水平,为人类社会摆脱对劳动的剥削服务的"[①]。道德是社会生活的反映,道德进步取决于社会经济文化生活的进步,所以,道德选择和道德判断也受道德进步的积极影响。

四、道德选择的目的和手段

道德选择不但是对立场的选择,也是对手段的选择。在苏联时代的道德选择中,到底遵循什么样的标准,是义务论还是目的论,还是二者之外的?社会主义社会的前路是实现共产主义,社会主义道德的前路是共产主义道德,共产主义道德是道德选择确定的总目的,它在社会主义社会道德实践过程中的实现就是道德选择的总的手段。手段的价值取决于目的的性质。但目的只是决定手段,而不是证明手段正确。[②]在苏联的马克思主义伦理学和苏联的社会道德选择的实践中,目的决定手段和手段决定目的是相互再补充的关系。表现在:

第一,道德选择的手段与社会最高道德目的相合。

共产主义道德是苏联社会坚持的道德理想和行动准则,它是从完全服从于无产阶级斗争的利益出发的,把劳动者团结起来反对一

---

① 《列宁全集》第39卷,人民出版社2017年版,第341页。
② 〔苏〕А.И.季塔连科主编:《马克思主义伦理学》,黄其才等译,中国人民大学出版社1984年版,第155—156页。

切剥削阶级的道德，是为巩固和完成共产主义事业而斗争，这就是共产主义道德的基础，道德选择的手段尊重共产主义为摆脱人类剥削而做的努力这一总目的，所以在道德冲突的情况下，要选择这一较高的目的。

第二，道德选择的目的体现道德手段的合理性。

社会最高道德目的是全体人民的幸福，但达到这一最高道德目的的手段也要合情合理。全体人民的幸福首先是整个国家人民的幸福，在苏联乃至当代社会，世界经济发展的不平衡仍然是最大的现实，那么，实现本国人民的幸福是不是要以其他国家人民的痛苦为代价？实现全人类的幸福是不是要放弃本国人民的切身利益？这些手段和做法恐怕都有失明智。达到高尚目的的同时考虑手段的合理性，是社会主义道德选择处理目的和手段问题的标准，毕竟，道德选择不仅要考虑目的的道德性，也要考虑到手段的道德性，无道德的手段代替不了崇高的道德目的，证明不了全部行为选择的道德性。"马克思主义对解决目的和手段关系问题的立场，不允许在革命斗争中采用不道德的方法（更不用说耶稣会主义阴险伪善的方法了）。马克思主义伦理学提出一个要求：手段的有效性决不能违反目的的道德性，而必须为了实现这个目的。"[①]所以，手段和目的分不开，选择的效度和价值一样分不开。

[①] 〔苏〕А.И.季塔连科主编：《马克思主义伦理学》，黄其才等译，中国人民大学出版社1984年版，第159页。

第二节　道德评价及其历史嬗变

一、道德评价及道德评价标准

（一）道德评价的含义及意义

所谓道德评价，是"人们依据一定社会或阶级的道德标准对他人或自己的行为进行善恶、荣辱、正当与不正当等道德价值的判断和评论，表明肯定或否定、赞成或反对的倾向性态度"[①]，是道德活动的重要形式之一。道德评价是社会道德调控和个人道德规范形成的重要力量和手段，道德评价的意义主要体现在三个层面：一是道德评价可以对人们行为作出是非善恶的判断，进而使社会群体通过惩恶扬善的社会舆论和群众心理形成大家公认的道德标准；二是道德评价可以根据社会普遍认可的道德标准使人们自觉地对照检查自己的行为，对符合道德标准的行为，会体验到一种道德崇高感，对不符合道德标准的行为会产生羞耻、愧疚感，进而促使人们形成强烈的道德责任感；三是道德评价惩恶扬善，树立道德楷模，可以深刻地影响和干预社会道德生活，对维护道德规范，提高社会总体道德水平，形成良好的社会道德风貌有重要意义。

（二）道德评价标准

道德评价所要解决的第一个问题就是确立道德评价的标准。人们进行道德评价活动时总是依据一定的道德价值标准对具体的人和事进行善恶价值判断。如果没有这个标准，我们将无法评判行为的是非、善恶、美丑。马克思主义伦理学指出善恶标准是评价人们道德行为和事件的最一般标准，但是善恶标准又必须与阶级标准、生

[①] 朱贻庭主编：《伦理学大辞典》，上海辞书出版社 2011 年版，第 37 页。

产力标准和历史标准有机地统一起来。

善恶标准既具有相对性，又具有绝对性，是相对性和绝对性的辩证统一。善恶标准的相对性是指善和恶是一对历史范畴，其内涵随着社会的政治、经济和文化的发展而变化，由于各个民族的生活区域和历史文化的差异，其对善恶的理解也不相同。恩格斯指出："善恶观念从一个民族到另一个民族、从一个时代到另一个时代变更得这样厉害，以致它们常常是互相直接矛盾的。"[①]在阶级社会中，每一个人判断行为善恶与否，主要以其所属的阶级利益为标准，不同阶级对善恶的评价是截然不同的，因而对同一行为往往有着不同甚至相反的评价。善恶标准的绝对性是指善恶标准作为社会存在的客观反映是以维护社会存在，推进社会向前发展作为基本的价值依据。尽管善恶观念不是恒定的，但仍然可以从普遍意义上对善和恶作相关规定。在伦理学上，一般来说，在人与人的关系中，对他人、对社会有价值的行为可以定义为善；相反，对他人、对社会有害的行为通常定义为恶。马克思主义伦理学认为在阶级社会中，善往往体现大多数人的根本利益，符合历史向前发展的趋势，而恶往往体现少数人的阶级利益，其行为与人类社会向前发展的趋势是背道而驰的，从这个意义上讲，善和恶的判定是确定的、绝对的。

第一，善恶的阶级标准：在阶级社会，善恶作为一种道德价值判断、一种道德评价，往往表现为利益标准，不同阶级往往根据自己的社会利益和阶级利益，根据自己的阶级意志来评判他人和其他阶级，并把符合本阶级意志和利益的行为称之为善，反之，则称之为恶。道德评价的阶级标准具有不确定性，对此，马克思指出："人们按照自己的物质生产的发展建立相应的社会关系，正是这些

---

① 《马克思恩格斯全集》第 20 卷，人民出版社 1971 年版，第 101 页。

人又按照自己的社会关系创造了相应的原理、观念和范畴。所以，这些观念、范畴也同它们所表现的关系一样，不是永恒的。它们是历史的暂时的产物。"[①]因此，阶级标准是随着本阶级利益的改变而不断发生变化的，一般来说，有多少阶级就有多少阶级利益，也就有多少阶级的善恶标准，在同一个社会有不同的对立阶级，在一个阶级内部还有不同的阶层，它们的利益和标准也各不相同甚至是完全相反的。因此，历史和现实中善恶标准的不确定性，究其根本原因在于阶级利益的多样性。所以，在道德评价中确定善恶的阶级标准相对性是马克思主义伦理学的第一原则。

第二，善恶的历史标准：一般来说，人类社会向前发展有着自身进步的规律，即历史必然性，在这种历史必然性面前，不同群体、阶级扮演着不同的角色。所谓道德评价的历史标准就是把人们形态各异的道德观念，善恶标准都放在历史必然性面前加以考察，看看这些行为是否符合社会进步的趋势，是否符合人类历史向前发展的潮流。那些顺应社会进步，符合人类历史进步潮流的阶级、群体的道德就是善的。相反，那些阻碍社会进步趋势，违背人类历史发展潮流的阶级、群体的道德就是恶的。这样，历史必然性标准可以为我们对社会群体或个人的行为善恶与否提供准确科学的依据。在现实生活中我们可以根据道德评价的历史标准去评判道德行为的善恶与否，从而界定哪些行为是进步合理的，哪些行为是退步不合理的，进而引导人们坚持进步的道德观念和善恶标准，作出对道德行为的正确选择，使道德评价的规范标准和历史标准达到科学的统一。

关于道德评价的历史标准，有一个具体化问题——不同的历史时期有着不同的善恶观念，也就有着对善恶的不同评价标准。因

---

① 《马克思恩格斯全集》第 4 卷，人民出版社 1958 年版，第 144 页。

此，我们用历史的标准来评价行为的善恶时，既要考虑到行为在历史发展总链条当中的地位，也要考虑到行为在历史发展某一阶段的性质。也就是说，道德评价的历史标准与人类社会的生产方式有着密切的联系。对此，恩格斯指出，"人们自觉地或不自觉地，归根到底总是从他们阶级地位所依据的实际关系中——从他们进行生产和交换的经济关系中，吸取自己的道德观念"[①]。因此，运用历史标准评价道德现象应结合生产方式、结合历史发展的具体环节、具体事件作具体的分析。

第三，善恶的生产力标准：历史唯物主义认为生产力是社会有机体中最活跃、最革命的因素。生产力的发展是社会发展的最终决定力量。生产力的不断发展，势必会引起生产关系的变革、上层建筑的更新，乃至引起社会有机体的重建，进而推动整个社会历史的进步与发展。不仅如此，同一社会有机体由低级向高级发展阶段的演进同样源于生产力的发展。因此，生产力的发展是社会进步的最高标准，也是道德价值取向和价值判断的根本标准，因为，道德作为一种社会意识形式，它的核心价值就在于维护社会的进步和发展，从这个意义上说，坚持了生产力的发展，就是坚持了社会的进步，其行为是善的，反之则是恶的。

这里讲生产力是决定行为善恶的标准主要是从宏观上把握生产力标准和善恶标准的关系，在用生产力标准衡量行为善恶时不能把生产力标准简单化，如果只以某一历史时期的经济效益标准、物质财富标准或金钱数量标准作为生产力发展衡量的唯一因素，在道德评价上可能会导致重小利而忘大义，保眼前而忘未来，从整个社会发展链条上来看，这会阻碍生产力的发展。马克思主义伦理学认为，我们要结合生产力的各个要素来评价行为的善恶与否。从生产

---

① 《马克思恩格斯全集》第20卷，人民出版社1971年版，第102页。

力最主要的因素——人来看，行为的善恶关键看是否有利于调动人的积极性，是否有利于人的全面发展，而单纯地追求短期的经济效益、物质财富和金钱数量并不能必然地确保人的全面发展和人的积极性的充分调动。从生产力最活跃的因素——生产工具来看行为的善恶，关键看是否有利于尽快地改革生产工具，而单纯地追求短期的经济效益、物质财富和金钱数量并不能必然地确保生产工具快速变革。从生产力的劳动对象因素来看行为的善恶，关键看是否有利于合理地使用和保护劳动对象，而单纯地追求短期的经济效益、物质财富和金钱数量并不能必然地保证劳动对象充分发挥作用。因此，道德评价的生产力标准，是有深刻内涵的综合标准，如果只是单纯地追求短期的经济效益、物质财富和金钱数量，而不考虑这些行为是不是通过投机取巧、尔虞我诈换来的，是不是通过抵制变革旧的生产工具换来的，是不是通过环境污染、资源枯竭换来的，那就大大弱化了道德评价生产力标准的科学内涵。

马克思主义伦理学在道德评价问题上所坚持的生产力标准并不意味着要彻底抛弃道德领域内的善恶标准（道德原则和道德规范）。这里所讲的生产力标准一般不直接判断某一行为的善恶性质，而是以生产力标准为尺度，来筛选和制约具体的善恶标准（道德原则、道德规范），也就是说，生产力标准是具体行为善恶标准的标准，即一切行为善恶性质要由生产力标准来检验道德原则和道德规范。从这个意义上讲道德评价的生产力标准与具体的善恶标准二者并不是对立的，而是统一的。生产力标准决定具体善恶标准的性质，而具体的善恶标准要体现生产力标准的要求。同时，以生产力标准作为唯一的标准来衡量行为善恶时并不是要一概排斥和否定全部道德原则、道德规范的善恶标准，而是以生产力标准为尺度对道德原则、道德规范进行检验和筛选，进而剔除那些阻碍生产力发展的、过时的和僵化的道德原则和规范，确定那些真正促进生产力发展的、新兴的和富于活力的道德规范和原则。

二、苏联时期的道德评价体系

十月革命以后，在列宁等人的领导下渐渐确立了马克思主义伦理学思想在苏联的历史地位，从而，马克思主义的道德评价标准就成为判断苏联一切群体和个人行为的依据和规范。下面，以马克思主义伦理学关于道德评价的三个主要标准为切入点，阐释苏联时期道德评价的历史变迁。

（一）阶级标准

在苏联马克思主义伦理学中，主要从道德的阶级性和全人类性及其相互关系角度，对道德评价的阶级标准进行了界定，经历了三个历史阶段的演变。

第一阶段，20世纪20年代至50年代，认为迄今为止人类文明史中的一切道德都是阶级的道德，因此，在对社会或个人的行为进行道德评价时，首先要强调其阶级性。

20世纪20年代中期以前，是苏联马克思主义伦理学的萌芽时期。列宁在充分、深入地研究马克思主义的基础上，通过批判旧道德、个人主义、无政府主义和道德虚无主义等思潮，结合实践探索，于1920年10月在《共青团的任务》一文中创造性地提出了"共产主义道德"的概念及其理论。列宁认为共产主义道德是从无产阶级阶级斗争的利益中引申出来的，是服从于无产阶级阶级斗争利益的观点，这种人类历史上出现的一种崭新的道德类型，它不仅丰富和发展了马克思主义的伦理思想，也奠定了苏联道德评价的思想基础和政治基础。1919年喀山铁路工人发起了"星期六义务劳动"，列宁称赞这一行为是"伟大的创举"，是共产主义思想觉悟的道德实践，号召全国人民向他们学习。列宁指出："新的共产主义的教育，反对剥削者的教育，同无产阶级联合起来反对利己主义者和小私有者，反对'我赚我的钱，其他一切都与我无关'的心理和习惯的教育。"①同时"'我们要努力把大家为一人，一人为大家'和'各尽所能，按需分配'的准则渗透到群众的意识中去，渗透到他们的习惯中去，渗透到他们的生活常规中去，要逐步地却又坚持不懈地推行共产主义纪律和共产主义劳动"②。在当时，列宁认为强调道德评价的阶级性是为了揭露资产阶级的欺骗性宣传和教育无产阶级认清道德评价的阶级实质。他以立宪民主党人原则立场的虚伪性为例强调了道德评价的阶级标准，列宁指出："不，在立宪民主党人中间无疑是有一些最虔诚的人，他们相信他们的党是'人民自由'的党。但是，他们党的两重性和摇摆不定的阶级基础必不可免地要产生他们的两面政策，产生他们的伪善和虚伪。"③列宁的这个分析既承认了立宪民主党人作为个人所可能具有的道德上的差异，也强调了阶级的根本利益才对该阶级成员道德面貌起决定性作用。而这种认识引起了广泛的反响，当时的苏联学者普遍认为如果承认有全人类共同的道德规范存在，就不能和基督教的道德观划清界限，就等于承认了抽象的、超阶级的道德观，那就是资产阶级自由主义观点的表现。

列宁逝世后，苏共通过保尔、卓娅等英雄模范形象向全国人民进行共产主义价值观的道德评价标准宣传，而这种道德评价标准鼓舞了苏联各族人民忘我的工作，帮助苏联人民度过了"战时共产主义"的艰难时期，舍生忘死地赢得了卫国战争的胜利。但苏联在斯

---

① 《列宁全集》第 39 卷，人民出版社 2017 年版，第 341 页。
② 《列宁全集》第 39 卷，人民出版社 2017 年版，第 100 页。
③ 《列宁全集》第 12 卷，人民出版社 2017 年版，第 257 页。

大林执政时期对共产主义道德的价值属性认识有偏差,主要表现为苏联在20世纪30年代至50年代社会主义建设时期将道德评价的阶级属性绝对化、普遍化,甚至将其扩展到贸易、科技、文化交往等实践领域,片面强调道德的阶级属性和政治工具的作用,导致苏联的道德评价渐渐背离了马克思主义伦理学的阶级标准。

第二阶段,是在20世纪60年代至70年代,苏联理论界重新审视了道德评价的阶级标准,他们认为在阶级社会,既存在着阶级性的阶级道德,也存在着全人类性的共同道德,而人类社会公共生活中的简单道德的道德规范和正义准则,就是全人类性的共同道德。当时,苏联的理论界认为过去苏联否认道德评价的全人类因素不符合恩格斯的《反杜林论》和列宁《国家与革命》里的相关思想。他们认为,恩格斯和列宁都认可在道德评价中存在着全人类的共同道德规范,并且认为,共产主义道德就包含着全人类的道德内容。1961年10月,在苏共二十二大党纲中规定:"共产主义道德包括了人民群众在几千年的时期内,同社会压迫和道德恶习的斗争中产生的全人类道德的主要内容。"大会还通过《共产主义建设者道德法典》,其主要内容包括两部分:一是在无产阶级道德基础上发展起来的共产主义道德原则和规范;二是全人类的道德规范。其中共产主义道德评价原则包括忠于共产主义事业,热爱所有社会主义国家、共产主义、和平以及对反对共产主义事业的敌人坚持毫无调和的立场等;而全人类的道德评价原则是人们之间的人道主义关系及互相尊重。这时期,苏联的伦理学家认为,因为工人阶级的阶级利益在本质上和全人类的利益是一致的,所以,共产主义道德在实质上是全人类道德,共产主义道德就是工人阶级的阶级道德和全人类道德的辩证统一。当时,苏联的伦理学虽然承认道德评价的全人类因素存在,但并不否认阶级社会道德评价体系中的阶级性。他们认为工人阶级的阶级道德在地位上从属于全人类道德，并且认为共产主义道德在本质上仍然是阶级道德，在道德评价的阶级性与全人类性的关系上，认为阶级性是道德的本质的、主要的属性。而全人类的共同性只是道德的非本质的、次要的属性。他们强调，共产主义道德虽然具有全人类性，但仍在阶级道德的范围内，其全人类性只是一种发展趋势而已，人类社会距离共产主义社会形态越近，共产主义道德变成全人类性的道德的可能性越大，但现今共产主义道德在本质上仍然是工人阶级的道德。

在这种思想影响下，20世纪60年代至70年代苏联伦理学过于弱化了道德评价的阶级性，过分夸大了道德评价的全人类性，使苏联的伦理学在进行道德评价时从斯大林模式过分强调道德评价的阶级性走向了另一个极端，背离了马克思主义伦理学道德评价的阶级性标准，为后来戈尔巴乔夫搞全民党提供了理论先导。

第三阶段，20世纪80年代的改革时期，苏联伦理学界开始重新审视道德评价的阶级性和全人类性之间的关系，他们在批判所谓的马克思主义伦理学把道德的阶级性绝对化的错误基础之上，否认道德的阶级性，认为道德在本质上是全人类性的。因此，在对社会群体和个人的行为进行评价时应彻底抛弃道德评价的阶级性标准，而只能坚持道德评价的全人类性。当时，苏联伦理学家认为在对行为进行道德评价时从承认道德评价的阶级性为主、道德评价坚持阶级性和全人类性的统一，再到道德评价以全人类性为主，这符合苏联的国情和道德发展的必然规律。他们认为，十月革命以后，国际上存在着社会主义与资本主义的严重对抗，国内存在着激烈的阶级斗争，这就要求在对行为进行评价时应突出阶级性原则，要求道德评价要为阶级斗争和阶级的政治、经济、外交任务服务，这完全符合当时的国情。而20世纪80年代以后，国际形势发生剧变，核战争、人口爆炸、环境污染严重、资源日益枯竭等全球性的问题摆在了人类社会面前，全世界成为日益紧密的一个整体，全人类的共同利益已经不再是一个抽象概念，而是一个既现实，又具体，还需要人类共同解决的迫切问题，所以，此时再对行为进行道德评价时就该坚持人类生存权是最高的道德原则等价值观念。而对行为进行道德评价时，就要抛弃过去所坚持的过时的阶级性原则，而应该强调道德评价的全人类性。他们强调，道德评价的全人类性已不再是抽象的概念和原则，在当今世界道德的全人类性已经成为现实的行为原则和规范，成为了各国政治、经济、文化活动的语言，成为评价人们行为、调节个人、社会集团乃至各个国家之间活动的最高价值尺度和标准。

在全球化背景下，苏联伦理学提倡全人类道德价值、道德规范和原则有其历史必要性和重要性，但不可否认当今世界仍不是一个消灭了剥削阶级和剥削制度的大同世界，在当今的世界舞台上存在着阶级、阶级矛盾和阶级斗争，存在着发达资本主义国家与广大第三世界国家的对立，不同阶级的社会理想、道德理想差异很大。因此，在对行为进行道德评价时夸大道德评价的全人类性，否认道德评价的阶级性，不符合客观事实，也背离了马克思主义伦理学的阶级标准，从而引起苏联国内道德的沦丧，最终，导致苏共垮台和苏联解体。

（二）历史标准

苏联伦理学是马克思主义伦理学的苏联化，马克思主义理论是其前提和基础。马克思主义理论的总体特征是以实践为基础的唯物史观。因而，苏联伦理学的具体道德规范和道德原则在一定意义上体现的是马克思主义唯物史观的标准。马克思主义的唯物史观要求，认识问题要从实际出发，坚持理论联系实际的原则，这种原则反映在伦理道德原则和规范上也必然如此，苏联的道德评价标准也不例外。建立在历史唯物主义基础之上，以理论和实践相符合的方法为前提的道德判断标准定义为历史标准。对于道德评价的历史标准从两个方面来解读：首先，一般历史标准，即前面我们提到过的马克思主义伦理学认为人类社会自身进步有其历史必然性。用历史的标准进行道德评价既要把不同群体、不同阶级形态各异的道德观念、善恶标准放在历史进步必然性面前加以考察，凡符合人类历史发展趋势的行为和观念可以称为道德善，违背历史发展趋势的行为和观念则称之为道德恶。其次，特殊的历史标准，即从道德的阶级性和时代性出发，从具体的社会历史现实出发，评价一定历史时期，特定阶级或国家的道德规范原则是否符合当时的历史现实状况。在道德判断中，一般的历史标准和特殊的历史标准并不是二元对立的，而是有机统一于历史标准之内的。我们在进行道德判断时一方面要具体问题具体分析，另一方面还要坚持以一般的道德判断标准为指导，只有将二者结合起来，才能够全面把握道德判断的历史性。因此，应依据历史的标准对苏联时期的行为进行道德评价：

第一，社会实践是检验苏联时期行为善恶的唯一历史标准。马克思认为人民群众是人类历史的创造者，因此，这里所说的"社会实践"不是某个人，某个社会集团在短时间内的实践，而是亿万人民群众的社会历史实践，其时间具有一定历史跨度。有人认为苏联解体的根本原因在于斯大林体制，所以，用历史的标准对斯大林时期的市场经济体制作出了道德恶的价值判断。反观社会实践的事实，就会得出客观的结论。众所周知，苏联的市场经济体制建立于20世纪20年代末期，从那时起直到1975年苏联的经济都在快速发展，而且苏联的发展速度超过了除日本以外的所有资本主义国家。值得一提的是，当时苏联高度发展的前提是"实现最大的社会公正"。以上观点可以从当时西方各国统计的数据或苏联政府公布的官方数据得到印证。当然，不否认苏联的市场经济体制存在着相应的缺点和问题，实践在继续，认识也在发展，随着世界共产主义运动实践的深入，会对苏共垮台、苏联解体的原因有更清楚的认识。

第二，要站在最广大人民群众的根本利益的立场，用历史的标准来评价道德善恶。道德评价的历史标准，有一个具体化问题——从道德的阶级性和时代性出发，从具体的社会历史现实出发，评价一定历史时期，特定阶级或国家的道德规范原则是否符合当时的历史现实状况。"在马克思主义伦理学看来，只有符合社会发展规律和最广大人民群众利益的道德原则和规范，才是具有道德善的判断标准，反之则是具有道德恶的判断标准。"①由于社会不同群体所处的生活状况和生活条件，在群体存在完全不同的根本利益社会里，他们对同一件重大历史事件所持的道德评价标准是不同的，如对苏共垮台、苏联解体的原因和教训作道德评价，不同的阶级、不同的利益群体，肯定会有不同的道德判断选择，因此，对这样的问题永远不要希望道德评价达到完全一致。那么用历史的标准衡量这一历史问题会不会存在一个真理性的结论呢？显然不会。世界上所有无产阶级政党的性质和宗旨是全心全意为人民服务，要代表最广大人民群众的根本利益，这也是世界上所有无产阶级政党所坚持的道德价值观，因此，要站在苏联广大人民群众的根本利益立场，以历史的标准来评价苏共垮台、苏联解体，如果站在其他立场特别是与广大人民群众对立的立场来对这一事件作道德评价，那就不可能得出与最广大人民群众的根本利益相一致的结论。

第三，评价苏联时期的行为善恶要抓住现象所反映的主要矛

---

① 武卉昕，刘喜婷：《历史虚无主义的道德虚无》，载《红旗文稿》，2015年第7期，第29页。

盾。抓住判断行为善恶的主要矛盾，是用历史的标准对苏联时期道德状况进行道德评价的一个主要切入点。不能片面地、静止地认识行为的表象，若是那样，评价就严重违背道德评价历史标准的客观要求，结果会像盲人摸象，各执一端。例如对苏共垮台、苏联解体作原因分析，目前学术界观点各异，矛盾较多。概括起来主要三方面，"一是外因，即以美国为首的西方世界的'和平演变'和对其军事威胁与争霸。二是社会主义在实践中出现的失误和弊端。三是自赫鲁晓夫始对马克思主义和人民群众的脱离、背离乃至戈尔巴乔夫的最终背叛"[①]。其中第三方面原因是其主要原因，这是依据历史的标准对当时的行为进行道德善恶评价应分析的主要矛盾，抓住了这点，就能依据历史的标准对苏联各个时期的行为进行科学的道德行为善恶评价。

第四，评价苏联时期行为的善恶要透过现象看本质。现象是本质的外部表现，本质是现象的内部联系。现象有时会反映本质，有时可能彻底地掩盖本质。依据历史的标准对苏联时期行为作道德评价要善于透过行为现象发现历史本真面目。有一种观点认为，苏共改革失败的肇始之源是要实现所谓的"人道的社会主义"，结果是"人道的"实现途径不明确，但社会主义却彻底丢掉了，类似的分析仅凭直觉和感性认识，没有抓住事物的本质，依据这样的分析进行道德判断会否认道德本质的物质内容。苏东剧变的开端是自赫鲁晓夫始对马克思主义和人民群众的脱离、背离乃至戈尔巴乔夫的最终背叛马克思主义、社会主义和人民群众，从本质说苏共已经完全蜕变为资产阶级的政党。抓住这一本质才能依据历史的标准科学地对当时苏联的各种行为作客观的道德评价。

[①] 李慎明主编：《居安思危:苏共亡党二十年的思考》，社会科学文献出版社2011年版，第40页。

（三）生产力标准

马克思主义伦理学认为社会生产力的发展，是一切社会发展的根本动力，一个国家的经济体制改革、政治体制改革以及社会准则和道德评价的善恶标准都应该以生产力作为标准来进行检验。因为价值规律是调节国家、集体和个人三者关系的基本经济准则，也是以生产力衡量不同历史时期道德评价标准最恒定的依据。纵观苏联历史，其对生产力的观念历经了否定价值规律时期、初步肯定价值规律时期及否定价值规律时期三个阶段，而在这一过程中生产力标准衡量行为善恶考察的侧重点也是不同的。

第一，战时共产主义否定价值规律时期：十月革命以后，面对国内叛军和国际帝国主义的势力对苏维埃政权的干涉，苏联迫切要求发展社会生产力。列宁提出了应对国内、国际危机，发展社会主义生产力的战时共产主义政策。主要包括：（1）国内贸易国有化；（2）余粮收集制；（3）产品配给制；（4）劳动义务制；（5）全部工业国有化。战时共产主义政策强调中央集权，用强制手段推行国有化，彻底废除私有制和商品货币关系，以全盘公有化、非商品化的方式实现社会主义生产力的发展。

这一政策最大限度地整合了当时苏联的社会资源，对保卫和发展新兴的社会主义政权起到了重要作用。但这一政策在对行为进行道德评价时认为奉献于集体的行为是善的，强调个人利益的行为是恶。集体道德对促进生产力的发展居于主导地位，而个体道德要绝对服从和服务于集体道德。战时共产主义政策单纯地强调集体利益，虽然在短期内解决了当时苏联的主要矛盾，但否定个体利益而取消商品和货币的规定，在客观上否定了价值规律的作用，无法调动行为个体发展生产力的积极性，从而，人们就失去了基于对个人利益的关心而导致的对生产的关心，可以说，当时生产关系超越了生产力发展的现实,使得生产力与生产关系之间关系日益紧张。

第二,新经济政策重新认识并利用价值规律时期:1921年战争结束后苏联开始推行新经济政策而取代战时共产主义政策。新经济政策规定,在农业上粮食税代替余粮收集制;工业上解除部分企业国有(中、小企业),允许私人开办小企业,暂时无力开发的企业以租让方式允许外资开发;商业上开放市场,允许自由贸易,恢复货币流通和商品买卖;分配上废除实物分配制,按劳分配。新经济政策转变的标志性内容是用粮食税收制代替余粮征集制。这一政策在对行为进行道德善恶评价时不再单纯地强调重视集体道德发展生产力的行为是善的,反之是恶的,而是在充分尊重价值规律的基础上允许农民在按照规定纳税之后,余粮全部由农民自己支配。这种评价行为善恶的道德标准极大地激发了农民种粮的积极性,使苏联的农业生产得以迅速恢复和发展,农民的生活水平也有了显著的改善和提高。

第三,斯大林以后高度集中的计划经济体制否定价值规律:列宁逝世以后,斯大林在很短的时间内废止了新经济政策。苏联逐步建立起高度集中的计划经济体制。这种经济体制在所有制上要求实行单一的公有制经济,逐步消灭私有经济。

在经济运行机制上推行高度集中的指令性的计划经济体制。这种经济体制在发展社会生产力时只考虑国家利益、集体利益,而忽视了个人的利益。把国家利益、集体利益和个体利益完全对立起来,认为发展公有制经济,重视国家利益、集体利益的行为是善的,而发展市场经济,考虑个人利益的行为等同于资本主义,被认为是恶的。这种经济体制在资源的配置方式上,部分排斥了市场机制的作用,轻视市场在社会主义经济生活中的作用,一定程度上阻碍了苏联社会生产力的发展。

客观地讲，对斯大林体制的弊端，苏联后继领导者都有所认识并希望加以纠正，如赫鲁晓夫于1954年和1957年两次对经济进行改革。前者主要是在农业上逐步扩大集体农庄和国营农场的自主权；后者主要是取消部门管理体制，实行经济行政区划管理体制。而勃列日涅夫当政后又恢复了部门管理体制，并主张扩大企业自主经营权，以经济方法来管理企业。但这些改革没有触动高度集权的体制，也没有得到政治管理体制的积极配合，不是反映生产力已经发生根本变化的彻底改革。

三、后苏联时代道德评价的历史变迁

（一）苏联解体后俄罗斯的道德现状

苏联解体后，俄罗斯社会的思想道德一度陷入极端的混乱无序之中。主要体现在两个方面：一是道德建设的主体的缺失。苏联解体以后，俄罗斯的道德建设处于放任自流、没有任何自觉建设的状态。充当道德建设主体的俄罗斯政府和议会少有作为，造成道德建设主体严重缺失。而出现这种情况原因在于，苏联解体以后，一些俄罗斯人反对苏联时期僵化的、灌输式的思想道德教育方式，进而反对任何机构，任何组织开展有计划的道德建设，甚至很多人把国家干预道德建设等同于斯大林式的思想领域的专制。为了防止苏联时期的道德教育模式再次出现，俄罗斯宪法第13条对此作了明确的限制：（1）俄罗斯联邦主张意识形态多元化；（2）任何思想体系都不能被确立为国家的，每一个公民都必须接受的意识形态。这就从根本上制约了俄罗斯的公民道德建设。特别是苏联解体以后，叶利钦依靠新西化派的盖达尔等人进行改革，导致自由主义思潮在思想领域泛滥；而自由主义仇视对社会进行集中管理的国家，进而导致马克思主义、自由主义、民族主义、宗教势力等不同的派别在思

想领域展开厮杀;而国家无力控制这一局面,造成道德虚无主义,道德主体的严重缺失,直接导致俄罗斯自觉的道德建设的混乱与道德真空。二是传统的道德教育体系彻底崩溃。解体以后的苏联,社会道德体系出现急速嬗变。"'全人类道德'原则代替了历史现实的阶级道德原则,集体主义道德原则被个人主义和利己主义所代替,国家不再承担社会道德教育的义务,社会道德生活从规范向失范演化,平等和民主失去现实内容成为空洞无耻的政治口号,国际主义和爱国主义在相当大程度上陷入狭隘,悲观懒惰,违法乱纪,言行不一,自我放纵等社会精神现象日趋严重,社会主义时期科学完备的共产主义道德教育体系被彻底摒弃。"①用什么去填补已经形成的道德建设真空、确立什么标准对行为进行道德评价,并以此来引导俄罗斯人民认可共同的道德规范,这是俄罗斯道德建设不可忽视的问题。历经一段盲目追求西方民主的狂热时期之后,俄罗斯社会本身已开始对其进行反思,2000年普京上台执政,面对道德领域和政治领域的混乱,以及随之而来的经济灾难和外交困境,他们率领俄罗斯竭力寻求实现社会稳定的办法。为此,他在十几年间从三个角度重新规划道德评价体系,以此来确立俄罗斯新的道德规范,引导俄罗斯人民形成大家共同认可的道德价值观。尽管自觉的道德建设在俄罗斯依然空缺,但这些努力为俄罗斯道德价值体系向正确的方向发展作了积极的尝试和努力。

(二)俄罗斯道德评价体系建设的初步探索

首先,用东正教思想引导道德评价的行为规范。宗教与道德同属于上层建筑,但却是两种不同形式的社会意识,在宗教道德化和道德宗教化的双向互动过程中两者互相影响,关系密切,产生了宗

---

① 王春林,武卉昕:《当代俄罗斯社会道德危机的制度根源》,载《马克思主义与现实》,2012年第3期,第204页。

教道德，并且宗教通过宗教道德实现其进行道德教化的社会功能。"宗教的道德教化功能通过以下两个方面来实现：首先，宗教把世俗社会的道德转化为信仰，并通过这种信仰化的道德来规范人的个体行为和社会角色。其次，它通过一定的宗教信条把善恶观念和奖善惩恶的后果告诉信徒、警戒信徒，要求信徒遵守一定社会的宗教道德和社会道德。"①宗教通过这样的道德教育方式来评价、控制和影响人们的道德行为，实现其道德教化功能。从根本上说，宗教提倡的道德要求都符合一定社会道德评价规范，有利于社会整合。

历史上俄罗斯是以信仰东正教的东斯拉夫人为主体的多民族国家，十月革命以前，沙皇俄国推行政教合一的统治方针，东正教曾是俄罗斯的国教。沙俄帝国时期，一半以上的人信奉东正教。苏维埃政府成立以后推行政教分离的统治政策，从而，东正教失去了国教的地位，影响和阵地极大缩小。"苏联解体以后，俄罗斯总统叶利钦公开宣布，抛弃无神论政治，恢复作为俄罗斯传统文化的东正教，切实保护宗教和教会的利益。这样，在90年代的俄罗斯，东正教徒大幅度增加，由4000万人增加到8000万人，占俄罗斯总人口的二分之一。"②其教徒成员不仅包括虔诚的老教徒、新入教的年轻人，甚至俄罗斯总统、总理、部长、市长等政府官员也是东正教大教堂的常客。因此，在苏联解体以后，原苏联的共产主义价值体系崩塌了，俄罗斯人民出现了共产主义信仰危机，此时，唯一代表俄罗斯民族文化的东正教则乘势而入，成了俄罗斯人信奉的主导意识形态。它不仅为广大教民提供信仰支持，而且在国家道德体系的重建过程中发挥着积极的作用，成为了国家道德重构的重要依托。当宗教在一国为越来越多的人所推崇，与道德联姻的宗教便具有了

---

① 米寿江主编：《宗教概论》，人民出版社2003年版，第28—30页。
② 金可溪：《苏联伦理道德观演变》，中国文史出版社1997年版，第311页。

与道德同等重要的社会影响，产生出与道德同等的公共普遍化效用。

东正教伦理学的内容一方面来源于基督教教义中神学的内容，另一方面又从世俗伦理学中吸取了善、恶、正义、良心、理想等范畴来构建自己的理论体系。东正教伦理学提出了如何对待上帝、如何对待自己、如何对待他人和社会三种道德关系。在对待上帝方面，东正教伦理学推崇的最高道德原则是忠诚于上帝，在价值标准上，要求人们对上帝要信仰、崇拜，要充满爱；在对自己方面，东正教伦理学要求作为个体的人要爱上帝，而爱上帝的标志是要敬畏上帝，个人要向上帝经常进行拯救灵魂的祈祷，要在思想上、语言上、感情上、行为上让上帝感到满意；在对待他人和社会方面，东正教伦理学认为在上帝面前，人类没有高低、贵贱、种族之分，所有人都可以在上帝的统一意志之下实现个性的最大自由，所以东正教伦理学倡导对他人的道德义务是"要爱一切人和尊敬一切人"。在教义中，东正教更加强调无差别的普世之爱，而这种无所不在的爱即在于对弱者的同情、对仇人的宽容，甚至对他人罪过的担当。

除此之外，东正教的伦理思想还包括崇尚劳动、苦行主义，出世禁欲主义，而这些伦理道德观在苏联解体以后就成为了俄罗斯人民填补道德真空、确立新的道德评价标准，引导俄罗斯人民重塑道德规范的重要资源。普京在庆祝耶稣诞生 2000 年之际，向俄罗斯东正教会发出贺信，指出"东正教在新世纪将有助于俄社会的稳定与和谐，有助于国家精神道德的复苏"，因而"东正教应当成为国家和全体人民的道德准则和精神支柱"。

其次，用爱国主义填补道德评价的精神基础。爱国主义是"历史地形成的忠诚和热爱自己祖国的思想和感情"，它"集中表现为民族自尊心和民族自信心，为保卫祖国和争取祖国的独立富强而献身的奋斗精神"。①从爱国主义的定义来看，爱国主义是在历史传统的文化积淀中，潜移默化地形成的一种对国家和民族的认同感，是一种自觉维护祖国和民族利益的情感。在俄罗斯，爱国主义是传统的价值观念，在不同的历史时期爱国主义的内容也不尽相同。

苏联时期主要从维护国家安全、社会主义制度、拥护党执行国家方针政策、尊重党和祖国历史四个方面界定了爱国主义的主要内容，但是在不同的历史背景下，在特殊的历史时期，爱国主义的具体内容差别也很大。例如，在斯大林时期，面对敌对势力的经济封锁、政治孤立、军事威慑，苏联的爱国主义主要强调要为共产主义而奋斗，人们要提高自己的社会责任感，要重视国家利益，面对敌对势力坚决不妥协。当时认为，"一个热爱祖国的真正爱国者、一个苏维埃人是为了祖国的利益而生存的。为自己祖国、为祖国的光荣、荣誉、强盛而感到自豪，这是每个苏维埃人所具有的情感"②。而在勃列日涅夫时期，面对西方各国的"和平演变"政策，爱国主义主要强调要抵制"和平演变"，以防止资产阶级在意识形态领域玩弄"和平演变"的阴谋。纵观苏联时期历史的变迁，我们可以看出爱国主义一直是苏联的主流价值取向，它对行为道德评价起到客观引导的作用。

苏联解体后，国内传统的价值观念体系坍塌，俄罗斯的道德教育领域出现了"真空"，公民的道德教育处于混乱无序的状态。俄罗斯人开始对拜金主义、个人主义、消费主义、极端民族主义、虚无主义以及各种宗教思想极度追捧，而"爱国主义""祖国""公民义务和职责"等理念逐渐为俄罗斯人所淡忘，爱国主义思想在俄罗

---

① 朱贻庭主编：《伦理学大辞典》，上海辞书出版社 2011 年版，第 30 页。

② [苏] B.A. 依万诺夫：《竭力提高革命警惕性是苏联人民最重要的义务》，华锋译，法律出版社 1955 年版，第 29 页。

斯遭遇了前所未有的"贬值",主要体现在两个方面:一是马克思主义道德威望在俄罗斯人心中急剧下降。爱国主义、奉献精神、责任、荣誉、追求真理和理想等传统的道德品质已完全被摧毁,社会道德方向标转向实用主义。二是国家安全面临考验。俄罗斯由于缺乏军事爱国主义教育,造成了军人职业威望的降低。苏联解体以后,俄罗斯兵员征召连年不足,职业军人爱国意识淡薄困扰着俄军的稳定与发展,俄罗斯的国家安全面临潜在的威胁。

面对如此严峻的形势,俄罗斯道德价值体系空白亟待填补,建立一个全面的俄罗斯公民爱国教育体系,培养俄罗斯人民的爱国忧国意识,建立其永恒的价值观,以此来构建俄罗斯的道德评价的精神基础等问题已势在必行。为此,俄罗斯政府在2001年10月30日和2005年7月11日分别批准出台了《2001—2005年俄联邦公民爱国主义教育纲要》和《2006—2010年俄联邦公民爱国主义教育纲要》(以下简称《纲要》)。《纲要》充分考虑了俄罗斯民族的多样性,承认各民族的共存及文化融合。《纲要》认为在构建俄罗斯新的道德价值体系历程中要承认各民族在历史上为全民族的自由和独立所作的贡献;《纲要》提倡人文精神,重视革命历史传统教育;《纲要》指出爱国教育与国家、社会和个人的利益是紧密相连的,在爱国主义宣讲中既要考虑到作为活动主体的人的自我发展及其自身利益,又要通过宣传英雄人物、英勇事迹培养俄罗斯人的民族自豪感和民族使命感;《纲要》注重爱国教育与军事体育训练相结合。《纲要》实施期间,定期在全国举办各类军事体育运动会和竞技比赛,以此来强健俄罗斯军人的体魄,树立保卫祖国的思想;在爱国主义教育实践中注重广泛使用国家象征。国家象征包括国旗、国徽、国歌等,国家象征不仅代表一个国家的主权、独立和尊严,更反映一个国家的历史传统和民族精神,树立爱国情感,广泛使用国家象征可以树立国家威严，形成行为主体对国家标志的尊敬。《纲要》通过重新界定爱国主义、宣讲民族文化优秀成果，来填补俄罗斯的道德教育领域出现的"真空"，定义了俄罗斯道德评价的精神基础。"但值得注意的是，重掀热潮的'爱国主义'与俄罗斯民族主义中的分裂倾向、优秀人种论共识、排他习气、掠夺欲望相互纠缠在一起"①，在一定程度上为国家道德评价标准的重新确立埋下了隐患。

最后，用集体主义重树道德评价的价值导向。在苏联时代，作为处理个人、集体与国家关系基本原则的集体主义强调集体利益高于个人利益，个人利益应该服从集体利益；集体主义是社会主义制度优越性的重要体现，与社会主义制度有着内在的必然的联系。集体主义是社会主义社会的基本道德原则，也是社会主义社会调节社会内部、外部各种关系和处理社会矛盾的基本准则。集体主义在苏联道德价值体系中起到了弘扬社会正气、规范公民行为的价值指导作用，在苏联的社会主义建设中起到了巨大的道德感召作用。然而，苏联在对集体主义的认识论上过度强调了集体利益和个人利益的同一性，而否定集体利益和个人利益存在着客观的矛盾，甚至将个人主义等同于利己主义，在经济工作中忽视、损害了个人利益。所以，随着社会主义制度在苏联的终结，集体主义思想遭到俄罗斯人强烈的批判，国家利益优先且拥有无上权力这一思想的合法性在迅速变得模糊。"集体主义道德观被个人主义代替；舆论界一度将集体主义和政治上的高度集权等同视之，对其恶语滔滔，愤然谴责。在相当长的一段时间内，集体主义和其他的社会主义道德价值观念一起成为被攻击和嘲笑的对象，被起伏不定、变幻莫测的思想

---

① 武卉昕：《苏联马克思主义伦理学兴衰史》，人民出版社 2011 年版，第 224 页。

浊流排挤,失去了存在的空间。"①当叶利钦的改革失败,俄罗斯陷入前所未有的国内外政治和经济困境。此时,俄罗斯开始深刻反思历史上道德价值体系中积极的因素。各种社会思潮给俄罗斯道德价值体系所造成的秩序混乱状态,急需能够重新整合社会观念的价值体系,作为苏联时代社会主义核心价值观的集体主义在俄罗斯文化当中已构成了一种稳定的文化模式,而社会改革的有效性也往往直接取决于某种稳定的、确定的、有效的价值观念体系和意识形态。

集体主义在俄罗斯历史文化中被认可的稳定度和道德价值确定性、有效性开始引起俄罗斯人民重新的关注。并且,叶利钦改革所推崇的个人主义和自由主义在经济领域造成社会贫富差距急速拉大,而集体主义作为核心价值观念的时代,真真切切存在过的普遍富足的物质生活及和谐高尚的道德生活也开始为俄罗斯人所怀念,特别是在全球经济危机的压力下,急需经济复苏的俄罗斯更需要苏联时期集体主义这种价值模式,以凝聚人心及整合社会力量,从而在国家制度和政策层面上进行有效施救。因此,集体主义被俄罗斯人重新客观评价,在俄罗斯初现回潮之势,这对俄罗斯重建道德价值体系,重树道德评价标准起到重要价值导向的作用。

集体主义在俄罗斯回潮的表现主要体现在四个层面:一是学校重拾集体主义道德教育。苏联解体以后,俄罗斯的教育工作者们最先体会到了社会道德坍塌式滑脱带给俄罗斯思想领域的混乱状态。他们也最先领悟到重建道德价值体系、重树包括集体主义在内的高尚道德评价标准已迫在眉睫。在俄罗斯教育工作者的共同努力之下,"大多数学校专门开设了一门'社会知识'课程,在这门课中,集体主义被作为专门的文化传统和道德原则来介绍。在包括莫斯科

---

① 武卉昕:《苏联马克思主义伦理学兴衰史》,人民出版社 2011 年版,第 229 页。

在内的大中城市里，培养学生的集体主义精神已被明确地写到了学校的教学任务和教师的班级发展纲要中，将在集体生活中形成互相帮助和相互协作作为培育集体主义的核心内容。中小学校还利用了在俄罗斯教学机构中非常普及的'夏令营'和'冬令营'团队活动，来开展对青少年学生的集体主义教育"①。二是媒体重现集体主义正面宣传。在俄罗斯的电视台、广播、报纸等平台"个人主义正被集体主义所冲淡"②。俄罗斯著名政治家、国家管理规划和问题分析中心主任苏拉克申（Степан Степанович Сулакшин）在接受"新时代"电视台采访时指出："同心同德、集体主义和崇高的精神世界是俄罗斯的文化价值源泉。"③媒体是社会主流道德价值观宣传的喉舌，它对道德价值体系的重建可以起到催化剂的作用，新闻媒体的积极推进极大地促进了集体主义社会道德评价标准在俄罗斯民众心里的社会共识。三是学界重构集体主义研究视域。从 2008 年起，俄罗斯的学术界对集体主义的研究呈现出逐年上升的趋势。学术界主要从文化心理学和道德哲学视角出发剖析了俄罗斯民族对集体主义的特殊情怀和集体主义的社会价值，这让人们在道德价值体系重建上会以一种更为主动的心理去面对集体主义，同时，理性思考集体主义的社会价值，也有助于俄罗斯人民处理好集体主义和个人利益的关系，有助于科学的道德评价标准的客观确立。四是社会重树集体主义价值导向。近年来俄罗斯价值立场渐趋保守。"思想领域出现了许多值得思考的现象：重新思考苏联模式、重新评价苏

---

① 武卉昕：《苏联马克思主义伦理学兴衰史》，人民出版社 2011 年版，第 230 页。

② 2009-й год объявлен в России Годом молодёжи, Голос России, http://rus.ruvr.ru/2009/02/20/928019.html.

③ 武卉昕：《苏联马克思主义伦理学兴衰史》，人民出版社 2011 年版，第 230 页。

联历史、重新评价斯大林及其主义、再版《联共（布）党史简明教程》、重新编纂祖国史等，标志历史评价趋向客观的事件或思潮；'俄罗斯思想'风生水起、爱国主义重新奏响、官方道德教育回归世俗教育领域、全人类价值舆论遇冷等"[①]，这一历程在俄罗斯文化传统中占有重要地位且在相当长的历史时期起到了凝聚人心的作用，集体主义自然在社会价值导向和民众意识取向变化中引起俄罗斯人民的重新审视，这对俄罗斯重树道德评价标准起到价值导向的作用。

第三节 道德规范体系及其历史嬗变

一、道德规范

道德规范是社会规范的一种形式，它是关于人们的道德行为和道德关系普遍规律的概括和反映。道德规范以一定的社会利益和阶级利益为基础和出发点，调整人与人之间的利益关系，评判和评价人们行为的善恶。道德规范的产生与一定的社会物质生活条件和社会关系的客观要求密切相关。道德规范不同于个体的道德行为，它往往高于个体的道德行为实践。道德规范是一定社会或阶级的人们共同的道德生活经验和一般的道德行为的总结，并以此作为一定社会或阶级的基本道德要求进而约束和指导人们的道德生活和道德行为，具有前瞻性和导向性的特征。

道德规范一经形成就具备了相对独立性的特征，对人们的道德行为和道德关系起到积极的影响作用，在一定意义上支配和指导着

[①] 武卉昕：《苏联马克思主义伦理学兴衰史》，人民出版社 2011 年版，第 232 页。

人们的道德生活和道德行为。

道德规范具有主客体统一的特征，道德规范的客观性表现在它是一切社会道德要求的反映，主观性表现在道德规范总是以具体的主观形式表现出来，如道德范畴等。道德规范的主客体统一性在阶级社会中具有时代性和阶级性的特征。但是，这不影响道德规范具有全人类性的特征。

任何历史时期的道德都是由道德规范构成的体系的总和，道德规范是一般性和特殊性的综合体。所谓一般性的道德规范是指公共生活领域的、全体居民应该共同遵守的公共生活准则。除此之外，由于社会生活结构的多层次性，还存在着不同领域的具体的道德规范，这种道德规范属于特殊的道德规范。一般的道德规范和特殊的道德规范共同构成了一定历史时期道德规范的总和。道德规范与道德原则密不可分。任何道德规范都是在道德原则的指导下道德关系的具体应用。因而，我们对于道德规范问题的探讨必然要以道德原则为基本准则。道德原则是道德规范的总纲，道德规范是道德原则的补充、展开和具体化，二者在本质上是一致的。规范和原则并无实质上的差异，它们都是应该这样做和不应该那样做的基本行为准则。规范和原则如果有什么差别的话，那就是它们在规范系统中所处的高低位置不同。原则处于较高层次，[1]道德原则是最一般的道德规范，道德规范是具体的道德原则，只有把二者结合起来考察，才能正确把握道德规范的内涵和外延。苏联伦理学更是有这个传统，在由苏联学者 А.Г. 哈尔切夫汇编的《关于伦理学范畴问题之讨论的总结》中，谈到道德原则和道德规范的关系时指出："道德原则是一种更为普遍的道德规范，它具有双重性。它既可能是总体的道德

---

[1] 罗国杰主编：《伦理学》，人民出版社 1989 年版，第 153—154 页。

要求（如尊老爱幼），也可能是抽象的、全人类的、普遍的规范。"① 这种界定成为后来苏联马克思主义伦理学对道德规范进行研究的主要立场和出发点。因此，只有将道德规范和道德原则结合在一起来考察，才能全面把握苏联时期和后苏联时代道德规范问题的变迁。

二、苏联时期的道德原则及其道德规范体系

苏联时期道德规范和道德原则的确立和当时苏联的社会历史现实密切相关，同时也为当时的社会意识形态服务。众所周知，苏联时代伦理学基本原则和内容的指导思想都是马克思主义，是马克思主义理论在俄国的传播和发展。因而，其道德原则和道德规范必然都体现着马克思主义理论的基本内容。

19世纪末20世纪初，马克思主义传到了俄国。第二国际理论家波格丹诺夫、普列汉诺夫、托洛茨基等人对马克思主义传播到俄国起到了重要的作用，同时也为马克思主义伦理学在俄国的萌芽和发展发挥了重要的作用。苏联共产党人根据自己的实践需要，以马克思主义伦理学的基本指导思想和原则为基础，构建出了苏联模式的马克思主义伦理学。因此，苏联伦理学中的道德规范和道德原则一方面体现了马克思主义伦理学的基本要义和目标，另一方面又受苏联民族文化和民族性格的影响，具有苏联特色。

苏联伦理学以马克思辩证唯物主义和历史唯物主义的方法论为基础，摒弃了伦理学研究中的形而上学传统，突出了伦理道德的最高指导原则——共产主义原则，以及在共产主义原则指导下的爱国主义、集体主义和社会主义人道主义等一般的道德规范。苏联伦理学的道德规范在马克思主义传播到俄国时就已经开始萌芽，在苏联

---

① 武卉昕：《苏联马克思主义伦理学兴衰史》，人民出版社2011年版，第63页。

的政治、经济、文化生活中具体发挥作用，只是在20世纪50年代之后，随着苏联伦理学的正式诞生而相继被明确提出来。

苏联马克思主义伦理学这些基本原则的制定与苏联伦理学的总体特征是密不可分的。

第一，共产主义原则。共产主义是马克思主义理论中最重要的组成部分，马克思全部批判哲学的目标和社会理想就是实现共产主义。马克思在对异化问题的揭示，以及对资本主义社会的主要矛盾等问题的批判分析的基础之上，阐释了共产主义的内涵。他所理解的共产主义是指私有财产的积极扬弃和人对人本质的真正占有，是人的类本质的复归。他在《1844年经济学哲学手稿》中谈到这个问题时指出，共产主义"作为完成了的自然主义，等于人道主义，而作为完成了的人道主义，等于自然主义，它是人和自然界之间、人和人之间的矛盾的真正解决……是个体和类之间的斗争的真正解决"[①]。此外，马克思还从人的发展的三个阶段阐释了共产主义，在他看来，人的发展经历了三个阶段，即三种形态的演进：第一阶段是以人的依赖性为基础的社会，相对应的经济关系是前资本主义的自然经济关系。这一时期，人与人的关系表现为人身依附关系，这种人身依附关系造成了人的个性的泯灭。第二个阶段是以物的依赖性为基础的人的独立性，相对应的是资本主义的经济关系。尽管资本主义生产关系使人摆脱了自然的束缚，但是随着资本主义生产的发展，资本主义社会的物质资料的生产和私人占有之间的矛盾使异化劳动程度不断加深，从而遏制了人的自由全面发展。第三个阶段是建立在以往人类的全部财富基础之上的人的自由全面发展，与此相对应的是共产主义社会。所以，马克思所理解的共产主义社会是人类历史发展最高的完善阶段，以人的自由全面发展为主要标

[①] 《马克思恩格斯全集》第42卷，人民出版社1979年版，第120页。

志，预示着人的自由和解放，是"自由人的联合体"。

从马克思对共产主义的阐释上看，共产主义的实现途径必然是人的现实活动结果，一方面具有历史必然性，是人类社会矛盾的真正解决；另一方面，历史并不是线性决定的，共产主义是一个过程，是人的自我生成过程。共产主义社会，劳动不再是人的谋生手段，而变成了需要，这才是人的真正解放，因而，共产主义除了建立在创造丰富的物质财富的基础之上，还表现为人的精神境界的"至善性"。这里有一个问题须要澄清，即恩格斯在讨论共产主义这个问题的时候，曾经谈道："共产主义者根本不进行任何道德说教。"①我们在这里所讨论的共产主义原则并不是强调实现共产主义的路径是依赖道德观念以及道德规范，共产主义并不是由某一种理念召唤出来的，它一定是在人的现实的实践活动中实现的。此处涉及的共产主义的道德原则是指在为实现共产主义的过程中，对于人的活动行为总体性的指导性原则，以及相应规范的基本要求，其中包括应该如何突出人在社会历史中的主体地位、如何弘扬人道主义精神、如何正确处理个人和集体的关系等问题。

共产主义的道德原则赋予了其全阶级性和全人类性的特征。苏联伦理学中的全人类性的原则和阶级原则是密不可分的。对于道德阶级性，恩格斯指出："社会直到现在还是在阶级对立中运动的，所以道德始终是阶级的道德；它或者为统治阶级的统治和利益辩护，或者当被压迫阶级变得足够强大时，代表被压迫者对这个统治的反抗和他们的未来利益。"②对于这个问题，列宁曾经指出，"从马克思主义的基本观点看，社会发展的利益高于无产阶级的利

---

① 《马克思恩格斯全集》第 3 卷，人民出版社 1960 年版，第 275 页。
② 《马克思恩格斯全集》第 20 卷，人民出版社 1971 年版，第 103 页。

益"①。А.И. 季塔连科的《马克思主义伦理学》一书认为，马克思主义伦理学代表的是无产阶级的道德，从根本上体现了全人类的发展利益，因而意味着它包含着最广泛的全人类因素。他把道德的全人类性解释为所有人类生活的基本准则，是人们共同需要的道德文化的结晶，是道德的社会发展的必然结果。全人类道德是无产阶级道德的建成，随着无产阶级社会的建成，逐渐变成统一的道德——共产主义道德。如恩格斯所言："只有在不仅消灭了阶级对立，而且在实际生活中也忘却了这种对立的社会发展阶段上，超越阶级对立和超越对这种对立的回忆的、真正人的道德才成为可能。"②从道德的阶级性原则和全人类原则上看，它体现着马克思主义哲学中的共产主义原则。

对于共产主义道德的基本原则的界定，是苏联伦理学的重要特征之一。

早在列宁时期，就对共产主义的道德原则有了一个基本的界定，列宁指出："为巩固和完成共产主义事业而斗争，这就是共产主义道德的基础。"③尽管，列宁提出了共产主义道德，但是却没有对共产主义道德下一个定义。后来，在谈到这个问题的时候，列宁明确提出，"共产主义道德是为这个斗争服务的道德，它把劳动者团结起来反对一切剥削，反对一切小私有制，因为小私有制把全社会的劳动所创造的成果交给了个人"④。"在共产主义者看来，全部道德就在于这种团结一致的纪律和反对剥削者的自觉的群众

---

① В. И. Ленин: Избранные произведения в трех томах. Том 1, Издательство политической литературы, 1976.
② 《马克思恩格斯全集》第 20 卷，人民出版社 1971 年版，第 103 页。
③ 《列宁全集》第 39 卷，人民出版社 2017 年版，第 342 页。
④ 《列宁全集》第 39 卷，人民出版社 2017 年版，第 340 页。

斗争。"[1]

虽然列宁对共产主义道德进行了初步界定，也在苏联的社会建设中起到了积极的作用，但是此时并没有作为系统的道德原则被提出来。因为此时，苏联并没有形成系统的伦理学思想，正处于萌芽时期。

苏联伦理学正式形成于20世纪50年代，共产主义的道德原则此时也被正式提了出来。随着苏联社会主义建设事业突飞猛进的发展，伦理道德方面的研究也日趋成熟，在新的历史条件下，如何重新解读马克思列宁主义的伦理思想在整个苏联的道德教育任务中显得尤为重要。1951年，由苏联科学院哲学所的利哈诺夫等人共同编写了第一个马克思-列宁主义伦理学专业教学大纲，大纲中共有16个主题，其中对苏联伦理学的共产主义原则进行了系统的阐释和界定，主要包括社会生产关系是共产主义道德产生的基础和前提；共产主义的道德范畴；共产主义道德和社会主义苏联的法律；共产主义最基本的特征是集体主义；苏联人民最重要的行为准则是以共产主义态度对待劳动和全民所有制以及共产主义道德和苏联家庭等问题。

1955年，苏联伦理学的奠基人，著名马克思主义伦理学家А.Ф.施什金在《共产主义道德原理》（又译《共产主义道德概论》）一书中，科学界定了共产主义道德的原则和标准，他站在马克思主义辩证唯物主义的立场上，科学揭示了共产主义道德与马克思主义世界观之间的内在关联，从理论和实践意义方面阐释了苏联政治、经济、文化建设上必须践行这些原则的要求，同时也详细阐释了共产主义道德的基本内容，其中包括集体主义、爱国主义、社会主义人道主义和国际主义等。

---

[1]《列宁全集》第39卷，人民出版社2017年版，第341页。

1959年，由苏联科学院哲学所、苏联高等教育委员会共同制定的《马克思主义伦理学原理》教学大纲中把共产主义道德视为人类道德进步的最高阶段，并且对共产主义的道德原则和规范进行了系统的阐释，并提出用共产主义道德对人民进行教育等问题。

1961年，苏共二十二大召开，提出了一些在以往的苏联伦理学研究史上根本没有涉及的问题，道德全人类性问题首次被正式公开提出来，这对马克思主义伦理学研究具有里程碑意义。此次会议对苏联伦理学的发展最有标志性意义的事件就是颁布了《共产主义建设者道德法典》，并将其写入了党纲。法典中强调共产主义道德是具有全人类意义的道德，并从十二个方面规定了伦理学的具体原则，即把集体主义、人道主义、爱国主义、诚实劳动、社会义务、创造性劳动等都规定为苏联人的道德行为准则和规范。同年，在此背景下，А.Ф.施什金的《马克思主义伦理学原理》一书问世，本书被有些学者视为苏联伦理学诞生的标志。

苏联伦理学界较有影响的、以批判著称的学者班泽拉泽在1963年出版的《试论马克思主义伦理学的体系》中第三章"共产主义道德建设者法典"中，提出了具体的道德原则，即热爱劳动、爱国主义、社会主义人道主义、国际主义等，作者认为热爱劳动是首要的核心原则。

苏联学者М.Г.朱拉夫科夫（М.Г. Журавков）在1963年发表的《共产主义道德的主要原则》中指出，共产主义道德规范是最基本的道德规范，在共产主义道德规范中最首要的原则就是忠实于共产主义事业，对社会主义国家的爱。

苏联学者基谢列夫在1969年出版的《列宁和伦理学问题》一书中阐释了列宁的伦理思想，尤其是列宁的共产主义道德原则问题。作者认为，列宁对共产主义道德原则的阐释主要包括以下几个部分：首先，共产主义道德原则在形成和发展过程中都必须服从阶级斗争的原则，反映阶级利益；道德原则应该反映阶级原则并对阶级斗争起积极作用；阶级斗争使道德原则由阶级性向全人类性转变；道德会有意识地、积极地服从阶级斗争。除此之外，作者还对列宁关于共产主义基本道德原则进行了总结，即道德原则在社会主义条件下就是献身于社会主义，它的内容是：(1) 忠诚于社会主义革命事业；(2) 共产主义理想；(3) 纪律性；(4) 无产阶级的爱国主义、国际主义、集体主义和人道主义。[①]

1976年，А.И.季塔连科主编的《马克思主义伦理学》由苏联国家政治文献出版社出版发行，很快成为苏联教育部门指定的教科书。作者站在辩证唯物主义和历史唯物主义的立场上，对道德理想、价值、原则、品质等问题都进行了深入的探讨，也在当时的苏联国内和国际上产生了很大的反响，相继被翻译成英、中、阿拉伯等多个语种出版，此书于1980年和1986年在苏联国内再版。在这本书的第七章中，А.И.季塔连科在第七章里总结了共产主义的道德原则：(1) 社会主义的集体主义；(2) 共产主义的人道主义；(3) 对待劳动的认真态度和对个体创造性的完善；(4) 爱国主义和国际主义。[②]作者将共产主义道德当作伦理学和社会生活的主要任务突出出来，并要求把共产主义道德原则当作个人生活的意义和个性发挥的基础。

1985年，由伊万诺夫和阿普列夏主编的《马克思、恩格斯、列宁道德和道德教育》中的第三部分，"共产主义理想及其在社会现实生活中的体现"对共产主义道德原则和准则进行了揭示，具体分

---

① 武卉昕：《苏联马克思主义伦理学兴衰史》，人民出版社2011年版，第90页。

② 武卉昕：《苏联马克思主义伦理学兴衰史》，人民出版社2011年版，第121页。

为两个部分：一是无产阶级和社会主义的道德原则，如平等和民主、爱国主义、国际主义、人道主义等；二是对共产主义社会道德的预测。通过归纳经典作家的伦理思想，作者认为苏联伦理学的道德意向是指向现实的人道主义和共产主义的最高理想的。

通过对苏联伦理学家关于共产主义的解读，发现在苏联伦理学视域内的共产主义道德以马克思的共产主义理论为出发点，是整个苏联伦理学的最高原则，是一个丰富的、有层次的科学体系。在共产主义道德原则的体系中最基本的原则和规范是集体主义。

第二，集体主义。集体主义是共产主义最基本的、最主要的规范，是贯穿共产主义道德规范的一条主线，是处理个人与个人、个人与集体、个人与社会关系基本的行为准则和规范，它把集体利益、社会利益和人民利益放在第一位。当个人利益和集体利益发生矛盾时，集体主义要求自觉地牺牲个人利益而服从集体利益。这是集体主义的基本要求，同时也是由无产阶级的阶级地位决定的。无产阶级的阶级利益和广大人民群众以及全人类的利益具有一致性，集体主义原则是以无产阶级为核心的所有劳动者共有的利益的总和，这也是为什么集体利益是共产主义道德原则指导之下的最基本的和一般的道德规范的原因之所在。马克思主义伦理学视野中，集体主义原则是被当作政治原则确立起来的，是政治原则在道德原则中的具体体现。第二国际的马克思主义者拉法格在谈到集体主义的政治原则时指出："集体主义一词，最先在法国经济学家和空想社会主义者那里表现的是一种社会制度；这种社会制度的基础，是承包由国家垄断的工程的那些彼此独立和甚至彼此竞争的生产协作社，因而这实质上是推广到工人团体的资本主义个人主义……只有在共产主义的意义上来理解的集体主义，即把集体主义理解为共产主义的同义词，集体主义在政治上才是可以接受的。"①在整个道德规范体系中，集体主义原则是仅次于共产主义的道德规范，因而，集体利益必然是"以无产阶级为核心，由全体劳动人民组成的利益集团，在政治、经济、精神文化诸方面利益的总和；这种整体利益，在社会主义初级阶段，既与剥削阶级的虚幻的集体利益有本质区别，并在总价值目标上与共产主义的理想的集体利益保持一致"②。

总体上，苏联伦理学中的集体主义原则是马克思主义集体主义原则的贯彻，又是苏联社会历史现实的反映。集体主义原则在苏联伦理学的萌芽时期就开始起作用，只不过没有被明确系统提出来。尽管苏联伦理学的集体主义原则作为共产主义原则中的最基本的首要的规范，是在 20 世纪 50 年代被正式提出来的。但是，对于集体主义道德规范的叙述，还应围绕两个阶段展开，20 世纪 50 年代之前苏联伦理学的集体主义规范和 20 世纪 50 年代之后的集体主义原则。

20 世纪 50 年代之前，在苏联马克思主义伦理学形成过程中列宁等无产阶级革命家和理论家作出了卓越的贡献，其中列宁在《唯物主义与经验批判主义》《什么是人民之友》《国家与革命》等著作中，把马克思主义伦理学提升到了一个新的高度。列宁站在马克思主义辩证唯物主义和历史唯物主义的立场上，对道德的起源、本质、特点和社会功能等都进行了系统的分析，尤其揭示了集体主义的基本原则。列宁把集体主义既作为道德规范又作为政治原则贯彻到了苏联的社会建设中，首先提出了"人人为我，我为人人"的思想，后来在他的民族自决权理论、政党理论、社会主义经济建设思

---

① 罗国杰主编：《伦理学》，人民出版社 1989 年版，第 151 页。
② 罗国杰主编：《伦理学》，人民出版社 1989 年版，第 155 页。

想、共产主义道德教育、战时共产主义政策、合作社组织、党内民主集中制等思想中，都体现了集体主义的基本原则。尽管列宁没有明确将其定义为集体主义，但是却体现了集体主义原则的基本要义。

1923年，卢那察尔斯基在《小市民习气和个人主义》一文中，在对个人主义进行批判的基础上对集体主义原则进行了阐释，认为集体主义原则是无产阶级道德的基础。

1934年，斯大林也谈到过集体主义的原则，斯大林对集体主义进行了阐释，指出在社会主义道德建设中必须注重个人利益与集体利益之间的关系，强调"个人和集体之间、个人利益和集体利益之间没有而且也不应当有不可调和的对立"[①]。与此同时承认了个人利益的合法性。

20世纪30年代，苏联著名教育家马卡连柯提出了要重视集体的教育理论思想，并指出："我在自己从事苏维埃教育工作的16年中，把主要的力量都用在解决集体和集体机构的建立、解决权能的制度和责任的制度等问题上了。"[②]马卡连柯将集体主义视为教育的基础和目的，并强调集体利益高于个人利益的基本原则。

苏联领导人加里宁在谈到共产主义教育时，也对集体主义的重要性给予了充分的重视，他指出："在共产主义教育中，培养集体精神这点应当占很重要的地位。我在这里所指的，并不是集体主义的理论基础，而是要在生产中和生活上养成公共习惯，要造成一种条件，使集体精神能够在那里成为我们习惯和品行规范中不可分割的组成部分，要使这种行动不仅出于自觉，不仅经过深思熟虑，而

---

① 《斯大林全集》第14卷，人民出版社1955年版，第14页。
② 吴式颖等编：《马卡连柯教育文集》（上卷），人民教育出版社1985年版，第107页。

且还是不知不觉、自然而然的。"①

20世纪50年代初，由苏联科学院哲学所编写的《马克思-列宁伦理学专业教学大纲草案》，除了对共产主义道德原则进行了规定之外，也把集体主义作为共产主义道德最重要的原则提了出来。

最早把集体主义原则作为具体的道德规范的是 А.Ф. 施什金在《共产主义道德原理》中提出的。在作者看来，集体主义就是同志间互助，一人为大家，大家为一人。总结起来，集体主义道德规范或原则的基本要义是：社会利益是个人的主要利益，与此同时，社会利益也不能限制个人利益，而是应该使个人利益在更大程度上得到满足。最大限度地实现社会利益和个人利益有机结合，以达到使个人利益适应社会利益的目标。

1955年6月，在苏共中央召开的全体会议之后，苏联著名政治家 Г.М. 加克发表了题为《社会主义条件下公共利益和个人利益相结合》的文章，文中明确："个人服从于社会条件下的公共利益和社会利益的结合是社会主义社会的特点。"②

在《马克思主义伦理学原理》一书中，А.Ф. 施什金系统阐释了社会主义集体主义原则中的个人利益和社会利益的辩证关系，指出："社会主义绝对不压制合理的个人利益，而是力求使他们得到最充分的满足。不是忘记个人利益，而是把它们同社会利益正确地结合起来，使它们符合于社会利益。"③他强调，苏联不仅关注社会整体利益，还应该关注个人利益，应建立个人和社会之间共同利益的纽带，将二者结合起来。

---

① 于钦波、刘民：《外国德育思想史》，四川教育出版社2000年版，第475页。
② 武卉昕：《苏联马克思主义伦理学兴衰史》，人民出版社2011年版，第51页。
③ 〔苏〕А.И. 季塔连科主编：《马克思主义伦理学》，黄其才等译，中国人民大学出版社1984年版，第205页。

А.Ф.施什金在《马克思主义伦理学原理》中，通过强调个人和集体的关系深化了集体主义的基本原则。他把个人和集体的关系细化为以下四个方面："（1）个人和集体的相互关系及其态度；（2）个人和国家、人民的关系及其态度；（3）个人和劳动及社会成就的关系及其态度；（4）人与人的关系及其态度。"①

1958年，А.Ф.施什金在《共产主义建设和某些伦理学问题》中，将社会利益和个人利益相结合作为共产主义建设的一个重要问题进行了详细、单独阐释。

1961年，苏共二十二大把《共产主义建设者道德法典》写入党纲中，在阐释共产主义原则时，把集体主义当作共产主义的重要原则提了出来。

随着对集体主义原则研究的深入和苏联伦理学的日益完善，20世纪60年代，苏联集体主义道德规范研究还呈现出了一个显著的特点，即对"个人"的研究开始兴起，即强调个人和个性。这与苏共在新党章中体现的对人的幸福和人的全面发展的重视是分不开的。苏共新党章中确定了社会主义社会的基本准则，即"一切为了人，为了人的幸福"，并对"人是最重要的价值"这个理论提供了政策上的支持。基于此，苏联伦理学界在20世纪70年代展开了对个体道德的全面研究，并且着重突出了对于人的价值的研究。А.Ф.施什金等人为代表的学者从马克思人学理论出发，提出了人才是价值的中心。苏联伦理学此时视域中的人并不是自然和生物学意义上的人（человек），而是指有理性、有权利和义务、从事活动的有独立自由的人（личность），是与集体和群体相对应的个人或个体。因而我们说，苏联伦理学对于人的理解与马克思历史观中对于作为

---

① 武卉昕：《苏联马克思主义伦理学兴衰史》，人民出版社2011年版，第83页。

主体的人的理解是一致的，即不是抽象的人，而是从事实践活动的现实的人。

对个人的研究还体现在对个人利益和社会利益的研究上。20 世纪 50 年代，在集体主义原则基础之上的个人利益和社会利益的结合是个人与社会关系的核心问题，但是到了 60 年代，尤其是苏共二十二大之后，这个说法发生细微的变化，即对集体主义原则作了重新阐释，把结合阐释成了和谐统一。在 В.П. 图加林诺夫的《共产主义与个人，哲学问题》中，对这个变化进行了重新解读，他指出："它是普遍的、全人类的道德规范和共产主义道德的最高规范的统一……普遍的道德原则首先是对于日常行为基本的实践要求，如不打人、不偷盗、不撒谎等……普遍的道德原则还是'义务'、'良心'等道德范畴的抽象形式。"①

1976 年，А.И. 季塔连科在《马克思主义伦理学》中对集体主义原则也进行了解释，他认为，集体主义是共产主义道德的呈现，"为了理解集体主义的具体性质，就必须揭示作为集体利益基础的偏私性。社会总是实行对它有利的、符合于组成社会的各个个人的利益的那种集体主义形式"，集体主义"符合工人阶段及其同盟者的利益：没有战斗性的团结，他们就不能战胜资产阶级，而没有同志式的合作互助，他们就不能建立一个新的社会主义社会；集体主义对他们来说，是自我发展的必要形式"。②

综上，通过对苏联伦理学集体主义原则的整体概括，在集体主义原则的基础之上，苏联伦理学对个人利益给予了充分的尊重，尤其是对个性的强调，充分体现了苏联伦理学对马克思唯物史观的继

---

① 武卉昕：《苏联马克思主义伦理学兴衰史》，人民出版社 2011 年版，第 96 页。

② 〔苏〕А.И. 季塔连科主编：《马克思主义伦理学》，黄其才等译，中国人民大学出版社 1984 年版，第 205 页。

承以及对马克思主义人道主义的弘扬,社会主义(共产主义)人道主义构成了苏联伦理学的又一基本道德规范。

第三,社会主义(共产主义)人道主义。苏联伦理学从马克思主义的人道主义思想出发,即共产主义作为完成了的自然主义=人道主义,而作为完成了的人道主义=自然主义这一立场出发,结合苏联的实际,形成了具有苏联伦理学意蕴的社会主义(共产主义)人道主义的基本道德规范。这里有必要澄清一下,在苏联的哲学文献中,"马克思主义人道主义""革命的人道主义""无产阶级的人道主义""社会主义人道主义""共产主义人道主义"这几个术语一般不作严格区分,常常交互使用。共产主义人道主义的主要含义是:(1)马克思在《1844年经济学哲学手稿》中的"共产主义则是以扬弃私有财产作为自己中介的人道主义"这一著名论断是共产主义人道主义的理论依据。(2)共产主义人道主义是在批判和否定资产阶级人道主义的历史局限性的过程中形成的,它是人道主义道德准则和人们之间的人道主义关系的最高形式。(3)共产主义人道主义是具有普遍性的、有积极作用的、真正的人道主义。它要求对任何人都要尊重、积极帮助、热爱;它不仅承认人的生存权,而且也承认合格地做一个人的生存权;它不是空话和善良的愿望,它在人们的实际的相互关系中建立真正的平等关系,并确实成为人人都应遵守的道德要求。①

苏联伦理学界人道主义思想的提出经历了一个从拒斥人道主义到全面承认人道主义的思想转变历程,这与苏联社会发展的综合因素有关系。

20世纪20年代,人道主义思想在苏联被当作资本主义的道德原则遭到批判,20世纪30年代,苏联伦理学界对人道主义的阐释

---

① 金可溪:《苏俄伦理道德观演变》,中国文史出版社1997年版,第114页。

发生了变化，马卡连柯在《论共产主义道德》中把人道主义定义成"我们的人道主义"，继而谈到共产主义新人是能够在"我们的人道主义"精神的影响下尊重不同民族的人。20世纪40年代，加里宁把培养青年的人道主义情感作为共产主义教育的一项重要内容提出来。此时，虽然人道主义在苏联伦理学界已经萌芽，但是并没有作为道德原则或规范提出来。20世纪50年代，人道主义作为道德原则或规范被正式提出来了。

苏联伦理学对人道主义问题研究的变化其原因可以归结为以下三个方面：

第一，苏共二十大之后对斯大林的全盘否定导致的非斯大林化。斯大林主义一夜之间变成了恐怖、暴力、强权和不人道的代名词，是人道主义的灾难，应该接受道德上的谴责。在对斯大林主义进行全盘否定的基础之上，苏联学者强调要尊重人，因为人才是社会历史的主体和创造者。

第二，人的自我意识的增强。随着苏联人民生活水平的提高，社会内部矛盾得到缓解，人的认知水平不断提升，人的自我意识逐渐增强，尤其是苏联的共产主义道德原则和道德教育中提出的培养共产主义新人和发展人的个性的要求，科学技术的进步发展等综合方面的原因都使人的主体性和创造性得到了充分的证明，因而，反映在伦理学中就是对个体道德的人道主义关注。

第三，主观的价值导向。在苏联伦理学的人道主义原则发展的过程中，苏联学者的主观价值导向起到了很大的作用。而这个主观价值导向的起点就是对1957年末法国学者罗杰·加罗蒂出版的《马克思主义的人道主义》的介绍和反思。

首先是在1958年的《哲学问题》杂志上刊登了这本书的书评。书评刊登之后产生了很大的反响，之后在很多论文和著作当中都被提及。这是因为，在很多苏联学者看来，罗杰·加罗蒂在书中所阐释的很多重要问题都涵盖了许多马克思主义的现实问题，其中包括对人性的尊重、对人的幸福和自由的追寻，都体现着人道主义的内蕴。尤其是在书评中，苏联学者认为，尽管在这本书中，罗杰·加罗蒂提出的人道主义思想是有阶级性的，但是他对阶级性的阐释是和全人类性辩证统一的。在此之前的俄罗斯伦理学界，只承认道德规范的阶级性，而否认道德原则的全人类性。正是由于这本书的出现，苏联学者认可并突出了道德规范的全人类性，并以此为价值导向，对马克思主义伦理学中的人道主义思想进行了系统的论述，使苏联马克思主义伦理学开始呈现出了人道主义化的特征。

А.Ф.施什金在《共产主义道德原理》中，第一次明确提出社会主义人道主义概念并对其进行了界定，指出，社会主义人道主义是共产主义道德最重要的道德规范之一。А.Ф.施什金对社会主义人道主义问题的阐释是在对资本主义人道主义批判的基础之上展开的。他根据马克思在《资本论》中对人道主义的阐释，将资本主义的人道主义定义为虚假的人道主义，并指出，无产阶级反对剥削阶级的集体斗争是社会主义人道主义产生的根源。进而，А.Ф.施什金阐释了社会主义人道主义的基本特征，主要包括以下三个方面："第一，社会主义人道主义是具有现实性的人道主义。它的现实目的是'为了全社会摆脱资本的压迫，摆脱战争对各族人的奴役，为建立人们和各民族间的全世界友好关系而斗争的人道主义'。第二，社会主义人道主义是劳动者的人道主义，'是为全社会的幸福、最充分地满足每个人的物质和文化生活的需要而劳动的社会主义社会劳动者的人道主义'。第三，社会主义人道主义是反对压迫者和剥削者的人道主义。"①А.Ф.施什金特别强调指出,社会主义人道主义作为共产主义最基本的道德原则和道德规范,其主旨是对人的关怀、尊重人、满足人们日益增长的物质和文化需要。

从А.Ф.施什金提出人道主义作为共产主义道德的基本原则之后,苏联伦理学界全面开启了人道主义的研究,人道主义迅速成为当时苏联马克思主义研究的焦点问题。1961年写入党纲的《共产主义道德法典》中,已经明确地把人道主义作为苏联人行为的道德规范或准则以及实现共产主义的手段提了出来。苏共二十二大之后,苏联学界明确了人道主义的内容:"为社会的幸福创造性地劳动、保护和增加社会财富;不以暴力和强迫、不以政治和经济手段促进人的社会义务的完成;让集体主义、互相帮助和人与人之间人道关系走入日常生活。"②

1965年,А.Ф.施什金在《人的最高价值》一文中,通过对马克思、恩格斯在《黑格尔法哲学批判》《德意志意识形态》《资本论》《反杜林论》中的有关伦理道德观点的分析,指出了马克思、恩格斯在人道主义上的基本观点和立场,即第一,人的最终目的并不是异化;第二,社会主义将是对人的异化的最终消除。

然而,整个20世纪60年代,对于马克思主义伦理学的人道主义原则进行专门研究的文献并不多,只是初步确立了伦理学研究的人道主义思路和倾向,并且以马克思对人的异化问题的批判为角度开始对人和人的价值问题进行研究,试图从中找出人道主义原则的理论基础和依据。随着反斯大林个人崇拜的逐渐开展和深入以及苏联学界对人的问题研究的全面开展,20世纪70年代之后,苏联伦

---

① 武卉昕:《苏联马克思主义伦理学兴衰史》,人民出版社2011年版,第50页。

② М. Г. Журавков: Важнейший принцип коммунистической морали / Вопросы философии, 1963, №5, С.9.

理学界全面开展了对人道主义的研究，开始全面用人道主义来解释马克思主义。在苏联伦理学界有一个基本的观点，即社会主义人道主义具有客观性、历史性和现实性的特点。

1976年，А.И.季塔连科在《马克思主义伦理学》中把人道主义当作共产主义的道德原则呈现出来，他说："从历史上说，人道主义是具体的。每一个时代都在人道主义中加入了它自己的内容"，"社会主义和人道主义是有内在联系的"。①

1977年，立陶宛出版的《伦理学和人道主义》是当时比较有影响的探讨人道主义的文集。在这本著作中，学者们基于对人的道德本质问题的界定，把人道主义作为伦理学研究的一个单独的研究领域提了出来。在立陶宛学者看来，人是道德的个体，对于道德责任和自由来说，人是具有主体地位的，并且是体现道德进步和道德价值的核心。同时他们也注意到了人道主义的现实性，并强调指出，人道主义并不是对马克思主义理论的补充，而是建立在马克思主义理论对于人的问题的阐释基础之上的有益补充，马克思主义的人道主义是为人道主义创造现实条件的客观实践活动和寻求建构和谐社会方法的科学理论的结合。

波兰伦理学家Г.М.弗利茨汉德分别于1976年和1978年出版了两部比较有影响的伦理学著作，即《马克思主义、人道主义、道德》和《青年马克思的伦理思想》。《马克思主义、人道主义、道德》通过分析青年马克思在博士论文、《莱茵报》《1844年经济学哲学手稿》等著作中的对黑格尔的批判，以及马克思在此基础上提出的关于异化劳动、人的本质、人的需要和人的解放等问题，明确提出，人道主义、社会主义是马克思主义世界观中非常重要的组成部

---

① 〔苏〕А.И.季塔连科主编：《马克思主义伦理学》，黄其才等译，中国人民大学出版社1984年版，第210、213页。

分，是社会主义人道主义的伦理学。在《青年马克思的伦理思想》中，Γ.M. 弗利茨汉德指出："马克思主义的规范伦理学和共产主义道德是与全部的马克思主义的社会理论同步形成的，而不是在先见的或社会实用主义的基础上建立起来的，这一点无论是对于理解整个马克思主义发展的历史，还是深入地领会马克思对道德问题的见解都具有原则性意义。"①综上可以看出，Γ.M. 弗利茨汉德关于人的本质、人性的分析都是着眼于马克思主义人道主义意蕴的。

通过以上分析，不难发现，从苏联伦理学提出的社会主义（共产主义）人道主义这个基本的道德原则之后，学者们都在强调社会主义（共产主义）人道主义的现实性问题，但是也就是在 20 世纪 70 年代关于这个问题的讨论中也埋下了将社会主义（共产主义）人道主义抽象化的种子。这颗种子在 20 世纪 80 年代生根发芽。

1985 年以前，苏联伦理学界围绕马克思主义人道主义展开了很多讨论，讨论的问题主要集中在人道主义是什么；人的自我实现以及如何自我实现；人道主义是资产阶级的还是马克思主义的；人道主义的本质是什么，等等。围绕这些问题，他们得出了一致的结论："马克思本人的人道主义在于，它在创造了历史唯物主义和辩证唯物主义、马克思主义的政治经济学和科学社会主义以及完整的世界观的同时，更不同寻常地拓宽了人类认识的视野和领域。"②

1985 年，戈尔巴乔夫开始推行新思维改革，新思维改革强调"全人类的利益高于一切的价值观"，这个价值观本质上直接打破了马克思所强调的关于人的阶级性的论断，并且这种价值观在苏联迅速地成为基本的政治信仰、文化认识和创造的基本理念、国际关系

---

① 武卉昕：《苏联马克思主义伦理学兴衰史》，人民出版社 2011 年版，第 155 页。
② 武卉昕：《苏联马克思主义伦理学兴衰史》，人民出版社 2011 年版，第 206—207 页。

的基本准则,同时也成了道德的根本准则。因此,导致的直接后果就是道德的阶级本质被完全抹杀,不同阶级立场的人的利益差别被淹没,取而代之的是上升为最高利益的、模糊不清的抽象的全人类利益。在道德领域,抽象的人道主义原则也成为最高的道德原则。这不仅改变了马克思主义在苏联的命运,马克思主义伦理学中的核心价值也开始逐渐被西方的伦理道德观和价值体系所取代。

此时,对于社会主义(共产主义)人道主义问题的研究,有影响的人物是 И.Т. 弗罗洛夫和 А.А. 古谢伊诺夫。

И.Т. 弗罗洛夫是 20 世纪八九十年代苏俄最有影响力的伦理学家、哲学家。他对于苏联马克思主义哲学的转向和马克思主义伦理学的变化都产生了非常大的影响,尤其是对人道主义从具体向抽象的转化。我们可以把他对于人道主义的阐释归结为以下两个方面:

首先,他从马克思的"人是一切社会关系的总和"这个立场出发,指出社会主义的本质就是人道主义,认为马克思主义的人道主义是普遍意义上的人道主义。但是 И.Т. 弗罗洛夫这里所强调的人并不是马克思所理解的作为社会历史主体的、具体的、活生生的、现实的人,而是社会关系的人性,这样一来,他对于人和人道主义的理解便和马克思主义伦理学之前对于人道主义的理解产生了分歧,开始走向了抽象化。

其次,将人道主义和科学相结合。早在 20 世纪 70 年代,И.Т. 弗罗洛夫就指出,全球性问题是人的生存和发展的中心,此时他就开始用人道主义来解释由全球化问题引起的伦理学上的回响。众所周知,科学和技术的紧密结合,为全人类创造了巨大的社会财富,增强了人的自我意识和创造力,但是同时也引发了一系列的社会问题,诸如生态危机、资源危机、核危机、战争等,科学技术依然朝着异化的方向发展,科学技术的发展对伦理道德上的需求更加迫切。在这样的背景下,苏联伦理学家也开始反思这个问题,他们一致认为,要想克服全球性问题就必须从人道主义出发去看待以往的一切。И.Т. 弗罗洛夫就是其中之一。他强调指出:"有关人类生存和人类认识的社会伦理和人道主义问题,这些问题被统一在'科学伦理学'这样一个普遍的命题之中。"①在这里,作者一再强调科学研究的道德伦理和人道主义维度,并且认为,对于解决全球化问题而言,必须将人道主义和科学结合起来。

可见,И.Т. 弗罗洛夫尽管对于苏联马克思主义伦理学的发展提出了很多新的观点和见解,也提出了一些诸如如何解决全球化过程中带来的失范等现实问题,但是他也在很大程度上偏离了苏联马克思主义伦理学的轨道,走向了抽象化的道路。

除了 И.Т. 弗罗洛夫,А.А. 古谢伊诺夫是又一位在当时比较有影响的学者。受新思维的影响,他同 И.Т. 弗罗洛夫一样主张道德的全人类性,并在专著《道德的社会本质》和参编的《马克思主义伦理学》中表现出了对于人道主义问题的重视。

在这两本书中,А.А. 古谢伊诺夫都对资产阶级抽象的人道主义进行了批判,强调指出,社会主义(共产主义)的人道主义是现实的和具体的人道主义。但是到了新思维改革之后,他用超阶级的人性取代了现实的、活生生的个人,并且将其放到了至高无上的地位。在他看来,人性是俄罗斯思想的最高体现。А.А. 古谢伊诺夫的这种做法无异于使人道主义开始失去了阶级性、民族性和社会性,从具体走向了抽象。1990 年,苏联社会科学院哲学所和《哲学问题》杂志共同主办了以"改革和道德"为题的"圆桌会议"。这次会议标志着马克思主义意识形态在苏联的终结,同时更意味着苏联

---

① 〔苏〕И.Т. 弗罗洛夫、〔苏〕П.У. 尤金:《科学伦理学》,齐戒译,辽宁大学出版社 1988 年版,第 1 页。

马克思主义伦理学的终结。A.A.古谢伊诺夫在这次大会的报告中完全否认了历史唯物主义的立场，并在此基础上对整个苏联的伦理学进行了全盘的否定，再一次重申了全人类价值的优先性。他指出："社会主义的人道主义化、苏联社会的道德复兴、全人类价值在世界政治体系中优先权的确立，是比具体的任务和计划更有意义的激情、号召和期望。"①A.A.古谢伊诺夫明确指出，没有抽象的人道主义就不会有具体的人道主义的存在，抽象的人道主义在道德评价的形式上也是有具体性的，抽象的人道主义的标准并不是普通的理论上的构建，而是对全社会乃至整个人类的启示，是形成自由的重要的阶梯。他把抽象的人道主义视为解决全部社会问题的最高的道德标准和绝对命令，并强调道德应从现实生活中解放出来，并独立于现实生活而不受现实生活的限制，反过来指导现实生活。A.A.古谢伊诺夫这样的做法无异于将道德当作全部社会文化的根基，而抽象的人道主义则成了金字塔内的最顶端，一切的社会改革都被赋予了道德的使命。所以，在此意义上，我们认为A.A.古谢伊诺夫的这些阐释不仅是对苏联马克思主义伦理学的背离，更是对整个马克思主义的背离，也正是这种不顾社会历史现实的抽象人道主义的出现使人道主义开始走向极致和极端化。

第四，爱国主义。苏联有悠久的爱国主义传统，爱国主义作为道德规范，和国际主义是统一的，都体现的是最大的集体主义的原则。所谓国际主义就是指以集体主义为基本准则处理全世界无产阶级的关系，并号召一切都应服从于全世界无产阶级革命和人类解放事业的全局。爱国主义也是以集体主义原则为基础，正确处理个人与国家的关系，始终把国家利益放在首位，积极地投身于保卫祖国

---

① 武卉昕：《苏联马克思主义伦理学兴衰史》，人民出版社2011年版，第191页。

和建设社会主义的行列中，为振兴、繁荣祖国贡献自己的力量，自觉不自觉地坚决同一切有损国家和民族以及人民利益的行为作斗争。无产阶级国际主义和爱国主义是统一的，即我们在爱自己祖国的同时，又要积极参与世界无产阶级的革命事业。建设好祖国就是对无产阶级事业最大的贡献，脱离爱国主义的国际主义是抽象的，脱离国际主义的爱国主义是狭隘的。

在苏联伦理学家看来，共产主义道德规范之所以是最高的道德规范的原则，主要原因在于它冲破了小生产者和剥削阶级的利己主义观念，在处处体现集体主义原则的同时，也体现着爱国主义的情结。这是因为，在他们看来，爱国主义就是无产阶级以整个民族的解放为出发点，并把本民族的解放和全世界无产阶级和被压迫被剥削人民的解放结合起来。并且，在苏联爱国主义并不单纯地是道德规范，它更是一种和苏联社会生产建设密切相关的政治指令或政治原则。整个苏联时期的爱国主义我们可以概括为以下几个方面：维护国家安全、热爱社会主义、维护党和国家的政策方针、拥护党和祖国的历史。

苏联共产党高度重视爱国主义原则对于个人行为的引导以及在社会历史现实中的作用，所以苏联的爱国主义教育一刻都没有放松过。十月革命胜利后，尤其是苏维埃政权建立之后，面对国内反革命势力的威胁和国外帝国主义的武装干涉、经济封锁、反苏反共宣传，列宁明确提出了爱国主义的首要任务即"提高群众的政治觉悟"。在列宁看来，爱国主义就是"由于千百年来各自的祖国彼此隔离而形成的一种极其深厚的感情"[1]，爱国主义的目的是"培养真正的共产主义者，使他们有本领战胜谎言和偏见，能够帮助劳动群众战胜旧秩序，建设一个没有资本家、没有剥削者、没有地主的

---

[1]《列宁全集》第35卷，人民出版社2017年版，第187页。

国家"①。列宁认为，无产阶级爱国主义是与社会利益以及国际主义有机统一的，都是爱国情感与爱国理性、原则坚定性与策略灵活性的有机统一。列宁的爱国主义思想在一定意义上影响了整个苏联伦理学界对于爱国主义的阐释。

斯大林继续把爱国主义当作马克思主义理论中最重要的组成部分加以重视，认为苏联的爱国主义就是以马克思主义和列宁主义为前提；以当时苏共中央的各项决议以及国家的发展任务为指导，维护党的团结；以最终实现共产主义为目标。尤其是在苏联卫国战争期间，在爱国主义传统的召唤下，苏联学生纷纷放下书本奔赴前线，击溃了德军，获得了卫国战争的胜利。苏联人用生命和鲜血谱写了爱国主义和国际主义可歌可泣的篇章。

以斯大林为代表的苏联共产党员还提出："教育群众……关心国家利益，对敌人不妥协……国家、党、人民的利益就是每个苏维埃人的切身利益。对每个人说来，在国家、社会事业中没有而且也不可能有什么局外的、'无关'的东西，因此他应该严格地去消除缺点。一个热爱祖国的真正爱国者、一个苏维埃人是为了祖国的利益而生存的。为自己祖国，为祖国的光荣、荣誉、强盛而感到自豪，这是每个苏维埃人所具有的情感。"②强调苏联人民要"对自己的社会主义祖国和共产党的忠诚，愿把一切力量，必要时，愿把生命献给可爱的祖国"③。

赫鲁晓夫时期，苏联的爱国主义受到了当时盛行的批判个人崇拜和历史虚无主义思潮的影响，爱国主义的重点变成了对人的责任

---

① 《列宁全集》第39卷，人民出版社2017年版，第446页。

② 〔苏〕B.A.依万诺夫：《竭力提高革命警惕性是苏联人民最重要的义务》，华锋译，法律出版社1955年版，第29页。

③ 〔苏〕雅赫拉科夫：《警惕性是苏联人民久经考验的武器》，任知方译，中国青年出版社1955年版，第34页。

感和责任心的强调。他认为爱国主义是要提高人的自觉性，让人自觉地生成对社会主义祖国强烈的爱。但是同斯大林时期灌输的方式不同，赫鲁晓夫强调要通过改善人民的实际生活来激发人们的责任感和爱国主义热情。

到了勃列日涅夫时期，是苏联由兴盛转向衰落的转折点。各种社会矛盾开始逐渐聚积，因而，此时苏联社会的爱国主义道德规范的目的是以改变现状为目的的。在当时苏共中央颁布的《苏联和各加盟共和国国民教育立法纲要》中明确指出：要"培养大学生……国际主义和苏联爱国主义精神，有保卫社会主义祖国的决心"，要"培养苏维埃人的科学世界观，无限忠于党的事业和共产主义理想，热爱社会主义祖国和无产阶级国际主义的思想"。[①]

戈尔巴乔夫时期，爱国主义是和新思维改革联系在一起的，当时的爱国主义要求积极支持改革、配合改革、倡导改革。

苏联爱国主义道德规范的推行，除了政策上的指令之外，还有一些学理上的讨论及其成果问世。如古巴诺夫的《苏维埃爱国主义是为共产主义而斗争的伟大力量》、苏霍姆林斯基的《培养学生的爱国主义精神》、凯洛夫的《苏联的爱国主义教育及其经验》等。

三、后苏联时代道德规范体系嬗变与重建

1991年苏联解体，有很多学者认为苏联的解体是西方意识形态和平演变的结果，但是笔者认为，这只是外在的原因。内在的原因在于苏联国内意识形态混乱，具体说来就是逐渐背离了马克思主义意识形态，苏联时期的道德规范和道德原则失效。当然，这种情况的出现并非偶然，而是自苏联人道主义抽象化出现之后逐渐累积导致的结果。所以我们可以判断，苏联解体是从主流意识形态丧失阵

---

① Учительская газета, 1973.07.21.

地、苏联伦理学逐渐衰落导致的思想意识混乱和道德沦丧。

苏联解体后不久，美籍波兰裔学者布热津斯基就明确指出，苏联社会伦理道德沦丧，"使既作为一种制度，又作为一种学说的共产主义，发生突如其来的和令人惊异的和平方式的向心聚爆"，从而"最终敲响了共产主义的历史性丧钟"[①]。戈尔巴乔夫在《改革与新思维》以及苏共二十八大的《走向人道的、民主的社会主义》纲领中谈到这个问题时指出，苏联社会在思想道德和价值上的磨损，使苏联在政治上失去了道德根基，久而久之，人民对政治开始逐渐丧失信心。在这样的社会历史背景下，苏联一度出现了道德真空的情境。道德领域放任自流，更谈不上道德建设和教育。俄罗斯共产党提出的公民道德建设方案也均遭到否定。这是因为，苏联解体后，很多人开始反对任何机构、任何组织进行有计划的道德建设。在长时间的反苏宣传的影响下，社会制度和斯大林的声誉遭到了极大的败坏。国家干预道德建设被视为斯大林式的思想领域专制。因而当时的俄罗斯宪法已经明确规定主张意识形态的多元化，并且明确指明，任何思想体系都不能作为国家的或每一个公民都必须接受的意识形态被确立起来。除此之外，出现了包括马克思主义、民族主义、宗教势力、自由主义等各种思想力量互相疯狂角逐的情况。面对这种混乱的情况，处于政治真空状态下的俄罗斯根本无法控制。道德上的混乱和政治上的真空导致俄罗斯在经济领域中的建设也遭到了严重的破坏，这种情况持续了将近十年。

普京从 2000 年上台执政后，开始大力加强中央政府行政地位和作用，俄罗斯的政治局面出现了迅速稳定的状态，经济上也出现了好转的势头。在道德规范领域的建设也出现了利好的情况，开始

---

① 〔美〕布热津斯基：《大失控与大混乱》，潘嘉玢、刘瑞祥译，中国社会科学出版社 1994 年版，第 68 页。

从混乱逐渐向有序发展，俄罗斯经历了一个从道德真空、道德混乱到道德复归的过程。基于此，我们把后苏联时代的道德规范或原则建设概括为以下几个方面。从论述中我们也能深刻体会到从苏联时代到后苏联时代伦理道德规范演变的轨迹。

（一）人道主义从极致走向回落

前文提及，苏联伦理学界从20世纪60年代开始全面提倡人道主义化到20世纪70年代人道主义开始奏响抽象化之后，人道主义的原则，尤其是标榜全人类价值的抽象的人道主义原则一直在苏联社会发挥很大的作用。直到苏联解体之后，社会经济制度由公有制转变为私有制，与此同时，人们逐渐意识到，抽象的人道主义所宣扬的自由、公正、权利等并没有实现，甚至跟人们所期望的大相径庭。人道主义的极致化的后果就是导致整个俄罗斯社会群体精英价值的失落，并且这种情况在道德无序的情况下逐渐蔓延。改革者们逐渐意识到，极端的人道主义无法给人带来真正的自由，也无法给人们提供面包，因而，民众对自由主义价值的认可程度也锐减。有数据表明，从1990年到2005年，人们对代表自由主义价值观的私有制的认可程度从70%下降到了43%，对私有制能帮助俄罗斯克服经济危机和道德危机的认可从31%下降到了19%。这种情况反映在伦理学研究层面则表现为人道主义问题研究开始降温。尽管在当时，人们对于个体自由的认知仍然表现为与集体自由的对立，但是却形成了一种新的认知，即"自由价值并不是绝对的，而是相对的；或好或坏都不取决于自身，而取决于其促进生产效率的现实性和对于人们现实需求的满足"[①]。与之相关的全人类价值也开始遇冷，与道德全人类相关的学术成果越来越少，媒体的宣传关注也越

[①] 武卉昕：《苏联马克思主义伦理学兴衰史》，人民出版社2011年版，第220页。

来越少,道德领域的研究开始转向现实化。全人类价值遇冷还有另外一个原因,就是俄罗斯"主权民主"治国政策的推行。"主权民主"的核心是强调俄罗斯要按照自己的方式走出自己独特的道路,即强调俄罗斯的政治政策是有别于西方的自由主义民主和全民民主的,更不同于苏联时代的社会主义民主,"主权民主"既是对俄罗斯自苏联解体以来政治激进政策的修正,同时也是政治意识形态的重建。在主权民主的背景之下,尽管俄罗斯人还在使用全人类价值这个道德概念,但是含义却发生了根本性的转变,从那种超越国家、阶级的普遍的对于自由人性的追求转变为专门针对俄罗斯人的一种道德价值规范,即强调全人类价值就是俄罗斯全体公民的利益和价值,其中包括教育、民主权利、公民健康、职业权利保障、个体自由和谐、对社会低收入阶层的关心,等等。

(二) 集体主体回潮

除了人道主义的内涵发生的重大改变之外,后苏联时代伦理道德观最大的变化就是集体主义的道德规范开始回潮。

集体主义作为俄罗斯特有的民族精神,随着苏联马克思主义伦理学的命运一波三折,经历了一段被排挤和起伏不定的阶段。20世纪90年代,随着苏联的解体,社会主义制度在苏联终结,包括共产主义、集体主义等道德规范逐渐被个人主义所取代,集体主义一度成了政治上高度集权的象征,因而,在很长的时间内,集体主义失去了生存的空间。到了2008年,情况发生了明显的转变。

关于后苏俄时期集体主义出现回潮的原因,我们可以总结为以下几点:

第一,历史文化传统的继承。俄罗斯的集体主义是俄罗斯特有的社会历史环境的产物。俄罗斯有辽阔的疆土、广袤的森林、严寒的气候,这些自然因素共同作用的结果就是人口稀少,因而,为了应对恶劣的自然环境带来的挑战，俄罗斯形成了特有的生产共同体——农村公社。农村公社最显著的特征就是土地公有、合作劳动和集中生产，在产品分配制度上实行私有制。这就在俄罗斯形成了唾弃个人主义推崇集体主义的传统，因而，集体主义也就成了内化于俄罗斯人内心深处的一种文化模式和维系俄罗斯民族稳定的文化根基。这也是为什么进入苏联时代俄罗斯的集体主义能与马克思主义以实现人的全面发展的自由人联合体——共产主义思想契合的原因。所以它自然而然成了共产主义道德的首要的原则和规范。但是苏联解体前后，尽管苏联道德失落和混乱、个人主义盛行，但是事实证明，集体主义并没有完全消失，而变成了一种隐性的存在继续起作用。在2008年由荷兰文化学家格尔达·霍夫斯捷达在全球范围内所做的一项针对个人主义认同感的调查结果显示，仅有23%的俄罗斯人对于个人主义表示认同。因而，我们可以看出，当时的俄罗斯人还是有明显的集体主义倾向的，集体主义原则在俄罗斯人的思想中依然占有优势。

第二，价值重估。集体主义作为苏联伦理体系中最基本的道德规范，在苏联时期发挥了至关重要的作用，然而，后苏联时代逐渐被当成了专制体制代名词而被抛弃。但是抛弃并不意味不需要。苏联解体之后，俄罗斯越来越意识到，要想使各项事业走向正轨，就必须对之前一段时间的道德混乱状态和无序状态进行反思，重估价值观念体系。因而，在这样的背景下，俄罗斯开始重新评估苏联的历史，重新评估斯大林主义和苏共二十大，官方的道德教育开始恢复，爱国主义教育也开始重新被倡导，而集体主义几乎是曾经贯穿在其中的一条内在轨迹，因而，这种价值重估的结果就是集体主义开始回潮。

第三，价值危机背后的重建。苏联解体后，个人主义盛行，但是个人主义并没有为俄罗斯人带来所期待的结果，道德秩序混乱，人民生活水平下降，经济发展停滞，政治意识形态真空。面对这种生存境遇，俄罗斯人格外要求在价值观念体系上进行重建，以摆脱自由主义和个人主义带来的信任危机，并且达到重建社会秩序、改善人民生活的目的。2007年的金融危机之后，俄罗斯也受到影响和重创，面对金融危机，俄罗斯人迫切需要一种共同精神能够引领俄罗斯共同度过这个危机，集体主义的地位和作用就自然开始凸显出来。一项调查研究显示："个人主义和集体主义之间存在着平衡，在稳固的情况下，个人的作用发挥得较多，而在利他主义指导下，集体主义更能战胜危机。"①有俄罗斯学者直接指出，只有集体主义能够帮助俄罗斯战胜危机。

综上，多种因素的综合，使俄罗斯的集体主义开始出现了回潮的情况。后苏联时代的集体主义回潮主要突出表现在以下几个方面。

首先，俄罗斯学者开始重新把集体主义当作主要的学术问题进行研究。从2008年起，随着学者们对集体主义问题研究的深入，俄罗斯学界发表了数量可观的相关研究论著。2009年2月，俄罗斯举行了以"道德、爱国主义、文明和不文明"为主题的圆桌学术会议，与会学者都提倡要在俄罗斯重建集体主义和爱国主义的道德规范。

与此同时，苏联著名马克思主义伦理学家马卡连柯、苏霍姆林斯基等人的有关集体主义的文献被引用的次数逐渐提升，著名历史学家埃利·哈列维在《论俄罗斯集体主义的本质》中指出，"集体主义是人类行为和社会生活的厚则，是个人利益对集体利益的服

---

① 武卉昕：《苏联马克思主义伦理学兴衰史》，人民出版社2011年版，第236—237页。

从"①。并且，集体主义道德规范重新作为伦理学的基本范畴在大学课堂上被加以介绍。

其次，开始重塑集体主义的价值导向。集体主义在苏联时期一直都是核心的价值观念，它内化于主流意识形态之中，在很长的时间之内都对俄罗斯社会建设、稳定和发展起到了非常重要的作用，例如卫国战争的胜利，建设社会主义强大国家的实践，形成良好的道德风尚等，所以集体主义原则才会在1961年写进《共产主义道德法典》。在苏联解体后，尤其是2008年后，俄罗斯开始有意识地重建意识形态，苏联史、苏联模式、斯大林主义等都被重新评估，包括《联共（布）党史简明教程》重新再版等，都说明俄罗斯人开始重塑意识形态，其中包括集体主义，这可以在《俄罗斯联邦2006—2010爱国主义教育纲要》中找到依据。因而，集体主义是后苏联时代重塑意识形态和主流价值观的内在价值要求。

再次，集体主义教育重返学校。从2004年开始，俄罗斯从幼儿园到中小学到大专院校都积极开展集体主义宣传和教育，培养学生的集体主义情感。2004年出版的《当代学校中的道德教育工作：从集体主义到相互协作》已经成了中小学教师的教学参考书，乃至师范类院校学生的教材，同时很多大城市的学校都积极把爱国主义当作教学任务写进学生的培养计划中。除此之外，集体主义和毅力、目的性等被公认是学生应该具备的最好的人格特征。俄罗斯的很多学校还开设了一门"社会知识"课，在这门课程中，集体主义被当作俄罗斯特有的文化传统和道德规范加以阐释，等等。

最后，媒体大力宣传集体主义道德教育。包括《真理报》《共青团真理报》等很多纸质媒体和俄罗斯之声、自由电台电视网络媒

---

① 武卉昕：《苏联马克思主义伦理学兴衰史》，人民出版社2011年版，第231—232页。

体等都开始大力宣传集体主义原则,并一直强调集体主义的优势地位和重要性。俄罗斯的很多电视台都进行了多次有关集体主义的电视访谈节目。官方公开把集体主义当作最崇高的精神和俄罗斯最优秀的民族文化传统来宣传。俄罗斯共产党主席曾明确发言指出:"强大的国家、社会平等和集体主义是俄罗斯民族思想的本质。"①在俄罗斯的很多网络搜索引擎上,集体主义都是热搜的主要话题,相对于个人主义,集体主义出现的频率在逐渐上升。

(三)爱国主义重奏凯歌

1991年,苏联解体之后,随着马克思主义主流意识形态的退场,与之相关的所有主流价值观都遭到了怀疑和破坏,爱国主义以及与之相关的责任、公民奉献精神等都被遗弃,与爱国主义相关的词语"公民的职责""义务""祖国"等都很少被提及,甚至被遗忘。尤其是很多年轻人对社会事务不关心,对爱国主义的认识模糊,整个公民的道德从基础开始动摇。1995年,一项社会调查结果显示,只有17%的人希望恢复正当宣传中的"爱国主义"字眼。这些问题反映在很多社会现象上,例如青年人崇尚颓废的、花天酒地的生活方式,酗酒和不健康的生活方式越来越主宰人的生活,青少年的犯罪率开始上升。有数据表明,2004年至2006年俄罗斯境内共发生的犯罪行为分别为289万起、355万起、195万起。②很多年轻人推崇西方的文化价值观,对于俄罗斯的历史、哲学表现得漠不关心,甚至出现了蔑视本国历史文化传统的现象,对国家的认同感减弱。除此之外,自杀率和暴力行为明显上升,金钱至上的原则、历史虚无主义、实用主义开始盛行。更为严重的是在这些负面社会

---

① 武卉昕:《苏联马克思主义伦理学兴衰史》,人民出版社2011年版,第230页。

② 来源于网站 http://www.mvdinform.ru。

价值观的影响下，俄罗斯的国家安全面临着前所未有的考验：征兵工作推行艰难，更多的年轻人（82%）注重个人发展而非保卫祖国。由于军中爱国主义教育缺失，所以军人的威望降低。

面对这种情况，重塑爱国主义道德规范显得尤为迫切。早在1998年，俄罗斯政府就对俄罗斯公民的爱国主义教育方案提出过相关意见。2000年，普京当选为俄罗斯总统，他在《千年之交的俄罗斯》演讲中提出新俄罗斯思想。这个新俄罗斯思想以"爱国主义""国家作用""强国意识"和"社会团结"为基本内涵，掀起了俄罗斯爱国主义教育的新篇章。在普京看来，爱国主义教育是公民道德教育的核心，抛弃了爱国主义就等于丧失了民族尊严，俄罗斯就无法成为强国。在此基础之上，2001年和2005年，俄罗斯政府分别批准出台了《2001—2005年俄联邦公民爱国主义教育纲要》《2006—2010年俄联邦公民爱国主义教育纲要》，文件的出台对培育发展俄罗斯全体公民的爱国主义意识，尤其是对于青少年的爱国主义情感的培养，以及增加民族自豪感与公民尊严感、热爱祖国、热爱人民、保卫祖国、遵守宪法等有重要作用。为了纲要的顺利实施，政府共拨款超过6亿卢布对爱国主义教育机构和教育计划进行资助。

这两个纲要的实施表明，俄罗斯已经将爱国主义的重塑当成政府的任务，其目的是为了恢复真正的俄罗斯民族精神；实现俄罗斯在道德和社会价值观念体系上的统一；保障经济稳定；提高军人的服务热情，做好保卫祖国的准备和保持为祖国劳动和战斗的光荣传统。关于爱国主义精神的重要性及其对爱国主义的弘扬，普京在一次演讲中表达得很明确，俄国的训练只有一项，就是爱你的国家，爱国主义是人民英勇和力量的源泉，丧失爱国主义精神就丧失了民族自豪感和尊严，也就将失去能够创造伟大成就的人民。在普京的执政理念中，爱国主义具有至上性。

具有苏俄伦理学特色的道德规范和道德原则大致经历了提出、确立—退场或失语—重塑这样一个历史变迁过程，这一历史变迁过程反映了俄罗斯社会历史的变迁，以及俄罗斯社会价值体系的变迁。爱国主义、集体主义等由俄罗斯历史文化传统和马克思主义伦理学理论契合形成的道德规范和道德原则在苏联时代的作用以及在后苏联时代的回潮现象从一个侧面说明，马克思主义理论并不是一成不变的，作为开放性的理论，它永远体现着对现实生活的观照和对人的生存危机的关注，深刻地体现着对社会现实的反思和批判精神，仍然具有当代价值和意义。

第四节　道德教育及其历史嬗变

一、苏联的道德教育

（一）十月革命前期的俄国道德状况

以东正教为基础的宗教道德是十月革命前俄罗斯社会的道德基础，同西方的基本宗教伦理理念相同——"人人为自己，上帝为大家"，特别之处在于宗教教条主义把道德全部约束在宗教框架之内，成为整个社会的道德主体。君权神授，至高无上和对君主的绝对忠诚是依据宗教道德所建立的封建农奴制道德标准，这种道德通过世俗政权成金字塔状——君主、大臣、神职人员、权贵、士兵、劳苦大众，上一层成为下一层的绝对道德依据，君主是最高道德标准，在伦理本质上上一层超越了下一层所有的道德约束，成为道德特权阶层，而更为严重的是贫弱愚昧的农奴占到了当时俄罗斯人口的九成。民粹主义的小资产阶级反对沙皇专制，认为"人民是真理的支柱"，全部的文化是由人民创造的，掌握文化的统治阶级则使这种文化承担了深重的罪孽。早期的共产主义者在俄罗斯传播了马克思主义，揭发了专制道德的虚伪贪婪，启发工人摆脱宗教道德和封建农奴专制道德的约束，广泛地影响了在城市中的工人阶级。

（二）苏维埃面临的道德教育难题

首先，相比马克思对共产主义道德和道德教育理论体系的阐释，社会主义道德和道德教育就有很大的留白之处，之后列宁按照共产主义的道德原则对社会主义的道德基本原则进行了阐释和架构，这也为 20 世纪 30 年代正统派和德波林派的道德争论埋下了伏笔。作为世界上第一个社会主义国家，需要苏维埃架构一套新的道德体系。

其次，1904 年列宁在《进一步，退两步》中说，忘记先进部队和所有倾向于他的所有群众之间的区别，忘记先进部队的责任是把愈益广大的阶层提高到这个先进的水平，那只是欺骗自己，无视我们巨大的任务，缩小这些任务。1917 年布尔什维克进行了十月革命，夺取了国家政权，苏联社会的道德水平有了很大的进步，但仍然没有彻底改变整个国家的道德和道德教育的状况。在政治统治上布尔什维克砸碎了无产阶级的道德锁链，但无产阶级的道德观也只是在布尔什维克党和受它影响的群众中生根发芽，道德的内化需要更长的时间。像列宁所描述的那样每增加一个具有共产主义道德理想的人我们就向共产主义迈进了一步。现实是，当时绝大多数的人民群众，占人口九成的农村人口以及城市中的工人、小资产阶级、封建贵族地主等仍在这个新兴的国家中持有旧的道德观念。

再次，有关道德教育的具体实施途径和基本原则也是苏维埃所面临的难题。当时苏联百废待兴，建设新的道德需要大量的资源和经费，要如何保障？农村非常落后，文化水平低下，如何消除城乡之间的差别？如何解决根深蒂固的宗教问题？以上的一系列问题都面临着巨大的困难,需要系统周详的机构建设、制度保障和实施策略。

最后,布尔什维克自身要经受住道德的考验。作为引领道德的先锋,布尔什维克内部也在经受着资本主义道德和官僚主义道德的影响。布尔什维克作为无产阶级政党首先要做到迎难而上,并且要在利益面前、糖衣炮弹中保持更高的道德情操才能引领道德风尚。在苏维埃国家中布尔什维克成为了道德的风向标,认为党员所有的特权,即为优先革命。

(三)苏联道德教育的目的和原则

怎样的国家就会培养出怎样的人,怎样的政党就会吸纳怎样的党员。苏联作为社会主义国家道德教育的目的和马克思主义伦理学所秉承的伦理目的是一致的——道德理想始终是培养具有共产主义理想和道德情操的人,而具体的目标则是培养具有高尚品德的社会主义建设者。因而苏联道德素质的构成和道德教育目的与资本主义国家所遵循的道德标准是有本质区别的。苏联的道德建设原则是按照马克思主义所阐述的共产主义道德的根本原则——"忠于共产主义事业,推翻资本主义,建设社会主义,最终建成共产主义"所构建的。依照这个根本原则,无产阶级的道德层次是一个共同体的道德概念,不是某个无产者的道德,这就需要把这种道德落实到整个无产阶级之中,这就是共产主义的基本道德原则——无产阶级集体主义道德。在这个集体概念下的团体、工人、农民、知识分子等要服从于这个宏观的道德要求。这是共产主义道德自上而下的理论层次,反过来自下而上,就是实现无产阶级道德目的的实践层次,每一个无产者和共产主义者要把自身凝聚到阶级中才能实现无产阶级的觉悟和团结,才能实现无产阶级的道德要求,作为先进的无产阶级的道德目标与整个社会的道德发展是结合在一起的。用集体主义的道德取代个体主义的道德,用基于社会历史发展视角建构的宏观道德代替局限于社会形态和阶级本身的道德是苏联道德和道德教育的伦理理论根源。苏联的道德和道德教育就是在这个基本原则的挈领下处理人与人之间的关系、人与集体之间的关系、人与国家之间的关系和人与社会之间的关系的。在共产主义道德的逻辑下,列宁创造性地论述了道德与利益的关系、集体道德和个体道德的关系,共产主义道德作为道德的标准,为苏联道德和道德教育的开展指明了方向。在宏观上,道德具有鲜明的阶级属性,和阶级利益紧密相连,宏观上的道德标准高于个人的德性,这种道德不是指某个人的善与恶,而是以历史唯物主义看待整个社会的道德,这种道德不能和某个人的道德混为一谈;而个人的道德虽然在历史的局限中无法超越自身固有的阶级利益和阶级道德,但却并不能依据阶级的划分去抹杀个人的高尚品格。这种对于道德和道德规律的认识继承和发展了马克思主义实践伦理的品质,其更强调道德的本体和道德的实践,比资产阶级所倡导的个体道德更具有哲学上的高度和伦理的实践性。

在共产主义道德和实践伦理观的指导下,苏联对社会主义人道主义进行了发展和完善,指出社会主义的伦理主体"人"是什么、人的道德是什么和人的道德依据。说明了社会主义所倡导的伦理价值和资本主义所倡导的"自由""平等"和"博爱"等伦理价值的本质区别,批判了资本主义所追捧的伦理价值的阶级局限和剥削的本质,阐释了社会主义伦理的优越性。首先社会主义的伦理目标就是要消灭一切剥削和压迫实现无产阶级专政,进行暴力革命夺取政权并建立无产阶级政权;其次社会主义人道主义的最根本原则是维护和保障人民群众的利益,全心全意为人民服务,布尔什维克要领导人民群众管理建设社会主义国家;最后是关心弱势群体,列宁说:"少说些漂亮话,多做些平凡的、日常的工作,多关心每普特粮食和每普特煤吧!多多努力使挨饿的工人和褴褛的农民所必需的每一普特粮食和每一普特煤……通过像莫斯科—喀山铁路的粗工和铁路员工这样的普通劳动者自觉自愿的奋不顾身的英勇劳动来获得。"[①]尤其是对于儿童的关心更加体现出了社会主义的分配原则的平等性。1919年是苏维埃最为艰难的革命时期,列宁提出,苏维埃政府免费供应儿童食物:"我们成年人可以挨饿,但我们要把最后一撮面粉,最后一块糖,最后一块黄油让给儿童。这些严重事件的担子最好落在我们成年人的肩上,但要千方百计地爱惜儿童。"在总体上,社会主义的伦理关怀因人而异,而不是因社会等级而异。

(四)苏联道德教育的内容

苏联的道德教育秉承了马克思主义关于人的本质是社会属性的基本原则:人处在具体的社会关系之中和现实的社会环境之中,人具有主观能动性,人不仅可以认识世界,人更能改变世界。因而伦理道德的主要内容是实践,是通过实践手段使伦理现实的实然达到伦理理想的应然,使伦理理想的应然符合社会发展规律的实然,应在实践的语境中来说明人的本性和价值。整个苏联的社会实践内容分为革命实践和社会主义建设实践两部分,其伦理目的是充分保证社会全体成员的福利和使他们获得自由的全面发展。苏联的道德和道德教育的内容也是按照这个基本准则进行的,包括爱国主义教育、民族思想教育、劳动教育、文化素质教育、职业道德教育等具体内容。为了把整个道德和道德教育说清楚,下文将分别进行说明。

苏联时期的爱国主义教育时至今日依然熠熠生辉,值得深思。苏联是一个多民族的联邦制社会主义国家,在爱国主义这一道德内

---

① 《列宁全集》第37卷,人民出版社2017年版,第20页。

容的构建上,主要是在处理民族、国家和国际关系这三者的关系上,对爱国主义的本质进行说明。爱国主义毋庸置疑其根本就是热爱自己的国家,为国家的兴亡、兴旺负责任,是最能体现"人人为我,我为人人"的社会主义集体主义的道德情怀。但苏联所提倡的爱国主义与资本主义所提倡的狭隘的爱国主义是有本质区别的,帝国主义时代资本主义国家所提倡的爱国主义的本质是大国沙文主义和狭隘民族主义。在一战和二战时期,资本主义国家发动侵略战争,大肆宣扬人种论,实施种族奴役、民族压迫甚至种族灭绝,并以爱国主义作为外衣,蛊惑人民、鼓吹战争,实质则是以大国沙文主义和狭隘民族主义为根源的泯灭人性的犯罪。苏联爱国主义是教育劳动群众成为社会主义国家的所有者,管理和建设自己的国家,把国家建设成为自由、民主、平等、团结互助的新型社会主义国家。全世界受压迫的无产者的利益是一致的,是一个命运共同体,在这个共同体之下是国家的利益,在国家之下是各个民族、团体的利益,最后是个人的利益。苏联的爱国主义道德内容是按照这个标准来构建的,这种高尚的爱国主义影响了苏联乃至整个世界的无产阶级。

在民族思想的道德内容和道德教育上苏联指出了两条最重要的民族伦理原则:一是民族统一,二是民族平等。民族统一是民主集中制和民族自决权的结合,对于民主集中制,列宁说:"无产阶级和贫苦农民把国家政权掌握在自己手中,十分自由地按公社体制组织起来,把所有的公社行动统一起来去打击资本,粉碎资本家的反抗,把铁路、工厂、土地以及其他私有财产交给整个民族、整个社会,难道这不是集中制吗?难道这不是最彻底的民主集中制、而且是无产阶级的集中制吗?"①对于民族自决权而言苏联倡导的是民族

---

① 《列宁全集》第 31 卷,人民出版社 2017 年版,第 150 页。

平等的民族统一，没有剥削和压迫的民族统一，旧的帝国主义国家的民族统一是建立在国家政权的压迫之下的，是凌驾于民族自决之上的，是剥削和压迫不同民族尤其是少数民族的政权工具。社会主义国家就是要把这些权利交还给各个民族，也只有社会主义国家能真正做到，使这种平等的伦理精神由应然变成实然。

劳动教育和实践伦理精神是分不开的。这里所说的劳动教育不是一般意义上的劳动教育，而是具有共产主义道德意义的社会主义劳动。这种劳动并不是作为一般意义上谋生手段而言的契约型赋予报酬的劳动，而是作为社会主义国家主人的群众培养劳动自觉性、主人翁意识、满足公益事业和自身劳动需求的自觉习惯。最重要的是这种劳动本身对于每个人都是平等的，苏联规定星期六为义务劳动日，上到国家领导人下到群众都是一样的，并且着重强调了要在青年一代中培养和巩固这种劳动习惯和劳动意识，战胜资本主义的旧劳动观念。苏联明确提出，社会主义还将在很长时期内处于社会主义初级阶段，不能普遍实施这种劳动，按劳分配还将是社会劳动的主要目的，但在公有制基础上的这种劳动态度是一种具有共产主义劳动情操的良好道德习惯，列宁称这是一项伟大的创举。可以看到这种劳动道德和劳动态度教育是由社会主义劳动过渡到共产主义劳动的一种道德尝试，并取得了良好的开端。

文化素质教育是苏联道德教育的一大难点，苏联根据1920年人口调查资料编写了《俄国识字状况》（1922年莫斯科中央统计局国民教育统计处版），统计显示：东欧地区的俄国居民识字率最高，男子每1000人中也仅有422人识字，而妇女只有255人，西伯利亚地区识字率最低，男子每1000人中有307人识字，妇女只有134人，可见对于苏联来说面临着巨大的教育问题。1935年联共（布）中央和苏联人民委员会通过了《关于对文盲和半文盲的教育工作》，

1939年9岁至49岁的居民识字率已达到89.1%。社会主义国家的文化教育是以马克思主义的道德教育理论为基本原则，通过报纸、杂志、演讲、学校教育和深入工农群众进行宣传，教授文化知识，传播社会主义和共产主义的道德观念，批判封建农奴制度下和资本主义制度下的道德压迫、道德特权。文化素质是道德教育的基础，识字作为基本的文化素质尚且不具备，道德教育则无从谈起，道德教育更是一个漫长的过程。到20世纪60年代，苏联已一跃成为世界上的超级大国，产生了大量的社会主义道德教育专家、伦理学专家，包括加里宁、苏霍姆林斯基、施什金等。这与苏联将道德教育和文化教育很好地结合起来是密不可分的。

这里所说的职业道德，不是狭义范围某个工作领域的职业道德，而是指一般意义上的无产阶级国家职业道德的基本内容。首先苏联职业道德的构建是以社会主义道德规范为基础的，这种职业道德操守依然是以布尔什维克作为道德标准和道德导向。对于党员尤其是国家干部有严格的道德纪律规范，要求党员和党员干部要谨慎使用手中的权力并切实做到为人民服务，对违反道德纪律的党员惩戒要严格于非党员。职业道德的法律是由无产阶级制定的，是神圣不可侵犯的，任何人都无权改变。这保证了苏联社会职业道德风尚的良性循环。苏联政府还特别强调领导干部要与人民群众密切联系，接受群众的监督，从群众观点出发，严禁骄傲自大、搞个人崇拜、官僚主义和特权化。要培养工人的道德理想和道德追求，尊重工人和农民。

总体来说，苏维埃政权的道德教育是社会主义国家道德教育的先行者，苏联的强大和他的道德塑造是分不开的。综合来说这些道德教育与苏联的社会主义建设实践紧密相连，与经济建设、政治建设和文化建设是一个有机的系统，对于克服旧的道德习惯，培养新的道德习惯起到了重要的作用，同时也促进了经济建设、政治完善和文化水平的提高。

（五）苏联道德教育的方法

苏联非常重视道德教育，对于道德教育方法的使用也形成了较有特色的理论和实践。这些方法包括将深入群众、道德教育和革命实践结合；重视道德精神的继承、树立道德榜样、道德威信；分离宗教和学校，提高人民教师地位、增加道德教育的投入、削减不必要的教育机构、建立灌输道德教育等。这些道德教育的方法与那个时代的特点和苏联实际面临的国情是相对应的。苏联的党员和干部要严格要求自己，引领整个社会的道德建设；需要培养更多的人民教师，执行道德教育建设；需要培养大批的高素质工人建设国家；急需提高人口众多的农民的道德素养；改革旧的教育内容和形式，尤其是宗教教育。

将道德教育和革命实践、劳动实践相结合，是苏联长期革命实践的成果。苏联社会主义道德意识形成的过程，也是实质上同其封建农奴制度和资本主义进行斗争的过程。坚定地站在马克思主义的伦理立场上，始终为人民的利益斗争，如列宁所言"现代历史的全部经验，特别是《共产党宣言》发表后半个多世纪以来世界各国无产阶级的革命斗争，都无可争辩地证明，只有马克思主义的世界观才正确地反映了革命无产阶级的利益、观点和文化"[①]。在根源上无产阶级的道德和无产阶级的革命就是分不开的，在社会主义建设时期，苏联也继承了这一宝贵的革命经验，党员干部带领群众参加劳动，和群众共同劳动，通过劳动本身教育群众。

苏联在道德教育方面是将领导人的道德威信、青年人的道德教育和普通人的道德榜样作为重点中的重点来引领道德建设工作的。

---

① 《列宁全集》第39卷，人民出版社2017年版，第374页。

苏联的道德教育注重教育党的领导人要树立道德威信，但这种道德权威是依托于广大人民群众对领导者的认可而建立起来的广泛的群众基础，要求领导者身先士卒、尊重群众、听取群众意见、忠于革命、为群众利益奋斗、具有崇高的理想信念和优秀的个人品德。严禁夸大这种道德权威，避免使道德权威庸俗化和官僚化。对于青年人的道德教育苏联也遵循着马克思主义的道德实践标准，要求青年人投身革命实践培养革命道德情怀、深入群众培养劳动能力，了解自己父母、革命前辈的斗争历程并继承这种优秀的革命道德。苏联时期树立了各行各业的优秀道德榜样，这些道德榜样不仅有伟大的革命家也有普通的工作者，对明确各个领域的道德标准起到了引领作用。

在宗教教育问题上，苏联政府采取了较为审慎的态度。一方面需要提高群众的道德觉悟，一方面要避免对信教者情感的伤害而加剧宗教狂热。首先是教会与国家政权分离，其次是教会同学校分离，加强对在旧社会所接收的教师的思想政治教育工作，培养新时期自己的教师队伍，通过学校培养青年人树立新的道德观。尽管苏联政府很清楚宗教伦理对于建设社会主义国家是有害无利的，列宁早在1909年的《论工人政党对宗教的态度》中就说明了对宗教的态度，但是对于拥有历史宗教传统和浓厚宗教氛围的社会现实，苏联采取了有计划的改造，到五六十年代已经很少有青年人去教堂了，只有少量的上了年纪的妇女还去教堂。

苏联对于道德教育的重视程度，促进了苏联社会的道德水平乃至社会发展水平的提高。由于苏联成立之初社会发展水平落后，对于马克思主义道德思想的传播只能是采用先接受后理解的"灌输"方式，这成为当时对广大知识水平不高的工人农民进行德育的主要手段。但除此之外苏联还进行了一系列的相关工作：即使在最困难的20世纪20年代初期,也没有削减教育人民委员部的经费,而是削减了其他部门的经费来支持教育,教育对培养社会主义的新道德、摆脱宗教道德的桎梏,起到了至关重要的作用。另一方面苏联提高人民教师的社会地位和物质生活水平,这对于推动苏联道德教育的革新起到了支柱性的作用。把培养国民识字作为第一位的教育任务,把教育的焦点转到人本身之上,削减了一些不适宜这项任务的教育机构和出版机构。实施义务教育并由国家供给膳食、服装、教材和教具,把教育和社会生产劳动紧密结合,开展综合技术教育,这也在一定程度上缓解了苏联初期劳动力紧张的局面,为培养工人打下了基础。同时俄共(布)号召全社会开展最广泛的共产主义思想宣传工作。号召党、工会和知识分子组成发展文化的团体,同农村建立联系,把城市的党支部分配到农村工作,促进农民对共产主义思想的觉悟。同时俄共(布)指出,对共产主义理想在农村的宣传要注意到实际情况,不能立刻把纯粹的、狭义的共产主义思想带到农村,在没有建立好对应的经济基础之前,这样做对农民来说是有害无益的。同时也建立了大量的图书馆、成人学校、人民大学、讲习所、电影院和艺术工作室等帮助工人和农民自修。这些措施迅速地提高了苏联人口的道德素质,产生了巨大的社会效应,极大地增强了民族凝聚力。

二、俄罗斯的道德教育

(一)苏联解体前后的道德状况

苏联解体前的道德教育在总体上存在三个方面的不足,第一是斯大林时期,全面否定了道德教育中除了阶级道德之外的人类普遍的道德情感,道德教育存在教条的内容和僵化的教育形式;第二是赫鲁晓夫时期,在对儿童的劳动教育中没有很好地贯彻劳动态度的道德教育；第三是 70 年代后，由于思想僵化、经济下行、腐败严重，导致道德教育和现实脱钩，道德教育陷入困境。如果说以上三点是道德教育的缰绳牵得过紧，那 1988 年戈尔巴乔夫的《有关教育体制改革的决定》则是完全摘下了共产主义道德教育的辔头，"人道主义"对原有的共产主义道德进行改头换面，粉墨登场，利己主义、拜金主义、个人主义、宗教思想、自由主义种种像洪水一样朝俄罗斯袭来，到 1992 年，短短的 4 年时间，共产主义道德土崩瓦解。但瞄准的是共产主义，打中的却是俄罗斯。众所周知，俄罗斯的道德教育支离破碎，陷入了极为糟糕的状况。

(二) 俄罗斯面临的道德教育难题

首先，原有的共产主义道德、道德教育和道德教育的成果被全部否定，照搬西方资本主义的道德思想因为不符合俄罗斯的历史文化传统和实际国情悲惨收场，国家动荡不安，社会混乱暴力事件频发，经济下行，俄罗斯的国际地位迅速下降，社会道德体系彻底崩坏，道德教育无所适从。俄罗斯需要重新塑造自己的道德体系和道德教育，纠正国家存在的种种不正确的道德思想和道德行为，相比摧毁一个道德标准，重建需要更加漫长的时间，需要更多的经济、政策和教育的支持。

其次，在 20 世纪 20 年代俄罗斯道德教育水平低下的情况下，对道德教育水平进行提高困难重重。1992 年俄罗斯宣布教育去意识形态化，撤销全部学校教育中的马克思主义课程，但事实上戈尔巴乔夫的新思维并没有培养起俄罗斯人民的西方民主道德，受到本国官僚主义、教条主义、宗教文化的影响，利己主义、享乐主义、拜金主义、个人主义、沙文主义等甚嚣尘上。俄罗斯的道德领域中长满了各种各样的非道德思潮，伴随着社会现实的利益关系难以清除。谁来引领？该相信谁？去向何方？都是未知的迷茫。

最后，面对断裂的道德造成的俄罗斯社会道德状况，俄罗斯人争论不休。面对这个关乎未来的历史问题，时至今日斯大林依旧是俄罗斯最受争议的人物。根据俄罗斯联邦功勋科学家、俄罗斯科学院哲学研究所资深研究员 B.H. 舍甫琴科教授统计：在报纸上正面评价斯大林的文章有 1 篇，负面的就有 10 篇。而在评价斯大林的书中，舍甫琴科教授在莫斯科国家图书馆所查阅的 48 本书中正面评价的有 40 本，负面评价的有 2 本，4 本为斯大林本人所写。有关俄罗斯道德标准的政治思想内容包含自由主义、保守主义、亚欧主义、宗教主义、竞争实用主义和马克思主义这六个大的方向，因为具体意见的分歧又分为诸多小类。尽管普京政府正在寻求既植根于历史文化又符合当前发展需要的政治伦理，但要弥合以上种种分歧尚有待观察。

（三）俄罗斯道德教育的目的和原则

在新思维中"自由主义"所推崇的西方的"民主""自由""平等"等一系列道德原则和道德目的是得到俄罗斯人民的认同的，但俄罗斯联邦成立后，面对国家解体、经济衰退和社会动荡的局面，西式的人道主义成为了 20 世纪最大的谎言。1993 年俄罗斯联邦成立，联邦宪法第 13 条明确规定，"俄罗斯联邦主张意识形态多元化""任何思想体系都不能被确立为国家的、每一个公民都必须接受的意识形态"。表面看这似乎是"西式民主自由"的体现，但西方资本主义的经济、政治和文化的发展、变化和转型与相对的历史意识的变革是紧密相联的，包括哲学、宗教的改革也是一脉相承的，经历了几百年的发展才形成了一个完整的资本主义道德体系，新教伦理是作为整个道德体系的基础而存在的。而在俄罗斯，因为在苏联时期基本上对原有的俄罗斯东正教进行了全面的去除，建立了共产主义道德，"新思维"又全面否定了苏联的道德建设，这样原有的两条线索都倏然断裂，而"新思维"本身更是让俄罗斯的道德教育无所适从。因而俄罗斯联邦宪法的规定不仅没有培养出"西式民主自由"的道德，而且造成了社会道德的混乱。可以说没有哪一种道德是完全无根据和绝对自由的，俄罗斯道德教育的目的和原则，尚处在一个相对尴尬的历史时期，从旧道德的消解到新道德的构建还没有理出一个头绪，俄罗斯要构建道德教育，但新的道德究竟是怎样的，尚未可知。

在宏观上，俄罗斯的道德教育的目的与国家的发展是联系在一起的，复兴俄罗斯也是道德教育的一个核心目的，但这个目的中所涉及道德教育的具体内容却难以统一。单就马克思主义来说，俄罗斯当今就有批判的马克思主义学派、反思的马克思主义学派、正统的马克思主义学派等六个主要的流派。事实上，苏联时期奠定了近现代俄罗斯的伦理学基础，可以说这一切是很难和过去的历史完全割裂的，在这种剪不断理还乱的道德教育目的上，也不能说俄罗斯是完全按照西方的道德标准来进行道德教育的。宗教伦理的重归则确定无疑，并迅速占领了道德的中心位置，但实质上作为一种精神托庇的存在在道德的实践上则显得无力，虽然其也随着俄罗斯社会的发展而进行着变化，但若说承担起道德教育的重任还为时过早。总体而言，在俄罗斯社会的转型中，马克思主义、自由主义和宗教思想作为主要的道德形态都在潜移默化地影响着社会道德的构建。道德教育的生成和转型可以说是俄罗斯伦理的特点，而成功的转型本身也是道德教育的目的之一。

对于苏联的道德教育俄罗斯历经了批判到反思的过程，在20世纪末如果说道德教育还存在什么一致性的特定原则，那就是否定共产主义道德的原则。将所有俄罗斯现代的不幸归咎于苏联道德教育也是如此，是俄罗斯舆论的主基调。俄罗斯政府、教育界和普通民众在这一点上形成了一致性。俄罗斯政府撤销了所有与共产主义和社会主义道德和道德教育有关的东西，包括纪念碑、纪念塑像等，教育领域撤销了所有关于共产主义和社会主义的道德教育，究竟用什么来教导学生的道德价值呢？实际的争论和做法五花八门。普通民众则认为苏联倡导的道德标准、道德榜样和道德教育带有本质上的欺骗性。新世纪之初，随着时间的推移，俄罗斯开始对苏联的历史进行梳理，对历史的评价也渐趋客观，列昂尼德·波利亚科夫在全俄社会科学大会上指出，俄罗斯应该改变盲从西方民主的做法，建立符合自己民族、历史特点的话语体系。普京政府则责成教育界还原苏联的真实历史，以期弥合历史上形成的裂痕。

道德应然和道德实然在马克思主义伦理中是辩证统一的，俄罗斯联邦在20世纪末抛弃了辩证唯物主义的立场，道德实然和应然全然分离，"阶级"概念作为整个道德体系的基础，也是实现的媒介被抛弃掉，道德实然的社会基础坍塌了。俄罗斯现今仍然缺少这一媒介，而道德教育的趋势也在谋求这一基础，尤其是政府渐渐意识到了道德意识的统一对社会稳定和发展的重要性，开始着手这一工作。在转型时期一种试图弥合历史和杂糅各种道德元素的尝试一直不断在进行。这种试图弥合道德实然和道德应然的尝试可以说是如今俄罗斯道德教育的一个普遍性的做法。

随着俄罗斯经济和政治的发展，道德评价的客观性和实用主义的倾向渐渐凸显出来，这种道德特点显然是受到了经济形态和政治制度的影响。统一俄罗斯党的主权民主形态的政治权力体制首先在政治上稳住了俄罗斯的局面，俄罗斯政府越发意识到客观地评价苏联的道德和道德教育的状况有利于重新构建新的道德体系，同时经济上的实用主义也影响了现实道德的走向。当下客观性和实用性作为道德原则的作用也渐渐显现出来。

（四）俄罗斯道德教育内容

如今俄罗斯道德教育逐渐由多元化的道德教育内容进行不断的交汇、碰撞和融合，处在转型的时期。马克思主义道德教育思想、宗教道德思想、自由主义的道德思想和俄罗斯新生的道德思潮构成了俄罗斯道德教育的内容。由于没有统一的根基，又处在特殊的社会环境中，这些道德的内容呈现出转型时期的特质。各种道德价值和道德判断逐渐形成了有序的排列，这是俄罗斯道德教育向好发展的一个标志，但要真正形成可靠的伦理体系还需要更长的时间。如俄罗斯科学院哲学研究所资深研究员 B.H. 舍甫琴科教授所说："有一天俄罗斯也有了像中国一样自己的民族梦想，即是俄罗斯复兴的时候。"①建立统一的道德应然的价值判断对于俄罗斯这样一个文化历史复杂、亦东亦西的国家来说可能有更广阔的空间，但并非易事。

叶利钦政府时期，人道主义和普世价值作为最高的道德价值取代了共产主义道德，个人主义取代了集体主义的中心位置，爱国主义、民族团结和劳动道德等苏联时期强调的道德失去了依托。爱国主义、民族团结和劳动道德被作为一种情感归属于个人的情感，国家概念也变得模糊不清，因而也就没有了以国家为依托的道德教育，道德教育一下失去了所有的抓手，社会道德迅速滑坡也就不足为奇了。个人作为衡量道德的标尺，利己主义必然兴盛，俄罗斯兴起的拜金主义、利己主义和个人主义严重损害了国家的利益和社会的发展。2001 年俄罗斯制定了《俄罗斯联邦 2001—2005 年公民爱国主义教育纲要》，2005 年俄罗斯政府又颁布了《俄罗斯联邦 2006—2010 年公民爱国主义教育纲要》，这实际上确定了以爱国主义为

---

① 来源于〔俄〕B.H. 舍甫琴科：《当前俄罗斯关于斯大林历史定位问题的争论》，北京大学马克思主义学院讲座，点评人：安启念教授，2016 年 10 月 20 日。

核心的道德教育体系的初步基础，也确立了以爱国主义为核心的"国家利益至上"的实用主义路径。

在爱国主义道德准则下，俄罗斯联邦政府又丰富了其内涵，建构了基本的道德框架。其中包括民族团结、积极劳动和促进经济发展、发扬战斗精神和保卫国家、树立民族自信心和自豪感等。这些内容都是和俄罗斯现实的国情紧密相关的，俄罗斯联邦作为一个统一的多民族联邦国家，只有以爱国主义为核心才能促进民族的认同感和凝聚力，增进民族的团结；俄罗斯地广人稀，劳动力短缺，只有尊重劳动，提高劳动者的地位才能缓解劳动力紧缺对于经济发展的滞缓作用；保卫国家、发扬战斗精神、树立民族自信心和自豪感，这是对俄罗斯民族历史宝贵精神价值的重新利用，以期延续和弥合历史的断裂并探求未来的复兴。

苏联解体后，许多苏联时期的马克思主义研究机构、代表人物和研究成果保留了下来。历经辗转传承，一面反思历史一面结合当代俄罗斯发展的特点形成了多元化的马克思主义道德研究的派系。深厚的马克思主义伦理学研究基础，使这些派系仍旧是社会道德研究的代表。首先批判的马克思主义学派逐渐客观地看待有关于共产主义道德和人道主义的历史，并对全球化形势下的社会主义道德和"社会主义道德实践（指苏联时期）"延续马克思主义关于异化的研究，关于马克思主义异化理论建立起来的道德思想也标明了全球伦理学的转向路径。其次俄罗斯对于马克思主义道德的研究更加倾向于马克思本人的文本，更多地强调道德的解释意义，在道德理论的构成上也吸纳了微观道德的元素，丰富了俄罗斯的伦理思想。最后正统派的马克思主义和创新派的马克思主义依旧坚持了马克思主义有关于阶级道德的理论，强调提高工人阶级的觉悟，建立无产阶级的政权。实质上无论是上述哪一种马克思主义的道德观点，都是作为俄罗斯重新架构伦理的理论而存在。

如果说爱国主义在政治层面为道德教育打下了基础，马克思主义伦理为道德教育提供了理论支撑，那么，宗教无疑是最好的感情寄托和生活需要。可以说整个俄罗斯的历史文化都是与东正教联系在一起的，作为一种一般意义上的伦理构成，东正教的道德体系作为日常生活的道德需要拥有再完整不过的教育体系了，只要把不合时宜的内容稍加变化就能毫不费力地用在整个俄罗斯。在个人、家庭、文化和社会等各个微观生活领域的道德标准、道德判断和道德教育都有东正教参与，东正教世俗化的过程也是俄罗斯微观道德和道德教育构建的过程。

（五）俄罗斯道德教育方法

俄罗斯联邦政府成立初期强调多元化的道德和完全自由的道德教育，实际上造成了道德的混乱和滑坡以及道德教育的真空。忘记过去就是背叛，这句话对俄罗斯重新评价苏联时期的道德教育来说最恰当不过了，重评历史是所有工作的开始。俄罗斯联邦找到了主权民主政治，这需要与之相适应的道德教育，需要构建统一的正向价值。首先是客观评价苏联时期的道德教育；其次是将苏联时期的道德教育作为俄罗斯伦理精神的一个重要部分进行研究；最后吸收许多重要的道德元素对当代俄罗斯道德教育进行重新构建。在这一基础上俄罗斯开始寻找未来的复兴之路，以爱国主义作为核心的道德教育建设之路作为重构道德体系的开端，对过去和未来进行弥合和梳理，以期顺利完成转型是俄罗斯道德教育的主要手段。

由多元走向统一是俄罗斯道德教育的趋势，重新构建宏观的道德教育观和构建道德体系是伦理理论建设的基本手段。无论是全球化的国际趋势还是俄罗斯复兴的国内形势，提升道德水准和道德教育质量最为快捷的方式无疑是建立一套适于国家发展形势的伦理体系。依靠所谓的民主的自发性或民众的自觉性显然不适于俄罗斯的国情，因而自上而下，从理论上到实践的伦理体系的重建成为俄罗斯道德教育关注的焦点，也是俄罗斯社会道德进行转型的关键点。尽管尚未有一种道德教育的伦理体系被广泛地接受和认可，各种不同的伦理价值进行争论交锋，但这种途径已被共同认可。

政府、教育界和宗教携手共建道德教育是俄罗斯道德教育的特色手段。在宏观的政治伦理中政府渐渐接管了原本无序的政治道德，开始重视道德教育并试图引领国家的道德教育建设，出台了许多相关的法律和政策，增加了教育的预算并增加了相关的教育资金的投入。

学校教育作为现代化的道德教育基地和普遍的道德教育模式逐渐开始重视道德教育，所幸在俄罗斯联邦成立初期的艰难时刻，俄罗斯的教师依然坚守道德教育，道德教育重新作为具有国家意志体现的伦理要素回到学校。宗教在俄罗斯道德教育的"真空"时期填补了最大面积的空白，一方面宗教精神填补了普通群众空白的精神价值世界，另一方面宗教道德开始世俗化并与学校教育结合，这也是俄罗斯重视自身伦理文化根源和创新的表现。以上三种手段在国家、社会和教育三个层面综合形成了俄罗斯道德教育的媒介。

利用经济、政治和文化等多种手段是俄罗斯道德教育走向实践的标志，道德教育和社会实践的发展是紧密相关的，俄罗斯联邦初期各个行业领域确实出现了多元化的伦理规范，但作为一般性的社会伦理规范还需要在经济、政治和文化三个宏观的层次进行梳理和抽象。俄罗斯经济由叶利钦时期的冰冻政策转向新时期的实用主义，这种转变也为道德教育的发展打上了深刻的实用主义和民族主义的烙印，经济上对道德教育的支持和民族自信心的建立也起到了至关重要的作用。主权民主政治推动了俄罗斯政治的发展，俄罗斯联邦逐渐成为政治强国并影响国际政治。政治制度的强势也推动了道德教育的发展，有关爱国主义、民族团结和国家主权等宏观道德问题也得以明确，但要谨慎对待有关沙文主义和民族主义的伦理倾向。俄罗斯亦东亦西的文化特点也是俄罗斯道德教育的一个特点，俄罗斯越来越重视民族自身的文化特性和历史文化所呈现的特点，由此来把握道德教育的方法。实际上，俄罗斯是以主权民主为基础的联邦国家，其政治、经济和文化本身就是一体的，道德教育作为推行国家价值本身也是政治和文化的一部分，只是在道德教育重构的特殊历史时期作为重点而被凸显出来，伦理存在先于道德意识，这也没有离开马克思主义的方法论。

三、道德教育的历史嬗变

（一）道德教育目的和原则嬗变

苏联时期道德教育的目的是培养具有共产主义道德的新人，列宁说："为巩固和完成共产主义事业而斗争，这就是共产主义道德的基础。"[①]受到新思维影响，人道主义和普世价值促使原有的共产主义道德教育体系崩坏，原有的无产阶级道德被否定和禁止。在俄罗斯联邦成立初期出台的宪法明确规定禁止任何具有意识形态的道德教育在学校进行，并彻底地把道德归于个人的情感。然而原本希望转向西方有关于"民主""自由""平等"等微观的个人民主思想，因为缺乏历史的传统和文化的积淀，最终使俄罗斯道德迅速滑坡，在普京政府之前有关道德教育的争论五花八门，没有一种价值可供参考，也没有谁能说清楚对错。宗教在这一时期迅速地占领了处于道德"真空"的个人生活，然而缺少宏观伦理目的的微观道德是不稳定的。孔子说，小人之德如草，君子之德如风。俄罗斯有着

---

① 《列宁全集》第 39 卷，人民出版社 2017 年版，第 342 页。

依靠自上而下的宏观道德为基础的深厚而漫长的历史。尽管宗教在一定程度上满足了个人的精神混乱和空虚,但社会上混乱无序的道德状况和多元化的道德标准尤其是"个人主义""拜金主义"和"利己主义"等严重危害了社会的稳定和经济的发展。

俄罗斯开始注重自己的历史文化和反思苏联时期的道德教育精神,俄罗斯逐渐摆脱了向西方看齐的亦步亦趋模式,开始寻求新的道德教育转型。首先俄罗斯要确定有关道德教育的价值序列,道德教育的目的是道德教育落脚点。通过梳理历史和对当下实际情况的审时度势,俄罗斯联邦政府确立了以爱国主义教育为核心的道德教育目的。道德教育的价值逐渐由混乱走向有序,由多元走向统一,但要完成完全的转型还尚需时日。由此可见苏联到俄罗斯联邦的道德教育目的的转型历经了由共产主义道德教育转向"西方自由主义多元化的道德教育目的",这一转向以失败告终,又转向了以"爱国主义教育"为核心的主权民主国家的道德教育模式。

在国家层面俄罗斯道德教育目的的统一,也促使道德教育原则逐渐完善和统一起来。原来苏联道德教育的基本价值秩序是集体到个人:阶级—国家—民族—团体—个人,在俄罗斯联邦初期有关个人的人道主义价值将个人的价值提升到第一位,强调个人的"自由""平等",但就本质上来说,单个个体的自由和平等是一对矛盾的概念,如果每个人都各尽所能自由发展,那个人所处的环境以及生而所具的条件,会造成社会中最大的不平等,如果每个人都能平等如一则不需要自由的概念。因而这一对概念对西方来说它的基础是宗教伦理和契约精神的支持,这两点都是当时俄罗斯所不具备的。如今俄罗斯联邦的道德教育的价值秩序去掉了阶级的概念,形成了由国家—民族—个人的主权民主制国家的基本原则,由阶级利益至上的原则变为了国家利益至上的原则,民族主义也兴盛起来。

苏联到俄罗斯的伦理价值历经了由统一到多元、多元向统一转型的过程。

　　论及道德教育的客观性和实践性，苏联奉行以历史唯物主义作为支撑的实践伦理，这种伦理强调生活的实践性和客观性，批判缺乏道德现实基础的道德原则，阶级、国家和集体自上到下维护和保障这一伦理原则。俄罗斯联邦成立初期，将道德和道德教育进行"自由"化和"个人"化，这在本质上要求每个人要对自己的道德负责，国家不再有义务或者说权利参与道德教育，这样的道德教育让教育界无所适从，也让俄罗斯公民深感迷茫，因而宗教的回潮也不足为奇，人的精神世界里总要有些可以共同交流的道德原则，"自由"和"平等"对于俄罗斯人来说太陌生了。国家不仅放开了道德教育的权柄，同时也撤掉了道德教育的经费，道德教育的水平和经济的发展尤其是分配模式是紧密相关的。缺少面包的自由，是虚无的自由，缺少保障的平等，必然发生不公。叶利钦时期的休克疗法显然没治好俄罗斯的病，"复兴"以及如何"复兴"成为俄罗斯人最关注的问题，俄罗斯政府开始重视道德教育与经济发展的一致性，重整山河进行转型：苏联时期的道德教育无疑是俄罗斯联邦最好的借鉴对象，因而许多共产主义的道德原则被重新重视起来，尤其是那些能够推动经济发展和解决社会问题的道德原则，无论是"集体主义"还是"爱国主义"实际上都是马克思主义道德教育实践性原则的体现，也是俄罗斯联邦对道德教育实践性进行实用的表现。

　　东正教在苏联成立时期逐渐被边缘化和消除，只是那时的宗教是作为帝国主义压迫人民而存在的工具，与当下俄罗斯的宗教是有区别的，当下的俄罗斯宗教更多意义上是作为世俗化的宗教精神满足俄罗斯人精神世界的情感需求。苏联时期一条重要的道德原则就是由"人人为自己，上帝为大家"的原则转换成为"人人为我，我为人人"的社会主义道德原则。如今俄罗斯宗教与政府进行合作，在教育系统内对俄罗斯人进行宗教道德教育，弥补了政府教育在微观上的不足之处，对俄罗斯人在精神世界的构建、道德水平的提高和对幸福的追求上起到了重要的作用。由道德教育去宗教化到世俗教育宗教化，从十月革命至今已超过一个世纪，可见东正教是作为一种民族文化深藏在俄罗斯人基因里的。

（二）道德教育内容嬗变

从苏联到俄罗斯联邦的道德教育的内容发生了翻天覆地的变化，有的道德教育内容被辗转传承下来，有的教育内容发生了新的变化，有的教育内容彻底消失了。原来苏联的道德教育以马克思主义伦理作为基础，以无产阶级道德作为目的而发展的以爱国主义教育、民族思想教育、劳动教育、文化素质教育和职业道德教育作为基本内容。今天俄罗斯联邦则是以主权民主制作为依托，以复兴俄罗斯为目的进行一系列的道德教育，内容包括爱国主义教育、职业规范教育和宗教道德教育。

由于伦理根源的变化，从苏联到俄罗斯的道德教育内容的实质也发生了巨大变化，苏联原有的爱国主义是对社会主义国家的热爱和对共产主义理想的追求，民主教育则贯彻了马克思主义有关民族团结和民族平等的思想，把各个民族的无产阶级团结在一起。如今俄罗斯的爱国主义则与民族主义相结合，简而言之是对以斯拉夫人为主体的俄罗斯的热爱而不是以无产阶级为主的对于劳动人民的热爱。这种爱国主义是带有狭隘的民族主义倾向的，更强调发挥俄罗斯民族的民族特性，更注重俄罗斯在世界民族之林的位置。以国家利益至上取代了阶级利益为主导的道德教育内容。但是，如果不加以控制，这种民族主义则很可能发展为种族主义和大国沙文主义，并进行对其他国家的侵略和对其他民族的种族歧视。

劳动教育是苏联道德教育中较为特殊的部分，尤其是"星期六义务劳动"，列宁给予了高度评价，是具有共产主义意义的社会主义劳动。然而伴随集体主义的坍塌，再也不存在义务劳动这种说法了，社会开始分层，职业开始划分出高低贵贱的领域，大家各自遵循社会契约进行有偿劳动，按劳分配也不再是国家分配的主体形式，俄罗斯的经济发展与世界经济潮流汇合，资本的运行和最大利益的获得成为劳动的全部意义，劳动本身的意义又重新退回成为谋生的手段。这也影响了职业道德教育，苏联原有的一般意义上的职业道德教育也分门别类地划分为各个领域和职能部门的伦理规范，有关于国家公职人员的规范也不再遵从共产党的伦理规范，而是以法律作为准绳，关于为无产阶级服务的职业道德几乎无影无踪了。

宗教道德教育的内容填补了整个社会的微观领域，成为社会生活道德的主要内容。苏联时期对宗教进行了改革和消除。宗教道德教育的内容逐渐在苏联社会中消失，但随着俄罗斯联邦成立，对苏联道德教育的否定和批判导致了俄罗斯道德教育内容的"真空"，因而宗教道德的内容充实了这一空白的领域，尤其是社会生活的领域。但今天俄罗斯的宗教道德内容和俄罗斯民族文化相融合，和新时代的社会制度和世俗生活相融合，形成了现代的民族宗教，已经和原有的在帝国主义时期的东正教有本质的区别了。

（三）道德教育方法嬗变

道德教育的方法是以意识形态和社会思潮作为根基的，同时与时代紧密相连。苏联时期非常重视道德教育和道德教育的方法，俄罗斯联邦成立初期将道德和道德教育在国家教育领域中划分出去，道德情操的培养成为私人的事情，严重影响了社会的稳定和经济的发展，致使社会道德滑坡。俄罗斯渐渐意识到国家对于道德教育负有的权利和义务,也开始对转型时期俄罗斯的道德教育进行探索和发展,并借鉴了大量苏联时期的道德教育方法。

苏联时期的道德教育是由(俄)共布作为先锋,引领国家道德教育建设,通过多方位的手段对道德教育进行发展,取得了辉煌的成果。俄罗斯联邦成立初期没有正式的国家机构对道德教育负责,造成了道德教育的混乱,随着俄罗斯开始寻找自己的复兴之路,道德教育逐渐形成了以政府为主导,联合教育界和宗教共建道德教育的模式。政府提出宏观的道德教育目标,教育界和宗教联合进行具体的道德教育。实质上也是社会历史文化和宗教文化进行融合的表现,这种道德教育的主要方式是学校教育,教会教育作为社会道德教育的补充方式。

苏联时期注重道德教育和社会实践结合,无论是革命时期还是社会主义建设时期,都树立了大量的道德模范,并注重青少年的道德教育的培养和劳动教育的培养。俄罗斯联邦成立初期道德教育和社会现实曾一度脱离,经济上的休克疗法和"自由""民主"等人道主义的概念形成了极其不一致的道德状况,关于道德标准的争论也多种多样。在俄罗斯确立了主权民主的政治体制之后,受实用主义的政治思潮的影响,道德教育的方法也更加注重社会现实的客观性,道德教育也逐渐由多元化走向一统,俄罗斯政府越来越注重树立政府的道德形象。但这与苏联时期道德教育和社会实践的结合在本质上是不同的,但在方法论上却有明显的相似之处,不得不承认马克思主义伦理学在方法论上给俄罗斯留下了宝贵的精神财富。

苏联时期对道德教育极其重视,并采取了一系列的方式、方法提高道德教育的水平,并针对于不同文化程度的人群分别进行了道德教育。把培养共产主义道德和提高群众的道德觉悟作为头等大事,增加道德教育的经费,改良道德教育机构,提高教师的工资和社会地位，建立了大量的图书馆、成人学校、电影院等，并十分注重道德审美的培养。俄罗斯联邦成立初期，大规模地削减了道德教育的开支，据俄文化部的分析报告统计，1996年的近8年来，俄罗斯科学领域的拨款是原来的二十五分之一，而西方国家每年约有30%—35%的出版物进入到俄罗斯联邦包括大学图书馆，俄罗斯原有的教育机构和教育人才大量流失，西方各式各样的道德文化开始影响俄罗斯。时至今日，俄罗斯越来越重视道德教育的建设，并对民族文化和历史进行了梳理和扬弃，但相对于苏联时期道德教育的辉煌成就，现今俄罗斯的道德教育仍需完善和发展。

第四章
当代俄罗斯社会道德现状及其价值观的新变化

第一节 苏联解体后社会道德及其价值观的总体状况

国内学界的一致认识和实证性的社会调查结果确证了当代俄罗斯社会道德状况的总体恶化。道德恶化还致使一系列严重的社会问题产生：人口危机、腐败恶疾、无良日常行为、暴力犯罪等。原有社会主义核心价值观发生全面嬗变，取而代之的是"极端主义""个人主义""犬儒主义""道德虚无主义"以及具有综合性特点的"道德混合主义"。

一、社会道德状况总体恶化

苏联社会主义制度解体后，社会道德状况总体恶化是大多数俄罗斯人的切身感受。同时，学界的认识和社会调查的实证性结果也有力地证实了这一结论。

（一）学术界的一致认识

俄罗斯各个学科的代表确认了这一事实。社会学家指出：20世纪末到21世纪初俄罗斯社会先是被国家拖入"改革（перестройка）"，然后陷入一系列"根本的变革（радикальные реформы）"①，并且不仅在经济和政治领域，而且在道德价值观和行为方式领域都经历了全面的道德退化和真空状态；②心理学家认为，俄罗斯社会长久地处于一种"自然实验室状态"，而公民的道德和法律意识则要经受严峻的考验；③政治学家则强调了因为各种经济指标而被排挤掉的道德价值和世界观的退化；④经济学家认为，忽视人的心理和道德世界是俄罗斯彻底性的经济改革所付出的惨重代价，强调加快道德伦理观建设的必要性；⑤哲学家们在观察了当代俄罗斯社会正在发生的事件和现象之后得出了"自由不仅导致人向'善'的方向的解放，同时也导致了人向'恶'的方向解放"的结论，指出政治自由并非人们理解的为所欲为，这样的自由会成为真正自由的敌人。

（二）社会调查的结果

一系列社会调查结果也证实了社会道德状况的总体性恶化。从总体情况的调查结果表现出明确的道德下滑趋势：表1是联合国发展纲要中《2007—2008人的发展报告》中提供的《俄罗斯统计学年鉴》的统计数据。

---

① А. В. Юревич: Нравственное состояние современного российского общества: эмпирические оценки / Вопросы психологии, 2016, №6, С.49-62.

② А. В. Юревич: Нравственное состояние современного российского общества: эмпирические оценки / Вопросы психологии, 2016, №6, С.49-62.

③ М. И. Воловикова: Нравственно - правовые представления в российском менталитете / Психологический журнал, 2004, №5, С.19.

④ В. К. Левашов: Социополитическая динамика российского общества: 2000-2006, М.: Академия, 2007, С.225.

⑤ Р. С. Гринберг: Пятнадцать лет рыночной экономики в России / Вестник РАН, 2007, Т.77, №7, С.588.

表 1　当代俄罗斯社会总体状况指标（2006 年）

指标	数据	俄罗斯所占据的位置
被谋杀的人数（每 10 万人）	20.2 人	第 1 位（欧洲和独联体）
自杀的人数（每 10 万人）	30.1 人	第 2 位（欧洲和独联体，位于立陶宛之后）
因酗酒而死亡的人数（每 10 万人）	23.1 人	第 1 位（欧洲和独联体）
因交通事故死亡的人数（每 10 万人）	17.5 人	第 3 位（欧洲和独联体，位于拉脱维亚和立陶宛之后）
平均寿命（岁数）	66.6 岁	最后一位（发达国家和经济过渡型国家）
人口数量的自然增长率（每 1000 人）	-4.8%	欧洲最后几位之一（位于保加利亚和乌克兰之前）
无家可归儿童数（每 10 万人）	89 人	第 2 位（东欧和独联体，位于立陶宛之后）
离婚数（每 1000 人）	4.5 人	第 1 位（欧洲）
堕胎数（每 1000 名 15—49 岁的妇女）	40.6 人	第 1 位（东欧和独联体）
单亲母亲监护下的孩子数（按%计算）	29.2%	第 9 位（东欧和独联体）
基尼系数	0.4%	第 1 位（发达国家和经济过渡型国家）
腐败指数（从 0 分至 10 分，分数越高，说明腐败水平越低）	2.3 分	第 143 位（在世界 180 个国家和地区中，与冈比亚、印度尼西亚和多哥并列）

　　表 1 中的数据显示了俄罗斯国家总体社会状况的下挫，反映了与之相关的动态发展的社会道德状况及其附带的价值观念体系的变化。

　　图 1 是俄罗斯当代社会道德状况动态图。此动态图（图 1）是

俄罗斯科学院心理学研究所宏观心理学研究室 2008 年提供的。①这是一个建立在许多综合指标基础上的社会道德状况的宏观评价图。从此图中可以看出,虽然社会总体道德状况呈现出波浪的非直线型变化的特征,但是整体的态势是下降的。而其中,又以改革初期的几年最为严重。

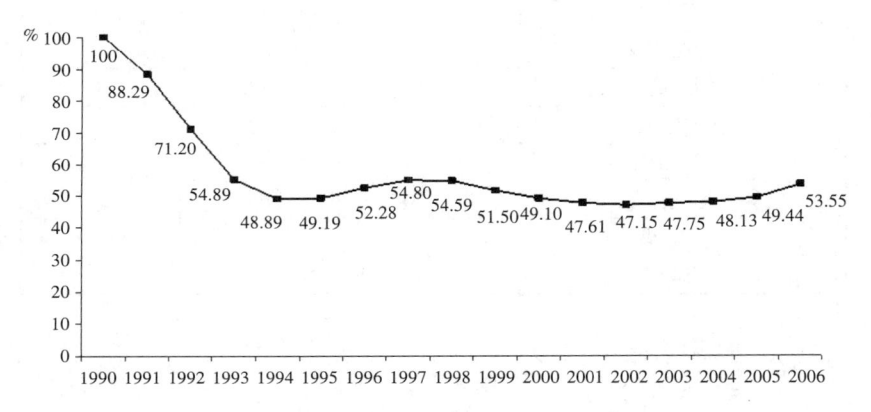

图 1　俄罗斯当代社会道德状况动态图

表 2 是全俄社会舆论研究中心在 2006 年对之前 10—15 年俄罗斯人道德情况的调查结果。②

表 2　在 2006 年的近 10—15 年俄罗斯人道德意识中变化最大的是什么（%）

人的道德品质	加强	弱化	维持原状
犬儒主义	57	13	19
侵略性	51	21	18

① С.Ю.Глазьев: Нравственные начала в экономическом поведении и развитии: важнейший ресурс возрождения России / Экономика и общественная среда: неосознанное взаимовлияние, 2008, С.406–421.

② В.В.Петухов: Должное и сущее в моральном сознании россиян / Человек, 2006, №3, С.149.

续表

人的道德品质	加强	弱化	维持原状
教育程度	37	36	23
积极性目的性	30	43	21
合作能力	25	38	26
勤劳	25	45	25
无私	13	59	19
爱国主义	12	65	17
对同志的忠诚	12	52	30
同情心	11	62	23
善意的关怀	11	63	23
相互信任	10	65	21
真诚	8	67	21
诚实	6	66	23

以上调查显示社会道德状况不容乐观，正如全俄社会舆论研究中心（ВЦИОМ）主任说的那样："作为集体意识的表达，道德已经成为社会状况中最薄弱的环节。"①

二、与社会道德恶化相关的社会问题

（一）愈来愈严峻的人口危机

占世界陆地总面积六分之一的俄罗斯只有约1.4亿人口，以如此规模的人口来应付如此广袤的土地，实在是一个棘手的问题，而逐年降低的出生率还在使这一状况日益加剧。苏联解体后，国家包办一切的福利体系也逐渐崩溃，面对更多现实生活压力及竞争变得残酷的情况下，生孩子成为俄罗斯年轻人力所不及的事情。据俄国家杜马妇女、儿童和青年事务委员会主席叶卡捷琳娜·拉霍娃说，

---

① В.В.Петухов: Должное и сущее в моральном сознании россиян / Человек, 2006, №3, С.149.

"现在几近半数的俄罗斯家庭中没有子女,只有一个孩子的家庭占家庭总数的 34%,有两个孩子的家庭占 15%,而多子女家庭则少于 3%。"①

除了经济衰退和政治动荡的大背景以及吸毒、酗酒等客观原因外,居高不下的堕胎率也是造成这个民族人口危机的重要原因。从 20 世纪 90 年代开始俄罗斯的堕胎率始终处于世界第一位(除了实施计划生育的国家外)。2008 年堕胎数量是 128 万人次,②事实上,俄罗斯是世界上唯一一个堕胎数量超过出生数量的国家。而高水平的离婚率也是造成出生率低迷的主要原因。俄罗斯家庭解体的婚姻目前高达 60%—70%,几乎是欧洲其他国家的 3 倍。③

要说明的是,一些非经济原因成为影响出生率的主要原因。调查表明,制约出生率的经济动因只占到全部动因的 15%—20%,"不愿意让孩子出生在这个国家"是人们不生育孩子的首要原因,并且被调查者突出强调了对社会道德现状的不满。④人口学家 А.Ю. 舍维扬科夫说,"俄罗斯的出生率和死亡率的变化趋势 80%—90% 取决于社会道德状况的极端不平衡和高指数的相对贫困人口"⑤,并由此强调:"社会-经济因素和人口指标之间的联系是通过人的心理反

---

① 俄罗斯第四次人口危机,http://ent.ifeng.com/phoenixtv/83931293120724992/20061013/904129.shtml,2006.10.13.

② Статистика: Численность абортов в России, https://ruxpert.ru/Статистика: Численность_абортов_в_России?ysclid=li6p5t8tt4148800514.

③ Российское общество переживает ценностный и духовно-нравственный кризис,http://komitet23.org/forum/index.php?topic=59.0;wap2,2011.4.12.

④ В. В. Бойко: Рождаемость: Социально-психологические аспекты, М.: Мысль, 1985, С.55.

⑤ А. Ю. Шевяков: Неравенство и формирование новой социальной политики государства / Вестник РАН, 2008, Т.78, №4, С.305.

应及由此生发的行为立场而间接地表现出来的。"①社会学家 A.B. 列瓦绍夫则认为："当代俄罗斯社会灾难性的人口问题可以用国家和社会之间的道德脱节来解释。"②人口学家 P.C. 格林别尔格强调："俄罗斯三分之二的不生育意愿与后苏联时代出现的诸如社会萧条、冷漠、攻击性等社会心理的异常现象有关，其中群众性的攻击行为是道德被破坏的直接表现，另外还有萧条和冷漠，而对道德的破坏是大众的心理反应。"③上述观点佐证了一个事实：人口危机也同社会的道德危机息息相关，它是社会公民对当前社会道德状况不满并对未来道德前景失去信心的表现。

（二）吸毒酗酒等固有不良行为方式加剧蔓延

吸毒、酗酒、吸烟成瘾等严重危害身心健康、道德风气和治安状况的不良行为方式在近几年内呈加剧发展的态势，并具有一些危害性极大的特点。2009 年材料表明注射型等高危毒品使用率高，俄罗斯是目前世界上注射型等最有危害性的毒品使用比例最高的国家。在戒毒所里登记的人数是 35300 人，而事实上，据专家的估计，俄罗斯有 160 万人在使用高危毒品，他们的平均年龄只有 27 岁。④这个民族的高危毒品使用率似乎也与它极端的性格有关，做事情一定要刺激，坏事也要做到极致。

---

① А. Ю. Шевяков: Неравенство и формирование новой социальной политики государства / Вестник РАН, 2008, Т.78, №4, С.305.

② В. К. Левашов: Социополитическая динамика российского общества: 2000–2006, М.: Академия, 2007, С.259.

③ Р. С. Гринберг: Пятнадцать лет рыночной экономики в России / Вестник РАН, 2007, Т.77, №7, С.588.

④ Российское общество переживает ценностный и духовно - нравственный кризис, http://skiu.ru/wp-content/uploads/2022/12/b1.b11.2-etika-i-aksiologiya-religii-1.pdf.

（三）酗酒、吸烟的危害已上升到影响国家未来的层面

世界上没有任何一个国家对喝酒和吸烟达到如此执迷的程度，除了俄罗斯。这个高纬度的严寒国家骨子里对酒精和香烟的热爱超越了对生活中许多其他世俗幸福的追求。社会动荡引发的生活水平的大幅下挫更让人们在心理上依赖烟酒，借以排遣烦恼缓解压力。但是无节制的酗酒和吸烟导致了极为严重的后果：心脑血管发病率攀高、死亡率居高不下、犯罪率飙升、办事效率低下、残疾儿出生比增加、家庭暴力数量上升、交通事故频发。"俄罗斯官员 2009 年 7 月 1 日说，目前每年因酗酒死亡的俄罗斯人达 75 万名，占总死亡人数的 20%。"①而在世界卫生组织公布的《2010 年全球成人烟草调查》报告显示②，在接受调查的 14 个国家中，俄罗斯成年烟民比例最高。在 4400 万俄罗斯成年人中，60% 的男性、22% 的女性吸烟。

这些问题已经远远超过了日常行为习惯，是成为导致很多社会问题产生的根源。这些社会问题是从根本上影响一个国家未来发展的关键所在。

（四）不良行为方式呈现低龄化态势

无论是吸毒、酗酒还是吸烟，在俄罗斯都表现出低龄化的变化趋势。初次吸毒孩子的平均年龄为 16 岁，初次酗酒的平均年龄是 13 岁，而初次吸烟则是 11 岁！③他们没有被给予正确的价值引导，众所周知，社会转型时往往无力营造平稳有序的社会环境，也不会

---

① 《数据显示每年有 75 万俄罗斯人因酗酒死亡》，载《环球时报》，2009 年 7 月 1 日。

② 《调查称俄罗斯人烟瘾最大 每年 50 万人因吸烟而死》，http://www.4908.cn/html/2010-11/18572.html，2011 年 5 月 23 日。

③ Российское общество переживает ценностный и духовно-нравственный кризис, http://skiu.ru/wp-content/uploads/2022/12/b1.b11.2-etika-i-aksiologiya-religii-1.pdf.

树立清醒的价值导向。没有一个像苏联时期那样明确的、积极向上的价值目标体系，而这些孩子恰好出生和成长在国家体制剧变后的转型中。孩子是国家的未来，孩子的生存及价值危机无疑是整个国家的时代危机。

（五）暴力犯罪猖獗且得不到有效遏制

道德滑坡必然导致社会犯罪率激增。而暴力犯罪则是社会极端不满情绪的一种变态发泄。谋杀、恐怖袭击、重伤害、贩卖人口事件屡屡发生。国际刑警公布了根据俄罗斯警方提供的2002年犯罪统计数据，共分七类，主要包括谋杀、性犯罪、严重伤害、盗窃、诈骗、假币、毒品犯罪等严重犯罪类型。2006年每10万人中就有17人死于谋杀，这个比例居欧洲第一，是英国的42倍、罗马尼亚的10倍、乌克兰的2.1倍；坐牢人数的比例占世界第二，每60个有劳动能力的成年男性中就有一人在监狱服刑。[1]当凶案率达到10万分之40至50时，国家就面临政府权威彻底崩溃的危险，并有可能陷入失控和军阀割据的状态，这成为最令俄罗斯政府头痛的事情。

整个社会被暴力情绪所充斥：学校里学生痛打老师，喝醉的父母把孩子从窗子扔到楼下，地铁和公交车上青年人以放肆的态度挑衅老年人和异族人；青少年、女性和军人犯罪率及隐性犯罪激增……民众对法律活动的客观性和原则性持明显的不信任态度。"如果你自己不能保护自己，那谁也保护不了你；我的安全就在我的拳头上"；"没有一种力量是为了保护公民安全的"……类似的表述充分体现了居民对法律和执法机构的不信任。俄罗斯执法机关对社会的影响力远不如有组织的犯罪团伙的影响力。

---

[1] А．В. Лысова, Н．Г. Щитов: Системы реагирования на домашнее насилие: опыт США / Социологический журнал, 2003, №3, С.100.

可以说，社会转型同样使遏制犯罪的体系遭受破坏。1991年前的打击犯罪体系，包括打击日常犯罪在内的体系，囊括非常广泛的互相协调措施，首先是预防性措施。非常有效地执行了刑事犯罪规定和对在公共场所酗酒、不劳而获、私自酿酒、游手好闲、乞讨和教唆未成年人从事非法活动的行为追究行政责任的规定。当时的"社会委员会""同志审判会""劳动就业委员会""打击酗酒委员会"都起到了相当重要的预防作用。而"在国家转入新的社会经济形态后，原有的预防违法体系被彻底瓦解，结果造成目前犯罪率提高"①。

俄罗斯政府想尽办法遏制居高不下的犯罪率，包括发展群众体育运动，对未成年人实行"宵禁"等措施，甚至从2011年3月29日开始实行的永久夏令时都是为遏制犯罪所做的努力之一。

三、全面嬗变的主导价值观

苏联社会主义国家解体后，以"爱国主义""集体主义""团结向上""善良诚实"等价值要素为基础的社会主义核心价值观发生全面嬗变，取而代之的是"极端主义""个人主义""犬儒主义""道德虚无主义"以及具有综合性特点的"道德混合主义"。

(一)极端主义情绪疯长

俄罗斯社会的极端主义实际上是从前的种族主义和大斯拉夫主义变相发展的结果。俄罗斯是一个一直怀有种族优越感的民族，更何况他们在20世纪还曾经创造过极为辉煌的历史。但是突如其来的社会制度剧变把这个国家打击得面目全非，对于普通民众而言，辉煌的历史成为记忆，国家在国际上的地位大不如前，从前有保障

---

① 俄内务部：《俄罗斯犯罪率高于苏联》，http://www.hljic.gov.cn/zehz/sszx/t20080128_252126.htm.

的生活也难以为继；而一些发展中国家，则因为政治局势的相对稳定获得了好的发展机遇，国力迅速提升起来。这些国家从前对苏联的发展成就恐怕是望尘莫及的。在巨大的社会现实带来的难以弥合的心理落差之下，后发展的"异族"人的成就刺痛着这个国家部分人敏感的神经，俄罗斯人的种族仇视情绪被培育和极大激发出来。从国家的角度来讲，俄罗斯比以前更愿意用强硬的态度解决问题，"插旗北极"、"登陆争议岛屿"、以"硬碰硬"手段解决民族矛盾等行为都是极端主义在国家层面的表现。在这样的价值引导下，侵略行为的正义性得到群体认可。极端主义情绪和新纳粹主义团体在俄罗斯民族中迅猛增长。根据俄联邦内务部的统计，结果显示：51%的被调查者赞成将一些种族驱逐出境，对"其他民族不友好"行为持宽容理解态度的占22%[①]；2003年俄罗斯共有453个怀有民族极端主义情绪的组织，近20000人[②]。其中以光头党最富代表性。光头党没有统一的组织，其成员分布广泛但却缺少联系，在严格意义上说，它不是一个"党"，而只是一种风潮，一种亚文化现象。在同一座城市中往往存在着数个光头党组织，甚至在一所学校中就会有不同的光头党团体。俄罗斯光头党的年龄一般在18岁以下，18岁以后他们会离开这种极端组织应召入伍，或进入学校，成为影响整个社会道德风气和安全稳定的负面因素。莫斯科人权事务署在对光头党问题作了认真分析后认为，俄光头党问题仍将持续多年。因为"刺激光头党发展的重要因素仍然广泛存在于俄社会中，比如大

---

① Российское общество переживает ценностный и духовно-нравственный кризис, http://skiu.ru/wp-content/uploads/2022/12/b1.b11.2-etika-i-aksiologiya-religii-1.pdf.

② Российское общество переживает ценностный и духовно-нравственный кризис, http://skiu.ru/wp-content/uploads/2022/12/b1.b11.2-etika-i-aksiologiya-religii-1.pdf.

规模的贫困、巨大的社会贫富差距、教育改革的不成功、车臣战争仍没有完全结束、法制不健全、法律执行不力和民族主义以及大国思想的大行其道等"①。更重要的是，这些青年的极端主义思想更成为社会暴力思想普及的"促进剂"。

需要指出的是，很多俄罗斯人将这种极端主义等同于爱国主义，是俄罗斯国家在困难之时所需要的精神价值。但事实上这种极端主义和从前的爱国主义绝非一回事儿，恰恰是爱国主义危机的表现。爱国主义是对自己祖国的热爱和在情感上的固有归属，同时更是以爱这个国家的所有人民及为这个国家的发展作出贡献的所有人为宗旨，保护他们的健康，人身安全和物质利益，是一种积极向上的健康的正面的价值观念，而绝非狭隘民族主义意义上的"爱国"。

(二) 个人主义价值确立

俄罗斯个人主义价值观的形成与改革最初的私有化运动和对"自由价值"的倡导密切相关。个人主义把个人与社会对立起来，一切从个人需要和个人幸福出发，反对统一的社会价值标准。个人主义呈现出向极端发展的趋势，为了个人利益而不择手段地损害社会和他人。

私有化导致"经济中心主义"的产生，而后者最直接的表现就是公民全部社会行为的现实化和自私化。"有用即合理"成为确定行动价值的标准和对成功的理解。可以说，这一价值标准的确立改变了人们的全部行为方式。

个人主义的严重负面结果是个体不再关心社会的进步，国家发展民族利益等核心价值被置之一隅。个体只关心与自己利益相关的政策、事件，对未来生活的低期望值也导致俄罗斯人"及时享乐"

---

① 方亮：《俄光头党：将"种族战争"进行到底》，载《南风窗》，2008年第8期，第91页。

行为的普遍涌现。购物、休闲成为主流文化生存方式,以莫斯科为首的俄罗斯的多个城市成为世界奢侈品消费中心。追求与个人实力不符的时尚潮流,名表、豪车、名牌服装等成了大多数人,尤其是青年人向往的物质财富;在莫斯科的大学里,开世界名车的年轻人比比皆是,而与此形成鲜明对比的是许多乘坐公交车和地铁上下班的老师们。

"自由价值"在当时和目前的俄罗斯都被理解成为与"公共自由"或"集体自由"相对立的价值概念,"但是这一概念除了造成自私自利之心和个体的蛮横行为之外,再没有其他的内涵"①。"为所欲为"和"放任自流"是俄罗斯社会对"自由价值"的庸俗理解。在实现个人自由的同时,不考虑或很少考虑社会的发展、国家的利益、他人的权利,一切有碍自己想法实现的法律和原则均被看成是妨碍自由的。2005年全俄社会舆论研究中心(ВЦИОМ)的一个社会调查就很能说明对自由主义的泛化理解,也从另一个侧面表明了俄罗斯人的"自我意识"②:

您认为下列哪些措施最不尊重人权:

禁止在大街上喝啤酒和其他含酒精的饮料——30%;

禁止16岁以下的未成年人23点后独自出现在街上——13%;

禁止在公共场所吸烟——12%;

禁止出售色情制品——9%;

禁止荧屏暴力——8%;

禁止在公共场所使用非标准词汇——7%;

---

① Б.Ф. Славин: Россия в поисках идеологии / Свободная мысль, 2008, №5, С.26.

② В.В. Петухов: Должное и сущее в моральном сознании россиян / Человек, 2006, №3, С.152.

禁止媒体使用非标准语——6%；

禁止向未成年人出售烟酒——6%；

哪一项也不破坏人权——63%。

最关键的是，这一调查表的设计者对自由价值的理解也是存在偏差的。因为这些有违"个体自由"的规则事实上是为"公共自由"创造条件的，是为每个人的最终事实权利的实现作贡献的。

庸俗"自由主义价值"的泛滥加剧了俄罗斯社会道德的无序状态，为个人主义价值观的定位提供思想基础。个人均站在自己的立场上考虑问题，不顾法律规范和道德原则。自由价值导致的个人主义行动方式使社会的发展按照离心力的原则运行，造成社会成为国家名下松散个体联合的"社会"，导致了在精神和文化主体价值上的俄罗斯国家风险。

（三）精神犬儒主义蔓延

价值世界的犬儒主义蔓延是俄罗斯社会道德观变化的一个显著趋势。

价值世界的犬儒主义蔓延与共产主义信仰的崩溃关系巨大。在原有的共产主义道德世界观下，每一个公民的行为都受到双重激励，即在实现个人价值的同时又符合社会的要求，并在价值立场上促进社会整体道德进步。比如个人劳动成为自己衣食所依的源泉，同时个体劳动又必须以团结、互助、诚实、勤劳的原则为道德基准，以为社会提供更好的社会服务和产品。而共产主义道德观坍塌之后，个人的行为不再受终极信仰和宏观的民族及国家价值所指引，当然这些价值对行为者也失去了应有的约束力，所以，个体行为的道德动机和监督力被大大削弱。从前需要考虑的国家利益、民族未来、社会准则等都不再对个体行动发挥作用，个人价值一旦失去远大的目标指向，必然会陷入精神犬儒主义。

俄罗斯价值世界的犬儒主义主要表现为：

第一，失去理想和对未来的信心。大部分人放弃对世俗幸福之外的精神理想的追求。准备成为科学家、艺术家、学者的青少年少之又少。在莫斯科大学这样的世界级名校，想要留下来做科研和教学工作的人也是不多的；"高尚""团结""真诚"等原有社会主流价值已经从个体价值世界的中心彻底滑脱下来，取而代之的是"低俗""自私"和"冷漠"；相当多的人对未来社会的发展持悲观态度，不相信国家的状况在近期内有根本性的转变。1990年有移民意愿的人数占被访问者的10%，1997年为12%，而到了2004年上升到20%。[①] 民众在等待的过程中失去了耐心和信心，68.8%的人具有强烈的宿命意识，认为现实无法改变，尤其是他们已不指望国家在整体上的改变，打算依靠自己的力量自己渡过难关的人从1990年的43%上升到78.3%。[②] 这是一个具有强大国家依赖感的民族在悲观现实面前作出的无奈妥协。

第二，文化品位低级化。少有文化价值内涵的大众文化成为当代俄罗斯人日常休闲的主要媒介，但是大众文化却不再承担社会道德责任，34%的人认为目前俄罗斯的大众文化有损社会道德风尚，29%的人认为大众文化对社会的影响是正面的，而这些人中的绝大

---

① Использованы результаты опросов российского населения, осуществляемых на регулярной основе более 10 лет социологическим центром Российской академии государственной службы при Президенте РФ. Опросы проводятся по сопоставимой методике и многоступенчатой квотной выборке объемом от 2000 до 2400 человек, репрезентирующей территориальное размещение россиян, соотношение жителей крупных, средних и малых городов, сел и поселков, основные социально-демографические группы в возрасте 18 лет и старше.

② С. Н. Соломатова: Ценностные ориентации россиян в процессе формирования гражданского общества в современной России / Социально-гуманитарные знания, 2007, №6, С.73.

部分都是不满 24 岁的青年和少年。①

全俄社会舆论研究中心 2006 年所作的调查中有一项内容是："您认为哪些人是当代俄罗斯人的偶像"。调查结果显示②：

  流行乐和摇滚乐明星——47%；

  成功的商人和金融寡头——38%；

  电视剧的主人公——30%；

  体育明星——22%；

  普京——10%；

  当代俄罗斯政治家——4%；

  革命者——1%；

  其他——1%；

  没有——9%；

  很难回答——13%。

从中我们能够清楚地感受到人们尤其是青年对文化品位的追求低俗化趋势。

文化品位低俗化还表现在对读书兴趣的降低上。苏联是一个正规图书出版的大国，也是阅读兴趣最高的国家之一，当时世界上每出版的四本书中就有一本是用俄语印刷的，但是今天这一辉煌早已不在了。以青少年为主体的阅读群体的阅读兴趣急剧下降，2009 年的材料表明，在近 15 年间阅读量的比重从 50% 下降到 18%，③这些

---

 ① В.В. Петухов: Должное и сущее в моральном сознании россиян / Человек, 2006, №3, C.152.

 ② В.В. Петухов: Должное и сущее в моральном сознании россиян / Человек, 2006, №3, C.151.

 ③ Российское общество переживает ценностный и духовно‑нравственный кризис, http://skiu.ru/wp-content/uploads/2022/12/b1.b11.2-etika-i-aksiologiya-religii-1.pdf.

阅读量也是由那些色情小说、侦探小说和悬疑作品来保证的。出版物的知识性远不如从前，经典教育教学文献的市场占有量下挫，道德精神教育的成分少之又少。

第三，日常行为随意不羁。集中表现为：

日常交往中的长幼之序、男女之别的应有规则被打破；

谎言、虚伪和下流举动司空见惯；

无礼行为和脏话充斥耳目；

荒淫等低级行为随处可见；

金钱中心主义定位；

行为非道德性普遍；

爱国热情锐减；

"无文化"现象激增；

媒体无道德责任……

更为重要的是，上述全部行为均已成为社会生活中的常态，除了在苏联时代生活过的老人外，很少有人对此表现出深刻的内省，认为它是一个具有危机性质并亟待解决的社会问题。相当多的人对具有明确负面道德性的行为持宽容态度，实际上是降低了对社会道德的期望。全俄社会舆论研究中心（ВЦИОМ）在2006年的一项有关"哪些行为是可以被理解的，哪些是可以得到原谅的"调查[1]就提供了清楚的社会认可，一定程度上说明社会整体道德价值观的退化和整体道德水平的下降。

---

[1] В.В. Петухов: Должное и сущее в моральном сознании россиян / Человек, 2006, №3, С.151.

表3 "哪些行为是可以被理解的,哪些是可以得到原谅的"调查

行为	可以理解(%)	可以原谅(%)
吸毒	5	2
醉酒吸烟	19	4
残忍地对待动物	13	3
行贿受贿	29	4
不守商业诚信	22	7
非法敛财	18	4
逃税	31	9
将失物据为己有	36	15
逃票	41	19
卖淫	13	9
背叛婚姻	27	16
粗野和有伤风化的行为	23	3
监管不力和遗弃儿童	7	1
逃避兵役	43	12

更多的人以无所谓的态度对待自己、他人和社会。冷漠,无动于衷,认可社会现状;不悲不喜,不发表见解,不为未来的目标争取……

社会生活的犬儒化作为道德价值观的突出表现值得引起他人的注意。它有的时候甚至不能用"善"和"恶"的道德标准去衡量,存在着甚至不能用道德标准衡量出来的社会"恶",因为这样的社会负面道德问题展现出来,能让社会国家和相关机构等施为者的拯救行为有的放矢,有对象,有目标,有策略。而无所谓的犬儒主义者就像患了孤独症的孩子,在精神价值领域没有交流,没有意见。犬儒主义现象也如同社会主体给社会施加的精神冷暴力一样,让社会悲从心来,却束手无策。

(四)道德虚无主义盛行

道德虚无主义不同于道德至上主义,也不同于道德相对主义,它彻底否认事物有对错、善恶之分,既不肯定道德规范,也不予以否定。总而言之,道德虚无主义者生活在一个与道德无关的世界,他们通过消解社会规范来达到为自己行为辩护的目的。

社会生活领域道德虚无主义思潮的兴起与苏联社会后期的历史虚无主义思潮盛行保持着一脉相承的因果关系。20世纪80年代中期起,一股历史研究的虚无主义逆流而动,否认客观事实,混淆了人们判断历史的标准。

历史虚无主义否认历史的规律性,承认支流而否定主流,透过个别现象而否认本质,孤立地分析历史中的阶段错误而否定整体过程,其本质是历史唯心主义。历史研究的虚无主义本质在于:它以"重新评价"历史为名,歪曲、否定苏共领导下的社会主义革命和建设的历史,进而否定苏共和苏联的社会主义制度,这股逆流是苏共垮台和苏联解体的催化剂。历史虚无主义给苏联最大的伤害在于,人们很难透过飞扬的尘埃落下自己的判锤,事实上是以挖掘历史真相之名,做背离历史之事,混淆了大众的视听。即便有些史实的确存在,但判断也没有遵循辩证唯物主义和历史唯物主义的方法,没有坚持符合当时国情状况的价值标准。指鹿为马的悲剧持续上演,既没有客观的解释,又缺少道德约束的社会舆论是对是非莫辩的宣扬,历史研究的虚无主义思潮愈演愈烈。

社会道德领域中的虚无主义思潮通过以下现象集中得到表现:

第一,过去社会制度和社会生活的罪恶被夸大。苏联社会主义制度框架下的一切都成为抨击嘲笑的对象。从马克思主义的辩证唯物主义和历史唯物主义世界观和方法论到社会主义制度本身,从共产主义理想到社会主义制度下的现实运行,从列宁到斯大林,从苏联的物质生活到精神价值，无一不被攻击，一切与以往制度有关的东西都成为嘲笑的对象，都变成了万劫不复的魔鬼。人们对社会主义制度的仇视情绪被无限地鼓动起来，导致社会道德判断极端化、群体化，公众的价值导向根本转变。

第二，苏联时代的负面人物和行为被舆论特赦。从私有化运动开始，那些一夜暴富的政治家和商人就成了人们仰望的对象。人们似乎不大计较他们从前以非道德的手段将攫取的国家财富放入个人囊中的技巧，甚至也不计较他们在苏联时代曾经是游手好闲的、挖社会主义墙脚的人，甚至是罪犯。"对过去负面行为的特赦具有极大的吸引力，它造就了当代俄罗斯最成功的一批人，而这些成功人士就是以破坏道德原则和法律法规发家的（某人过去是匪徒，不重要，因为现在他是'可敬的商人'，他的过去没有意义）。"[1]混淆善恶，割断历史的行为在价值世界反映的是公众对历史现实中的事件现象人物的道德判断标准被扭曲，道德认识混乱，道德行为失范。

第三，价值世界"无立场"原则被推行。当个体行为和群体行为的道德立场缺失的时候，人们似乎生活在一个"没有世界观的世界"里，这是道德虚无主义的典型表现。做任何事情，不再考虑道德价值因素，不从善恶出发。当经济中心主义占了上风之后，精神价值的因素便少有人再顾得上了，"去道德性"成为当代俄罗斯文化领域的典型现象。从 90 年代开始，就流行这样一些论调："只要法律没有禁止，那么什么都是可能的""应当按规则生活，而不是按良心生活""钱是最重要的，而如何获得它并不重要"等，本质上就是否定道德在一切行为中的作用，否定一切行为中的道德因

---

[1] А. В. Юревич Нравственность в современной России / Проблемы интеграции лиц с ограниченными возможностями здоровья в современном российском обществе / Санкт-Петербург: Ленинградский государственный университет имени А.С. Пушкина, 2011, Т.1, С.125.

素，它实质上为人们提供了一种在金钱和道德之间做"非此即彼"的两难抉择的伦理悖论范式。这一范式最终导致的是"我们的社会开始不再按着良心标准生活，也不再按照法律标准生活，而是按'个人的理解'生活"。

但是"没有世界观的世界"怎么可能呢？社会是一个现实的社会，生活是具体的生活，人是有差别的人；物质发展不平衡，文化水平不同一，社会矛盾的表现也是方方面面。俄罗斯有它的历史之根，也有现实之需。尤其是在一个刚刚转轨的国家里，就更需要有针对性的道德法律体系来指引社会生活的基本走向。既"好"又"善"的生活都应当是社会发展的根本原则。

第四，道德监督建设主体缺失。在整个共产主义价值被摒弃后的一段时间内，俄罗斯是没有价值而言的，道德价值观更无从谈起。就好像巨大的地震或海啸之后，社会的职能机构也在自然灾害中损毁了，即使有些未被损毁，至少也是元气大伤，不能立刻有效地组织起来，所以，在最初的阶段，没有"能作为"的主体，社会运转必然失灵。从前，道德规范的制定和实施是在国家政府引导下进行的，而解体后，国家不再直接参与管理教育并不再对教育（包括道德教育）直接负责任，这一根本原因导致了社会道德价值观的真空状态。从教育体制本身来看，产生了以下妨碍道德价值观延续或重建的原因：

国家自动放弃教育管理的主体地位；

社会贫困化导致精神性劳动出现饱和趋势；

成熟的教育改革模式缺位；

知识传授和品德教育结合的原有模式遭到摒弃；

教育的文化功能降低；

教育投入长期不足；

各社会阶层受教育机会不均现象加剧；

教育商业化无孔不入；

教师的社会地位和收入大幅降低；

一些家庭无力供养孩子上学。

对于当时的俄罗斯，前一个制度解体了，后一个制度还没有组建，更遑论有效施为。更何况，价值体系的建构本身就是滞后于制度建设的。共产主义道德价值成为被嘲笑的对象，苏联道德教育体系的成就完全被泯灭，学校里不再开设与品德教育有关的任何课程，苏联时期组织严密的党、（共青）团、（少先）队、辅导员、班主任和学生班级的德育组织体系，在当时俄罗斯的学校里也已不复存在，社会道德宣传彻底缺位，全部社会现象不再引起道德评价和伦理关注；伦理学者为在学术上迎合社会制度转轨而寻找"突破口"，规范伦理学随马克思主义伦理学的终结而退出研究视野；"去道德"和"无道德"立场充斥整个社会。所以说，正如当时的"伪资本主义"制度一样，这个"制度"下的价值体系也是"伪资本主义"的，简而言之，是无所谓"制度"，无所谓"价值"的。制度和价值的"不存在"是真实的，而任何一种"存在"都是虚假的。

（五）道德混合主义衍生

20世纪末，俄罗斯社会在经过了解体后的制度真空状态之后，各种政治势力和思潮纷纷抢占社会主义制度和意识形态消散之后的空间。"政治混合主义"导致了"道德混合主义"的产生。苏联解体打破了苏联时期一党执政的政治格局，各种政治组织和政党如雨后春笋在俄罗斯蓬勃发展。从各种政治团体和社会组织的活动看，"政党""运动""集团（联合组织）"并没有什么实质差别。除了形形色色的民主改革党派以外，还有各种自由主义派、恢复宗主制运动、新法西斯组织、极端民族主义组织、社会民主党人、极左派,以及绿党、啤酒党、俄罗斯联邦、俄罗斯-苏共、俄罗斯共产主义工人党、俄罗斯人党、苏共联盟、争取苏联斯大林联盟、劳动俄罗斯等。各政党逐渐形成了自己的价值立场和行动原则,很少形成对社会发展有益的、统一的意见,一些政党盲目效仿西方,但成效甚微。这一情况一直持续到2003年12月俄罗斯的议会选举。

每一股政治势力、每一个政党、每一个政治派别都会有自己的社会理想,有的主张完全效法西方,有的主张实施俄罗斯的民族统治,有的主张人权的绝对性,有的主张以俄罗斯的传统文化价值作为团结的纽带,有的仍坚持苏联时期的意识形态导向,还有一些只有具体的策略,而没有长远的发展规划。政治上呈现出来的导向多样性催生了价值导向的多样性。所以,当统一的道德价值崩溃,在经历了一段时间的"无道德"状况后,俄罗斯开始进入道德"混合主义"时期。不同政治势力主导下的不同价值观念所导致的道德混合主义呈现出以下特点:

第一,道德立场的一致性丢失。不同的政治势力各自为政,整个社会没有一个核心的价值观念体系,因而导致公民失去以往可以遵行的行动标准,甚至在基本价值判断上出现黑白颠倒的情况。例如,所谓"权威商人(авторитетные бизнесмены)"的"合法"犯罪活动在事实上被政府默许,致使普通公民也对这一现象见怪不怪;轻视生命的态度普遍存在导致谋杀和重伤害事件屡屡发生;受贿等腐败行为全面化的实施被认可,29%的人更愿意接受行贿的方式以达到自己想要的目的。①正如政治学家 О.Т. 鲍果莫洛夫所说的:"俄罗斯人几乎以没有任何抗议和道德不满的情绪忍受全面腐败、

---

① В.В. Петухов: Должное и сущее в моральном сознании россиян / Человек, 2006, №3, С.155.

行贿受贿和日渐猖獗的犯罪行为。"①

第二，道德教育主体缺失。国家不再承担道德教育和引导的责任，而各种政治势力的观念灌输则无孔不入。公民接受所谓"道德"舆论宣传时明显没有甄别能力。而事实表明，公民还是需要国家和政府承担相应的职责的，以摆脱各种政治势力给人们带来的无所适从的困境。根据2006年全俄社会舆论研究中心所作的有关"哪些主体应承担捍卫社会道德责任"的民调，结果显示：有96%的被访问者回答的是正规的教育机构，文化和社会服务机构——94%，文化部——93%，媒体——93%，个人和社会组织——90%，宗教——89%，地方政权——87%，社会保障机构——84%，慈善和人道主义基金会——81%，总统——79%，地方行政长官——79%，内务部——75%，工会——74%，议会——71%，下议院——70%。②由此可见，公民对各种政治势力和党派的价值观念引领是不统一的，更需要强有力的国家政府机构来充当道德教育的主体。

第三，个体道德世界观呈现矛盾性特点。社会转型导致个体价值观呈现矛盾性特点。公民一方面对从前强大的国家管理仍存心理依赖，希望社会这双"强大的手"能起调控作用，以保留苏联时代和谐高尚的道德生活图景，但又希望自己获得更多的"民主"权利，这种权利不是现在政治制度所提供的抽象的权利，而是在享有自由的同时，自己的物质和人身安全都能得到保障的"活生生的"（витальный）权利；在个体道德判断上，公民一方面不认可社会道德现实，对一些社会行为的非道德性表示不满，但另一方面对自己又有同别人不一样的道德要求。

---

① О.Т. Богомолов:Экономика и общественная среда / Экономическая наука современной России, 2005, №4(31), С.11.

② В.В. Петухов: Должное и сущее в моральном сознании россиян / Человек, 2006, №3, С.155.

四、出路何在

20世纪初,对于整体上恶化的道德状况以及充斥整个社会的道德危机,俄罗斯人自己也承认,试图给出一个简单可行的答案以解决目前的状况几乎是不可能的,对社会道德未来的悲观情绪普遍蔓延。政治局面的混乱,有效施为的政治主体缺失致使民众在克服物质生活带来的困难时饱受挫折,因而对未来不再期许,理想和道德价值弱化正是现实生活状况窘迫的反映。2003年的调查显示,73.2%的被访者的恐惧心理与其毫无保障的未来密切相关,74.6%的被访者极度担心失去既有的东西,而10.4%的受访者表示自己已经没有什么可失去的东西了,81.7%的受访者表示自己不会做超过一年的未来打算,67.4%的受访者认为自己毫无承受经济危机打击的能力,48.3%的受访者表示面对犯罪行为毫无保障,46%的受访者认为,如果国家以当前的态势持续发展下去的话,俄罗斯社会将面临灾难性的未来。相应地,对社会的道德未来,更持不信任态度,"危机(кризис)""沦丧(порча)"等消极词汇是与有关道德主题一起出现的频率最高的词汇。2003年国家杜马选举前,81.7%的选民代表不相信投票的统计结果,但毫无办法,社会道德混乱和堕落的现实正被迫接纳。①

包括"要重视道德教育""道德危机影响未来发展"等观点在内的认识一定程度上达成了共识,还有宗教道德及其教育的加入,

---

① Использованы результаты опросов российского населения, осуществляемых на регулярной основе более 10 лет социологическим центром Российской академии государственной службы при Президенте РФ. Опросы проводятся по сопоставимой методике и многоступенчатой квотной выборке объемом от 2000 до 2400 человек, репрезентирующей территориальное размещение россиян, соотношение жителей крупных, средних и малых городов, сел и поселков, основные социально-демографические группы в возрасте 18 лет и старше.

更有比较具体的建设性意见,诸如"重新审视'自由观念'""恢复道德监督检查机制""赋予道德规范以相应的法律地位及保障""以法律手段减少社会犯罪和日常文化的失范"等等。遗憾的是,在有效方案提出少之又少的基础上,基于经济和制度的多重限制,很多方案只停留在口头上,没有变成可操作的制度。没有制度的保证,一切都还是满纸的"荒唐言"。正如 O.T. 鲍果莫洛夫所言:"无论是我们,还是西方国家,现代性都在持续地敲着深刻道德危机的警钟,但可行的途径尚未找到。"[①]何况俄罗斯的情况更为复杂,它是历史遗留的制度危机导致的价值危机,也是妨碍社会正常转型的关键性因素。它既是由社会转型时期根本的经济制度和政治制度转变而引起的,同时又保留了具有本民族文化要素的危机特点,既有断裂又有继承,呈现出极为复杂的嬗变轨迹。所以,对于俄罗斯社会而言,道德危机的治理还是一个牵一发而动全身的长远规划。

第二节 社会思想回潮与新道德价值观树立

民调结果证实了俄罗斯社会的系列思想回潮:恢复"劳动英雄"称号,重编历史教科书,重树民族统一思想、重估戈尔巴乔夫改革、重塑爱国主义、重现集体主义、重评马克思主义。回潮现象背后表达了社会价值选择、利益诉求的变化,更反映了价值立场和价值观念的变化:社会价值立场选择转向务实,社会价值观念重建趋于具体。俄罗斯社会价值立场和观念的变化源于对历史的反思、对现实的尊重,更源于从实际出发解决问题的迫切需要。近年来俄

---

① O.T.Богомолов:Нравственный фактор социально-экономического прогресса / Вопросы экономики, 2007, №11, C.59.

罗斯社会出现的系列思想回潮事件在本质上是好的，在价值判断上是善的，其结果令人期待。随着俄罗斯对制度剧变造成的失序状态的摆脱，其社会思想和意识形态领域产生了一系列思想回潮事件和现象。系列回潮事件事实上是社会发展变化的结果，也昭示了社会价值立场和观念的变化趋势。

一、系列"回潮"事件概观

（一）恢复"劳动英雄"称号

2012年10月13日全俄社会舆论调查研究中心围绕着"是否需要重新恢复'劳动英雄'称号？如果需要，为什么？""今天应该把'劳动英雄'奖励称号颁发给谁？"等相关问题在全国范围内进行了调查。调查结果显示①，67%的被调查者对恢复"劳动英雄"奖励称号的提议表示支持，17%表示反对，16%表示难以回答；在被问及原因时，45%的被调查者认为恢复"劳动英雄"的奖励称号是对劳动表达应有的尊重和谢意，14%认为可以促使人们更好更多地参加劳动；7%认为可以获得更多报酬，5%认为倡议在总体上是好的被需要的，4%认为劳动者会因受到重视而感到愉快；对"今天应该把'劳动英雄'奖励称号颁发给谁？"这一问题的回答意见较为分散：45%的被调查者表示难以回答，11%认为应颁给"工作中最有地位的人"，10%认为应颁给"在某领域作出重大贡献的人"，6%认为应该颁给"普通人，工人阶级的代表"，5%的被调查者主张颁给"善良诚实的工作者"……

重新恢复"劳动英雄"奖励称号的倡议在苏联解体约22年以后的资本主义俄罗斯被提出，其意义就不只事件本身了。支持倡议

---

① Пресс-выпуск ВЦИОМ № 2165，"Герой нашего времени"，https://wciom.ru/analytical-reviews/analiticheskii-obzor/geroj-nashego-vremeni.

者众多，也出乎人的意料。

半年后的2013年4月17日，全俄社会舆论调查中心对这一问题再次进行调查，结果显示[1]：支持"重新恢复'劳动英雄'奖励称号"的被调查者的比重由半年前的67%上升至81%，不支持的由17%降至11%，8%的人认为难以回答；对"今天应该把'劳动英雄'奖励称号颁发给谁？"的问题的回答也发生了变化：认为难以回答的被调查者从半年前的45%降至28%，认为应颁给"在某领域作出重大贡献的人"由10%升至27%，认为应颁给"工作中最有地位的人"的由11%升至17%，认为应该颁给"医生、教师、学者"的由4%上升至9%……

(二) 重编历史教科书

2007年6月21日，俄罗斯总统普京接见商讨俄新版教科书编纂问题的与会代表，标志着俄罗斯重新编纂历史教科书的倡议进入实质阶段；同年，俄罗斯高等教育人文科学协会批准出版了面向教师的历史教学参考书：《俄罗斯现代史1945—2006年》，2009年《俄罗斯现代史1900—1945年》出版。其后，普京又先后两次接见教材的主编А.А.丹尼洛夫、А.Ф.菲立波夫和其他编者，强调要坚决杜绝丑化和歪曲俄罗斯民族历史的行为，还历史以本来面貌。

2013年8月9日，全俄社会舆论调查中心围绕"《祖国史》教科书应该写些什么"的调查数据显示[2]：59%的被调查者对祖国的历史感兴趣，74%的被调查者希望学校老师讲授祖国史；在被问及"您总体上对我国的历史是否感兴趣"时，回答"非常感兴趣"的

---

[1] Пресс-выпуск ВЦИОМ №2281, "Герой труда: возвращение", https://wciom.ru/analytical-reviews/analiticheskii-obzor/geroj-truda-vozvrashhenie.

[2] Пресс-выпуск ВЦИОМ №2368, "О чём писать в учебниках истории отечества", https://wciom.ru/analytical-reviews/analiticheskii-obzor/o-chyom-pisat-v-uchebnikakh-istorii-otechestva.

由 2007 年的 7% 上升至 16%，回答"比较感兴趣"的由 2007 年的 32% 上升至 43%，表示"不太感兴趣"的由 2007 年的 36% 降至 28%；在被问及"什么样的历史问题必须在教科书中占特殊位置"时，58% 的受访者回答说"所有阶段的问题都应该被实事求是地关注"，10% 的受访者回答是"卫国战争"，3% 的受访者认为是"俄罗斯国家发展史"。

2013 年 8 月 16 日，全俄社会舆论调查中心围绕"统一的历史教科书：支持还是反对"[①]的话题继续发出询问。结果有 58% 的被调查者支持倡议；在向支持者询问原因的时候，25% 的受访者认为，历史观点应当有一个统一的标准，8% 的受访者认为应当有真实的、令人信服的历史，6% 的受访者认为教科书有助于下一代了解历史；而在 16% 的反对人群中，有 89% 的人说不出原因。

（三）重树民族统一思想

俄罗斯民族统一情感急剧增强。全俄社会舆论调查中心围绕着"民族统一：这是什么和如何达到？"的话题分别于 2012 年和 2014 年进行了两次调查，调查结果显示[②]，对"您现在是否感受到俄罗斯的民族统一精神？"的问题，持肯定意见的被调查者比例由 2012 年的 23% 上升至 2014 年的 44%，持否定意见的被调查者比例由 56% 降至 35%；在回答"如果您承认俄罗斯存在民族统一精神，那么原因是什么？"的问题时，支持"在困难时期，俄罗斯民族团结在一起"这一原因的被调查者的比例由 2012 年的 16% 上升至 19%；

---

① Пресс-выпуск ВЦИОМ №2373, "Единый учебник истории: за и против", https://wciom.ru/analytical-reviews/analiticheskii-obzor/edinyj-uchebnik-istorii-za-i-protiv.

② Пресс-выпуск ВЦИОМ №2706, "Народное единство: что это такое и как его достичь", https://wciom.ru/analytical-reviews/analiticheskii-obzor/narodnoe-edinstvo-chto-eto-takoe-i-kak-ego-dostich.

对"您认为在不同人群和社会阶层中最大的分歧是什么"的问题时回答，认为是"收入是最大分歧"的由 59% 上升至 78%，认为是"社会阶级地位差异"的由 57% 上升至 60%，认为是"代际差异"的由 52% 升至 54%，认为是"民族差异"的由 42% 升至 46%。

2014 年 12 月 3 日，同样是全俄社会舆论调查中心的数据显示，有 63% 的被调查者认为存在着有共同信仰基础的"俄罗斯世界"。同时"俄罗斯民族思想"更多地被理解为"民族主权"。

（四）重估戈尔巴乔夫改革

始于 1985 年，终结于 1991 年的戈尔巴乔夫改革是导致苏联社会主义制度改弦更张的直接原因，因为"改革改变了社会生活本身，它的一个重要部分就是向议会制过渡"[①]。1989 年 5 月 25 日至 6 月 9 日召开的苏联第一次人民代表大会被称为"伟大的令人激动的事件"，苏联和俄罗斯的议会制实际上由此开始。在 1990 年 3 月的人民代表大会上，对"设立总统职位的决定"的支持率已高达 84%；随后戈尔巴乔夫当选总统，59.2% 的代表投了赞成票。当时的确存在着民众对西式自由、民主向往备至的情况，很多人笃信自由是挽救苏联的唯一途径。政治上的轻浮态度使得格式改革急速猛烈。25 年后的 2015 年，认为戈尔巴乔夫改革是"必要而正确的"这一数字遗憾地降至 14%，56% 的被调查者认为"比起益处，改革带来的危害更大"，21% 的被调查者认为"改革一开始就是错误的"，有超过 55% 的被调查者认为"改革时代给俄罗斯带来更坏的前景"。[②]53% 的被调查者认为 20 世纪 70 年代末改革之前更幸福，

---

① 〔俄〕亚历山大·雅科夫列夫著：《雾霾：俄罗斯百年忧思录》，述弢译，社会科学文献出版社 2013 年版，第 353 页。
② Пресс-выпуск ВЦИОМ №2822, "Перестройка: загубленная мечта?", https://wciom.ru/analytical-reviews/analiticheskii-obzor/perestrojka-zagublennaya-mechta.

认为现在更幸福的为 29%。①俄罗斯不同民调机构进行的有关"民众对历史上国家领导人的满意度"的调查,戈尔巴乔夫的得票率基本上都是最低的。

(五)重塑爱国主义

爱国主义被上升至国家意识形态。爱国主义多数时候被具体理解为"对祖国的热爱,忠诚于自己的祖国,为祖国服务并准备为捍卫祖国而牺牲"。而爱国主义在苏联解体之前和解体之初往往是被用于嘲讽和责骂的。到了 2010 年,有 84% 的被调查者认为自己是爱国者,其中 41% 认为自己是坚定的爱国者,43% 认为自己总体上是爱国者。"'爱国主义'不再被认为是骂人话,'爱国者'是正常的、正确的。"②经济总体相对向好的 2006 年的调查结果显示,人们对爱国主义的理解更为具体。50% 的受访者认为"巩固家庭、教育好孩子"是真正的爱国主义,47% 的受访者认为"尊重传统"是真正的爱国主义,30% 的受访者认为是"尽心尽力地做好本职工作"。③莫斯科大学社会学系教授阿纳托利亚·安东诺娃(Анатолия Антонова)说:"人们对于衣食温饱的追求是非常好的爱国主义标志。"④这是痛苦经历之后的清醒认识。毕竟,爱国主义不是最初追求的什么空中楼阁式的自由民主,而是实实在在的生存保障。

---

① Перестройка прошла, а счастья не прибавилось, http://infographics.wciom.ru/theme-archive/society/economy/employment-unemployment/article/plodyperestroiki.

② Опрос ВЦИОМ: 84% граждан России-патриоты! http://www.molgvardia.ru/nextday/2010/06/23/18747.

③ А.И.Антонов:Согласно данным ВЦИОМ,патриот России – хороший семьянин, http://viperson. ru/articles/anatoliy-antonov-soglasno-dannym-vtsiom-patriot-rossii-horoshiy-se.

④ А.И.Антонов:Согласно данным ВЦИОМ,патриот России – хороший семьянин, http://viperson. ru/articles/anatoliy-antonov-soglasno-dar.nym-vtsiom-patriot-rossii-horoshiy-se.

(六) 重现集体主义

集体主义在俄罗斯有深厚的制度文化根基，苏联解体前后被作为共产主义道德原则的核心内容而饱受诟病。2010年后，俄罗斯集体主义初现回潮之势：学校重拾集体主义道德教育，媒体重现集体主义正面宣传，学界重构集体主义研究视域，社会重树集体主义价值导向。作为俄罗斯民族精神特质和文化价值源泉的集体主义回潮是有历史和现实根据的。它有赖于俄罗斯文化传统的辗转传承、历史发展过程中的价值澄清、共同利益背后的价值需求以及金融危机背景下的价值重构。此外，集体主义回潮还表明个人主义思潮推进之路在俄罗斯受阻，理性的、现实的价值观念正在重建。[①]2014年10月1日，俄罗斯"科学政治思想和意识形态中心"网站刊载题为《当代俄罗斯社会价值观和心理状态》一文，将集体主义作为社会价值体系中的基础因素加以评价，总结了"集体主义"应包含的内容[②]：民族思想，传统和价值继承，国家权力至高无上，适度的国家主义，社会义务伦理，民族统一意识，塑造民族精英，国家-核心符号，统一的话语空间，社会稳固趋势，民族同一性，文化权威性，文化、民族、职业、姓氏等同划一，国家意义上的民族和宗教，集体主义价值观，服兵役，国家象征，领土和主权不可侵犯等。

(七) 重评马克思主义

苏联社会制度的嬗变不是一夜之间的事儿。"实际上，到上世

---

① 武卉昕，周建英：《俄罗斯集体主义回潮及其原因探析》，载《国外社会科学》，2011年第6期，第65页。

② Ценности и психологическое состояние современного российского общества, Фрагмент 1-ой главы монографии "Государственная политика защиты нравственности и СМИ", http://rusrand.ru/analytics/cennosti-i-psihologicheskoe-sostoyanie-sovremennogo-rossiyskogo-obschestva.

纪 80 年代，马克思列宁主义已经不再发挥国家意识形态功能了，它不是意识形态，是谎言。人们不得不尊重，但都不相信。"①对主导意识形态的否认是从思想上肢解苏联的手段之一。俄罗斯社会对"马克思主义"及相关理论经历了从主观消极否定向理性客观评价的转变。在俄最大互联网站"https://www.yandex.ru/"上输入关键词"马克思主义"（марксизм），显示出二百余万的标题。在全部标题中，已少有从前具有极端情绪倾向的内容，通常是一些学术理论标题，如"经典马克思主义和俄罗斯的马克思主义""后苏联时代的马克思主义""何谓马克思主义以及我们为什么需要它"等；《俄罗斯大百科全书》对"马克思主义"的解释是："马克思恩格斯创立的哲学、经济学和政治学学说，在社会思想和政治实践中存在着与不同政党和政治活动相关的、对马克思主义学说的多种解释。"②"马克思主义"在政治上同时被看作是与"左派无政府主义""基督教社会主义""民主社会主义"和"社会民主主义"平行的、有关"社会主义"的方案；在对"马克思主义"理论框架中的未来蓝图"共产主义"的认识中，持肯定态度的被调查者由 1992 年的 15% 上升至 2007 年的 39%，负面评价由 49% 降至 39%；对"资本主义"的正面评价由 1992 年的 32% 降至 26%，负面评价由 34% 上升至 50%。③

---

① Нужна ли России государственная идеология? https://aftershock.news/?q=node/354307&full.

② Большой энциклопедический словарь, https://rus-big-enc-dict.slovaronline.com/.

③ Русская национальная идея: Частная собственность и национальный суверенитет. М.: 2007.02.07, ВЦИОМ http://wciom.ru/index.php?id=236&uid=3972.

二、回潮事件背后的社会价值立场和观念转向

俄罗斯社会思想领域中出现的回潮现象,表达了社会民众的价值选择、利益诉求的变化。事实上,价值立场、观念的变化是诸思想回潮现象的根本。

(一)价值立场选择转向务实

价值立场的选择归根结底是与主体利益需求相关联的。二月革命后建立的临时政府和苏维埃政权,作为权力主体的利益需求截然不同,不难理解二者大相径庭的价值立场。临时政府畏缩失责,不站在人民的一面,"拖延解决对人民来说至关重要的所有问题"[①];苏维埃政权最终促成旨在建成社会主义的十月革命,代表的是工人、士兵和农民,"совет"("苏维埃")一词的立场本身也意味着充分的"人民性"。接下来的整个苏联时期,虽然国家在政策的实施上有这样或那样的变化,但人民立场始终未变。从贯穿苏联时代的道德原则能够看出政策选择的价值立场:社会主义条件下的平等和民主,忠诚于共产主义事业、集体主义、共产主义的人道主义、无产阶级的国际主义和社会主义的爱国主义、勤劳、纪律、觉悟、言行一致。[②]可以说,当时的社会价值原则是基于社会现实及其需要的,是观念现实对社会现实的反映。

后来,社会剧变导致的价值转型表现在价值立场选择的无序上:历史虚无主义蔓延致价值世界的无立场原则被推崇;价值混合主义衍生致价值立场的一致性丢失;价值犬儒主义盛行致令人敬畏的价值指向迷失;个人主义恣意纵横致作为社会核心价值的集体主

---

① 〔俄〕А.А. 丹尼洛夫,〔俄〕А.Ф. 菲利波夫主编:《俄罗斯历史(1900—1945)》,吴恩远等译,中国社会科学出版社 2014 年版,第 104 页。

② Ф. Энгельс, К. Маркс, В. И. Ленин: О морали и нравственном воспитании, М.: Политизда, 1985, С.391-487.

义被摧毁……当然，离心的价值立场也是对客观现实的反映，是应对无序社会生活的负向性需求。

但是，价值立场随着社会对失序泥沼的摆脱而逐渐发生转变：

首先，重归"人民性"。价值立场的"人民性"理论来自于价值的阶级性。人在生产关系中所处位置决定其在社会关系中的位置，这一社会位置是理解人生目的和社会生活的起点，是价值判断和行为选择的出发点。苏联解体前后的相当长时间内，权力阶层急于攻陷意识形态领域中的单一性思维，推行不可控的政治"公开性"，用空泛的自由宣传引导舆论视听，致使缺乏历史和现实基础的社会民主运动的组织形式蔓延开来。在社会和民众尚未做好准备之前，实施了事实上导致制度崩溃的革命。革命在改变政治生活本质的同时必然改变人民的社会生活，但可悲的是，社会生活不是向好转变，而是变得更坏。劳动者失去了从前在社会生活中的主人地位，收入大幅缩减，政治权利难以实现，社会福利蒸发，地位急转直下。国家私有制度下，政治主体不再为普通劳动者做权利代言，从前政治生活坚守的"人民性"伦理原则彻底丢失了。

社会生活的向坏变化引发价值生活领域的恶向转变。苏联解体前后，一些急于投向西方怀抱的人，包括在舆论蛊惑下的普通百姓，脱离社会现实和历史依据，在价值立场上选择了西方的"民主""公开""自由"。苏联解体之后，他们所祈求的民主和自由不但未曾到来，连填饱肚子的面包也没了！深陷失序泥沼的人有了锤心折骨的认识：改革是脱离了人民意志、不顾人民利益的改革，是对人民赤裸裸的剥夺；改革带来的还有精神和心理上的不适应，人们变得无助、脆弱、紧张。"个体化"心理凸显，人们对未来不抱希望。所以，当社会需要重建价值观念体系的时候，这种从前安定社会带来的安全感被重新唤起。饱受"改革"之苦的劳动者看透了打着"人道"旗号的改革本质——掠夺。不公正的资源分配从高至低引领了自私自利的价值导向，每个人都只关心自己，个人主义价值观摧枯拉朽似的占据了集体主义消散后的社会价值空间。

虽然当代俄罗斯社会价值体系的重建尚有待时日，但"勤劳""集体主义""民族统一"等属于苏联时代的以"人民性"为基准的价值观念却在逐渐重回价值理论视野，这一转变是向"人民性"的立场转变。在社会生活中，"人们自觉地或不自觉地，归根到底总是从他们的阶级地位所依据的实际关系中——从他们进行生产和交换的经济关系中，吸取自己的道德观念"①。可以说，"人民性"是俄罗斯社会价值立场重建的前提，因为人民知道什么样的价值立场能给他们一个风清气正的社会环境，什么样的价值立场能给他们相对有所依靠的生活条件。"勤劳""诚信""团结"等反映人民品质并代表人民利益的价值观念重新被推崇，所以才有"重新恢复劳动英雄称号""重新编纂历史教科书""集体主义观念回潮"这样的社会价值思潮和理性行为的产生。恢复"劳动英雄"称号的授予，是对普通劳动者劳动的尊重；重新编纂历史教科书是对"人民群众创造了历史"的重新肯定；集体主义观念包含了人民千百年来的文化认同，它的基本要素是"人民构成"。

其次，重现"实在性"。价值本身具有客观实在性。价值的主体、客体和实现过程也具有客观实在性，相应地，作为满足主体需要的出发点即价值立场仍具有实在性。但事实上，在苏联解体前后，苏俄社会对价值观念的需求和塑造脱离了客观现实。经历了制度剧变的俄罗斯公民，越来越知道自己真正需要什么，也越来越知道，哪些价值是真实的，是从客观现实需要出发的，是实实在在的。

---

① 《马克思恩格斯全集》第 20 卷，人民出版社 1971 年版，第 102 页。

比如勤劳。苏联时代,勤劳是社会主义道德的基本原则,是内化到苏联人血液里的道德基因,劳动赋予了苏联人安全感和自信心,他们热爱劳动,将勤劳作为美德,所以,才有当时的星期六义务劳动,"共产主义星期六义务劳动是非常可贵的,它是共产主义的实际开端"①。当物质需要得以满足的时候,更高层次的自我认可也随之而来,勤劳给了人踏踏实实的生存体验,在这种充实快乐的生存体验的感染下,人们愿意寻求更高尚的价值皈依。在今天的俄罗斯,劳动带给人的荣誉感和勤劳本身承载的精神价值,虽历经变迁,但仍在岁月的砥砺中呈现出最生动实在的道德实践价值。俄罗斯人在历史与现实的回望与反思中,在痛彻心扉的生活考验中看到了勤劳的实在价值。

比如爱国。"家国"是在逻辑上具有同一性的政治联合体。苏联时期,爱国主义是历史地凝结成的稳定的社会心理,是在民族精神中辗转传承下来的核心价值,它包含了苏联人对俄罗斯民族文化的认可、对苏联国家的自豪、对捍卫国家领土空间和国际地位的决心,还有在任何时候为国家献身的准备⋯⋯无论是十月革命、20世纪20年代的艰难发展、20世纪30年代的工业现代化建设,还是20世纪40年代的卫国战争和战后经济的恢复、20世纪60至70年代发达社会主义的建设以及对外政策的制定⋯⋯无不依靠强大的爱国主义精神的支撑。苏联解体后,国家失去了为个体生存提供政治保障的作用,人们找不到从前强大国家带来的安全感,爱国主义的具体内容被抽离了。一个失去终极信仰的民族在制度解体的剧痛中,在政权无靠、精神无依、文化无根的日子里,彷徨失措。社会历史的发展敦促社会价值的重新建构,体现历史与现实需求的、真正能够把人们团结起来的爱国主义是价值建构的第一要目。

---

① 《列宁全集》第37卷,人民出版社2017年版,第19页。

比如对待历史。历史不会因为人们对它有这样或那样的主观评价而改变其客观实在性。历史之风,既不能起于青蘋之末,也无法浮掠于青蘋之上,全部结论均来自于"过去的真实"。但苏联后期,正是历史虚无主义搞乱了意识形态领域,极大影响了关键时刻的政治选择,成为为祸苏联的重要罪魁。后苏联时代,尽管历史虚无主义在一定程度上仍阴影犹存,但俄罗斯意识到了,社会要向前发展,发展就要尊重事实,凡事从客观现实出发。所以,一些人率先反思从前对待历史的错误态度,拨开历史认知的雾霾,还历史以真实。

再次,重树"坚定性"。价值立场犹疑会导致价值取向的混乱。在后苏联时代价值世界的混合主义充斥人们的精神生活:制度剧变,社会混乱,党派林立,价值多元。从前统一的观念体系崩塌,价值立场的一致性丢失。原有的核心价值观念体系不再发挥作用,没有了价值世界的统一精神引领,社会朝着失序的末路狂飙。

在社会从失序向有序的过渡中,价值建构反映出主体的诉求。价值重建并非白纸作画,而是对优秀精神遗产的继承,是对与世相合的观念的容纳,是对价值观念建构在路径和内容上的"扬弃"。所以,那些属于俄罗斯民族的传统价值率先起了作用,比如在共同劳动基础上形成的集体主义价值,浸透在俄罗斯民族骨血里的"俄罗斯思想"。此时,俄罗斯人知道,社会再变,民族优良传统不能变,那是识别民族特性的价值基因码。对传统的、向善的、一贯正确使用起来又行之有效的价值,俄罗斯人的立场越来越坚定。坚持这样的价值,就是对善价值的继承和发扬,在新时期,尤其是这样。

最后,重拾"客观性"。价值立场选择重拾"客观性"更多地表现在看待问题的方法上。看待问题的方法只有科学客观,才能使通向结果的路径通畅，才能保证结论的正确。苏联解体前后相当长的时间里，在认识论领域，很多人将真理和价值的关系本末倒置，政客、学者、一部分民众在对自由的无限渴望中臆断未来，抹杀社会价值的客观性，忘记价值存在的现实前提，在认识论上犯了大错误，酿就了实践中的大悲剧。当抽象的"全人类价值"凌驾于苏联人民的利益之上，当纯粹的意识自由代替了有限度的真实自由，社会主义制度就改弦更张了，社会主义国家也不复存在了。

俄罗斯要在新形势下应对挑战，以往的或自以为是或自欺欺人的认识世界和改造世界的方法显然行不通了。千回百转，痛定思痛，俄罗斯再次承认"不是人们的意识决定人们的存在，相反，是人们的社会存在决定人们的意识"①。真理是价值之基，价值选择须以事实判断为基础。同样，在社会伦理层面，善离不开真，离不开客观性，进行价值判断的对象在实然层面必须是具有真理性的事物和现象。俄罗斯的现实是认识面临的问题、解决面临挑战的基点，更是价值建构的科学前提。所以，研究者应通过试卷调查和参考试卷调查的结果来进行价值判定。

（二）价值观念树立趋于具体

毫无疑问，俄罗斯正在试图重树社会价值观念体系。与二十几年前极力倡导的"全人类价值"不一样，今天的俄罗斯力求建立起具体的和可操作的价值观念体系。

第一，注重价值观构成的群体性。"众所周知，任何社会的价值观都一贯地与其精神性——社会意识，于整个社会而言，包含价

---

① 《马克思恩格斯全集》第13卷，人民出版社1962年版，第8页。

值意识、行为模式和有代表性的群体观念——紧密联系在一起。"①当前俄罗斯社会也在试图寻找并创建与群体意识相吻合的价值观念。

价值观的"群体性"源于俄罗斯民族精神的沉淀。生成于13世纪的俄罗斯村社制度培育了俄罗斯民族特有的群体性精神特质：在村社里，人们团结协作，"合作"不仅是生存的基础、社会发展的动力，还是特殊的文化存在范式，"'合作'永远都是针对集体而言的，无论认可还是不认可，集体主义因素的作用是显而易见的，它是合作实现的条件"②。苏联时代，这种由"合作"衍生的群体性价值表现为"社会主义的集体主义""团结一致""纪律和觉悟""互帮互助"等社会主义的基本道德原则，指引着整个苏联社会主义建设的价值向度。

沧海桑田，方显价值本色。一些具有群体特色的价值重新进入社会精神视野，个体性的价值正逐渐失去吸引力。这显然是一种精神自觉的过程。因为，个体价值承担不起俄罗斯面对的诸多任务，只有团结起来，才能应对经济危机、贫富鸿沟、国际挑衅，才能抚慰社会的现实忧伤。

在大量的社会调查和研究工作的基础上，一些反映俄罗斯人"精神性"的、指向具体并具有民族国家意义的价值观念被"俄罗斯科学政治思想和意识形态中心（Центр Сулакшина）"作为当代俄罗斯社会的基本价值总结出来。"集体主义价值""非物质行为动

---

① Ценности и психологическое состояние современного российского общества, Фрагмент 1-ой главы монографии "Государственная политика защиты нравственности и СМИ", https://love-suit.ru/chelovek/sovremennye-cennosti-2.html?ysclid=lihebcninj358552651.

② Игорь Бойков: О природе русского коллективизма, https://www.apn.ru/publications/article20927.htm.

因"和"乐于助人"被公认为是最具俄罗斯特点的社会价值。事实上，集体主义历经数千年辗转传承，已经具备民族文化基因性质了；在近千年的发展中，思考意识与俄罗斯民族呈现共生关系，"思考哲理是俄罗斯民族的特点"[①]。俄罗斯人历来善于思考具有哲学性质的问题，对"精神世界"和"非物质动因"的追求并不令人惊讶；"乐善好施"亦得力于民族传承。俄国谚语说："炉子里面烤什么，桌子上面有什么"，足见其倾囊相助的友善态度。即便在经济状况较差的1998年，对于"是否愿意帮助他人"的调查，仍有68.7%的被调查者持坚定的肯定态度，持否定意见的只有6.6%。树立与群体价值相吻合的观念，使得观念的内化途径变得简单。在感同身受的基础上，更少道德说教意味，当然也更能起到凝聚人心、指导行动的作用。

第二，注重价值观构成的基础性。2000年和2011年的民调结果显示：家庭和睦、安全感、物质富足、和平的环境、生活安定、法律保障等基本诉求对俄罗斯人来讲，居于"最重要需求"的前1—6位，并呈现明显上升趋势。在价值领域，这些年，俄罗斯人更趋传统和保守，对俄罗斯公民而言，家庭成为最主要的价值依靠。俄罗斯"科学政治思想和意识形态中心"网站对"当代俄罗斯社会价值观和心理状态"的总结中，将"对孩子和家庭的爱"作为俄当前社会的主要价值和稳定的社会心理来看待，是有现实原因的。对家庭的爱属于基础价值，具有基元性特征。

家庭是社会的母细胞结构。对于从未摆脱人口危机的俄罗斯民族来说，健全家庭的保持具有更重要的意义。在苏联时期，"家庭

---

① 〔俄〕尼·别尔嘉耶夫：《俄罗斯思想》，雷永生、邱守娟译，三联书店2004年版，第29页。

是在目的和意向上都一致的社会主义社会的基层组织"[①]。因而家庭教育受到更多的重视。苏联价值观念体系始终坚持强调:苏联人的道德面貌更多地取决于家庭教育本身,家庭在道德上的完善会极大地促进苏联社会经济文化的进步。因此,"尽力巩固作为社会基层组织的苏联家庭,也会极大地促进共产主义建设"[②]。苏霍姆林斯基、马卡连柯、克鲁普斯卡娅等家庭教育专家的教育理念在世界道德教育领域中都具有学术领袖意义。苏联时期成功的家庭教育锻造了个体基本的道德品质:爱与责任、勤劳勇敢、诚实守信、互助友爱等。这些基础道德价值的培养既完善个体道德品质,又兼济国脉传承,是极为成功的价值观建构范式。基础性的价值观念一旦建立,大尺度的良性价值体系形成则指日可待。同时,对一些具体的、基本价值观念的期待和要求也使得社会价值体系和群体价值观念的建立更有实践的抓手。

第三,注重价值观构成的道德性。作为客体对满足主体需要的反映,价值观的判定总是与"得与失""荣与辱""成与败""善与恶"等道德标准相联系的。道德性是价值观存在的标志性特征。社会制度变迁导致的"去道德化"盛行,精神犬儒主义蔓延,个体道德世界无作为现象滋生,公民文化品位低俗,日常行为随意不羁。当社会价值观念体系中的道德性被抽离,这个社会群体精神的崩溃也不足为奇了。

道德作为社会意识,对社会存在具有能动的反作用。符合社会生产力发展要求的"善道德"促进生产力发展和社会进步,反之起阻碍作用。苏联时代的大部分时段,社会生产力大幅提高,经济发

[①] 〔苏〕А.И.季塔连科主编:《马克思主义伦理学》,黄其才等译,中国人民大学出版社1984年版,第306页。

[②] А.И.Титаренко:Марксистская этика, М.: Политиздат, 1980, С.311.

展、文化繁荣,更展现出和谐高尚的道德生活图景;苏联解体之后,社会生产力和居民生活水平急转直下,苏联时期的社会主义核心价值观被彻底抛弃,价值观恶向嬗变反过来加剧了社会发展的离心运动,群体性劳动模式被抛弃,互助合作的生产方式被摒弃,大规模生产无力进行,社会经济发展动力缺失,经济水平下挫也实属正常。

社会要继续向前发展,不但要有物质动因,还要有道德感召。苏联时代需要道德感召,后苏联时代仍然需要。毕竟,社会发展不仅是物本身的发展,还是人的发展。而人的发展是人本性的充分表达,即社会性的充分表达。体现社会性基本特征的利他性、服从性、依赖性、自觉性等品质要素,无一不具有道德特征。经历了并一定程度上还在经历后苏联时代恶劣的经济状况和道德状况的俄罗斯社会重新意识到经济和道德发展的同向性,要使经济健康发展,就要培育以群体善为引导的价值体系。

当前俄罗斯新的社会思潮的重现,显示出重建群体善价值的意图,突出强调价值观念的道德色彩。"恢复劳动英雄称号"是对劳动本身的尊重,对劳动人民的尊重,更是对"勤劳"这一基本道德原则的尊重;"重新编纂历史教科书"是对历史虚无主义的纠正,更是对"诚实守信"道德原则的遵守;"重树民族统一思想"是为了凝聚人心,更是对"爱国主义"道德原则的倡导;"重估戈氏改革"是对历史的反思,在政治伦理上更是对实事求是道德原则的坚守;"重树爱国主义""集体主义回潮""重评马克思主义"等思潮中的道德性更是不言而喻。当道德性成为社会价值观念体系的核心,当善道德价值引领社会价值观念重建,那么,社会价值观的整体转向会变得积极而富有成效。

俄罗斯社会价值立场和观念的变化源于对历史的反思、对传统的继承、对现实的尊重,更源于从实际出发解决问题的迫切需要。无论如何,当前俄罗斯社会出现的系列思想回潮事件在本质上是好的,在价值判断上是善的,其结果令人期待。

第三节 东正教与俄罗斯的道德重构

东正教是俄罗斯传统文化的重要组成部分,并且具有与国家和世俗社会联系紧密的重要特征。在国家转型过程中,面对原有道德体系崩塌后遗留的断壁残垣,东正教发扬了积极入世的传统,不仅为广大教民提供了信仰的支持,而且在国家重构道德体系过程中发挥了积极的影响,成为国家道德重构的重要依托、民众精神寄托的归依、学校重构道德教育体系的重要资源。东正教是解读俄罗斯转型后道德重构路向的重要维度。

宗教作为人类一种历史悠久的文化现象,自产生之日即具有为信徒提供解释世界与指导行为的重要功能,它描摹的世界图景具有世界观的终极指向,而它提出的行为规范则具有道德教化的鲜明内涵。在世界具有广泛影响的几大宗教教义中申明的大抵是关于神明崇拜及引人行善两个方面的内容。公元988年,伴随基辅罗斯国家的建立,基督教也带着维护政权、辅助教化的重要使命传到了古罗斯。从此,在俄罗斯的长期发展中,东正教与国家道德建设便呈现出水乳交融之势。东正教与道德教化的相互影响曾因意识形态的原因在苏联时期短暂中断,但东正教对民众精神生活的浸润依旧悄悄在民间进行。苏联解体之后,东正教获得了新的发展机遇。在重构国家道德体系过程中,无论在宏观层面的道德建设,还是在学校专门的道德教育中,东正教均积极介入。在后苏联时期,东正教不仅成为国家精神的重要源泉，而且成为民众精神寄托的自觉归依、学校重构道德教育体系的重要资源。

一、东正教的伦理观及道德教化

基辅罗斯统治者引进东正教是出于政治的考虑。他们首先借助东正教结束了多神教带来的混乱局面，为确立稳固的君主政体奠定坚实的意识形态基础。同时，为了巩固日常统治，统治者更是借助宗教的神秘色彩渲染统治的神圣性，将东正教作为教化老百姓的工具，并演化出一系列维护社会秩序的道德规范。在国家传播造势的影响下，东正教日渐成为信徒们自愿选择的精神寄托。由此，东正教已经成为俄罗斯国家和民众精神道德生活的重要内容。为了强化传播效果，在本土化过程中，舶来的东正教逐渐形成了契合俄罗斯民族特点的伦理思想。

（一）东正教的伦理观

第一，充满弥赛亚意识的救世观。据学者考证，"弥赛亚"一词来源于犹太语，是根据圣经《旧约》中的"膏油""涂油""涂膏者"等词语演变而来的。在基督教的仪式中，当这种具有特殊宗教意义的膏体涂抹于某人的头上时，就意味着上帝赋予被涂膏者一种特殊的使命，即作为上帝的使徒去拯救世界的使命。俄罗斯的东正教就内含着浓厚的弥赛亚意识。在强大的君士坦丁堡最终在奥斯曼帝国的进攻号角中覆灭之后，拜占庭帝国末代皇帝的侄女索菲娅·帕列奥洛格成为伊凡三世的妻子。这门婚姻不仅具有政治联姻的色彩，而且具有重要的宗教象征意义。与拜占庭的血脉交融意味着俄罗斯接过了东正教的衣钵，自罗马、第二罗马（拜占庭）之后，莫斯科成为第三罗马。第三罗马意味着俄罗斯民族成为神所钟爱的选民，并且俄罗斯民族如同被涂了"膏油"的圣徒一样承担起拯救人类的神圣使命。俄罗斯东正教的弥赛亚意识借助其国教的特殊地位，在社会各个阶层均产生了广泛影响。这种意识不仅体现为一种宗教意义的终极追求，更以文学艺术的形式得到感性的生动展现，同时在俄罗斯的国家政治生活领域产生了极为重大的影响。弥赛亚意识不仅奠定了俄罗斯帝国时期扩张政策的意识形态基础，甚至在苏联时期也成为第三国际的思想渊源。苏联解体之后，弥赛亚意识并未因俄罗斯国势的衰落而退出历史舞台，相反，在民族危难之际，传统的精神财富成为人们重拾民族自信、提高民族凝聚力的重要精神来源。面对西方派激进改革的失败，俄罗斯民族的弥赛亚意识重新升腾起来，成为人们批判西方思想的利器。同时，这种意识也成为在困境中激发爱国主义的重要动力，并成为新时期道德建构的借鉴资源之一。

第二，以聚合性为基础的集体主义价值观。聚合性这一概念来源于斯拉夫派著名的代表人物霍米亚科夫对东正教精神的解读。霍米亚科夫认为聚合性是俄罗斯东正教的实质与核心。聚合性是指人所共在的世界并不是按照人的世俗法规来实现统一，世界的统一唯有神赐，即在灵魂同一的前提下实现全世界精神的统一。在上帝面前，人类将不分贵贱、种族，所有人都可以在上帝的统一意志之下实现个性的最大自由。这被认为是东正教相对于西方基督教的独特优势。在斯拉夫派看来，虽然西方与俄罗斯都具有基督教的共同信仰，但是其理论基础、价值指向却有着很大差别。西方基督教是以理性主义为基础的，崇尚个性自由与独立，从而导致在精神道德层面普遍的利己主义和个人至上的倾向。而俄罗斯东正教的独特优势在于，它不是以纯粹的理性主义为基础，而是崇尚聚合性。在东正教信仰中自由要与统一相融合，人的自由要屈从于对神的信仰。因此，俄罗斯思想家曾预言，西方文明因其内含的无法克服的缺欠将最终走向没落，取而代之的将是俄罗斯的东正教文明。①

以东正教聚合性思想为基础形成了俄罗斯民族性格中集体主义的价值取向。东正教信徒的自由是在神的充满光辉和关爱的统一意志的环绕下实现的，因而，当信徒将自己的信仰交付上帝之时，实际上也将自由献给了上帝。人们在上帝那里获得释放痛苦、孤单、焦虑的渠道，并通过集体的洗礼及礼拜活动彼此感受着同病相怜与上帝存在的温暖。而在俄罗斯历史上有着悠久传统的村社制度则进一步强化了这种具有神性的集体主义价值观念。当前，无论是国家领导人还是思想家们，在重塑国家精神问题上，都认为由聚合性精神衍生出的集体主义价值观念依然是值得继承和发扬的优良道德传统。

第三，饱含人道主义的泛爱思想。东正教源于西方的基督教，在基本教义上与基督教并无二致。但是在其传承发展过程中还是形成了一些有别于基督教的特征。在教义中，东正教更加强调无差别的普世之爱。"信徒要爱天国中的上帝，要爱尘世中的耶稣基督，要把爱建立在天堂和尘世生活的基础上。东正教教导信徒要有爱心，要彼此相爱，要爱一切。……爱是永不止息的；在信、望、爱三者中，爱是最大的。"②这种无所不在的爱的高尚之处在于对弱者的同情、对仇人的宽容，甚至对他人罪过的担当。在古老的俄罗斯村社中，农民对税赋、罚款等承担共同的责任。

东正教人道主义思想也造就了独具特色的俄罗斯知识分子。俄罗斯文学、史学、美学、艺术等，是在东正教的传播、发展过程中诞生和繁荣起来的。因此，俄罗斯知识分子不仅是学识渊博的群

---

① Т. В. Евтеева: Критика западной цивилизации в воззрениях А. И. Герцена / Аналитика культурологии, 2011, №21, С.6-12.

② 乐峰：《东正教史》，中国社会科学出版社 2005 年版，第 24 页。

体,而且是东正教精神的传播者。他们身上具有坚韧、乐于牺牲的精神,他们用自身的苦难唤醒民众并表达对民众的人道主义同情。19世纪70年代兴起的民粹派已经不满足于父辈们对改变现实的理论思考和探索,他们提出了"到人民中去"的口号,主张"革命者应该抛弃那种认为可以把少数文化较高的人所想出来的革命思想强加给人民、把一种新的制度恩赐给人民的想法,应该向人民群众讲清楚他们的真正需要,使他们自觉提出目标并自觉地努力达成这些目标"[1]。可见,宗教情结奠定了俄罗斯人道主义的精神基础,以人道主义为旗帜来启蒙民众则是反抗沙皇残暴统治的现实需要。

苏联剧变的动荡时期,人道主义成为"修补"现实的重要历史资源,它不仅受到政客们的青睐,也深得民心。在俄罗斯国家道德重构特别是学校道德教育改革的过程中,人道主义成为一项重要的指导原则。

在东正教的长期发展中,除了上述具有代表性的伦理思想外,还形成了苦行主义、出世禁欲主义、崇尚劳动等道德观。这些伦理道德观在苏联解体之后成为填补道德真空的重要资源。

(二)东正教的道德教化

宗教与伦理道德如一母所生,如果说宗教提供的是一种信仰,伦理道德就是使行为和信仰保持一致的指南。用从信仰衍生出来的道德去教化信徒就成为宗教信仰的题中之义。

东正教传入俄罗斯后,为了迅速扩大其影响,特别是向民众灌输东正教内含的伦理观,找到恰当的传播途径至关重要。在最初的传播路径探索中,统治者们就欣喜地发现了学校教育这一十分妥当的方式。显然,这一时期建立学校的目的并非是传播某种科学知识,而是首先在贵族子弟中培养统治阶级意识形态的忠诚追随者和

---

[1] 姚海:《俄罗斯文化》,上海社会科学院出版社2005年版,第239页。

捍卫者——东正教的信徒。随着学校教育规模的扩大，下层民众的子弟也获得了接受学校教育的机会，但是沙皇政府要求他们必须到教区创办的学校接受教育。"到 1914 年，教会还控制着就读于俄罗斯 40% 小学中的 200 多万小学生的教育；120 多所中等教会学校中的 5 万多名中学生的教育。"①苏联解体之后，东正教迅速复兴，再一次表达出介入道德教育领域的强烈诉求。

二、东正教——国家重构道德体系的重要依托

苏联解体，不仅带来社会经济领域的动荡，而且摧毁了原有的精神世界，这种无形的创伤恢复起来更加艰难。精神迷茫、道德滑坡伴随着经济衰退，使整个社会陷入悲观氛围。为了重振民族士气，建构新的民族认同迫在眉睫。融入历史文化传统的东正教，成为国家重构道德体系的重要依托。在社会转型期间，东正教对于弥补国家道德领域真空，解除道德生活无序状态发挥了举足轻重的作用。

"八一九"事件之后，叶利钦在俄罗斯民众中获得广泛支持。然而，他在第一任期内令人失望的表现，使他的执改之路变得十分艰难。俄罗斯舆论界认为思想道德建设不力是叶利钦的主要失误之一。支持叶利钦改革的俄罗斯民主派领导人尤里·尼斯涅维奇在事后回忆时指出，"我们有过一个反对的平台，但是我们没有一个积极的计划"。特别是在思想道德领域，俄罗斯媒体曾严厉批评叶利钦的政策已形成不容置疑的败笔。为了改变这种被动局面，叶利钦亲自过问此事，组织有关人士进行商讨，希望通过切实的努力改变思想领域中四分五裂的局面，找到重新建构统一的俄罗斯思想的有

---

① Начальное образование в Российской Империи конца XIX — начала XX века, https://www.politforums.net/historypages/1525073158.html.

效路径。

在多方人士共同商讨的基础上，尽管分歧众多，但是大家还是达成了一些方向上的共识，如精神至上、道德至上、爱国主义、强国主义和人民团结。东正教的精神内涵恰恰迎合了国家的这种需要。诚如前文所言，东正教信徒具有轻物质、重信仰的精神追求，他们更注重通过静修和劳动来表达众生平等及与上帝同在。精神至上、道德至上是信徒传承不息的信念。在弥赛亚意识的影响下，在以聚合性为基础形成的集体主义价值观的感召下，爱国主义、强国梦想会自然生发。更为重要的是，作为俄罗斯历史的重要组成部分，东正教已经融入俄罗斯人的血液，与俄罗斯社会历史发展进程紧密联系在一起。在国家精神面临重大转折时，东正教精神自然成为国家、社会、民众精神归宿的首选。

在重构国家精神道德体系过程中，执政者们认识到东正教中蕴含的巨大精神力量，叶利钦、普京、梅德韦杰夫虽然执政方略上有区别，但是却对东正教给予同等重视。

1991年4月，叶利钦在俄罗斯政坛刚刚崛起不久，即率众参加东正教重要节日复活节的庆典活动，公开宣布自己的宗教信仰。1991年7月，东正教大牧首阿列克谢二世亲自见证了叶利钦总统的就职仪式，并发表祝词。此后，在总统交接、任职等重要政治仪式中，都可以看到东正教领袖的身影。普京被认为是俄罗斯总统中虔诚的东正教信徒。普京生于1952年，那是苏联无神论盛行的年代，但是笃信东正教的母亲悄悄地带普京做了洗礼，把普京带入东正教世界。苏联解体后，普京公布了这段经历，并引以为傲。他频繁出席各种重要宗教活动，与宗教界领袖就国家道德重建展开密切交流与合作。在他的力促之下，2007年5月，分裂多年的东正教海外派与本土派实现了统一。这一事件极大激发了俄罗斯民众的爱国热情和民族自豪感。普京为国家精神振兴作出了巨大贡献。提高东正教的地位，给予宗教领袖极大尊重，把重大宗教节日设定为全国节日来庆祝，为支持东正教重建国家道德生活而积极努力，借助国家开展社会道德教育的渠道弘扬东正教中蕴含的优良道德传统等政策，成为领袖们在重构国家道德体系过程中的一致共识。

  道德是国之兴盛的重要精神支撑，与物质领域的经济发展相辅相成。没有道德提供的精神力量，经济领域的繁荣发展便难以为继。经济是人以物质的手段把握世界的方式，道德则是人以精神体悟世界和人生意义的方式。对道德问题的追问及清晰解答是推动物质发展的不竭动力。道德在信念伦理、规范伦理、美德伦理三个维度为社会提供了伦理精神、伦理秩序、人格完善的路径，解决了人类面临的精神之困，抚慰了人类的精神焦虑，唤起了人类对美好生活的积极追求。当宗教在一国盛行成为普遍的信仰时，与道德联姻的宗教便具有了与道德同等重要的社会影响，产生出与道德同等的公共普遍化效用。苏联解体之后，东正教在国家道德重构过程中便扮演着上述角色。在物质生活陷入窘境时，注重精神生活的俄罗斯民族更为焦虑的是，"我们是谁？""我们来自哪里？""我们将去向何处？"等时代问题。久别重逢的东正教带着亲人般的关切归来，成为俄罗斯社会建构伦理精神、规范伦理秩序、提供人格完善楷模的重要精神源泉。因而，历届总统不遗余力声明自己的信仰，不仅为了表达对上帝的热忱，希求获得上帝的庇佑，更是借助国家力量在社会道德层面发挥传统宗教的巨大影响，以此来弘扬传统文化，统一民族思想，对抗西方社会思潮及民族虚无主义的影响，维护社会秩序和社会稳定，为经济发展营造健康的精神氛围，重振俄罗斯雄风。事实证明，国家在社会道德领域的努力已初见成效，社会秩序已从苏联解体之初的混乱无序中摆脱出来。东正教伦理精神在其中发挥了重要作用，功不可没。

三、东正教——民众重构精神道德家园的自觉皈依

道德不仅为社会提供伦理精神、规范社会伦理秩序，而且也是人建构自我精神世界、实现人格完善的重要手段。因此，民众会通过自主选择让某种道德观念进驻自己的内心世界，构建自己的精神家园，并主动用这种道德信念来省察自己，进行自我精神角色的塑造。信仰的缺失、原有道德信念的失范，会导致心灵家园的荒芜。这是人无法承受的，重构精神家园会成为人此时最强烈的渴望。东正教在古罗斯国家统一后逐渐成为人们的精神支柱、道德的指引，并在苏联解体后再一次成为俄罗斯民众重构精神道德家园的自觉皈依。

公元988年，基辅大公弗拉基米尔下令基辅居民到第聂伯河接受洗礼，史称"罗斯受洗"。接受洗礼的居民们放弃了此前的多神教信仰，成为效忠大公的基督徒。当时的罗斯是一个农民占主体的社会，俄文中农民一词"крестьянин"的词根即带有"十字架"的含义。由此也可以看出，基督教与整个俄罗斯文化的紧密联系。对于罗斯受洗，统治者与居民抱着不同的动机，而且当统治者把多神教的偶像摧毁时，居民们并不十分情愿。但是，在罗斯受洗之后，基督教文化与本土文化不断碰撞磨合，逐渐融入俄罗斯民族的精神世界，成为俄罗斯传统文化的重要组成部分，传承至今。当然，基督教文化融入本土文化并非一蹴而就，而是经历了一个十分漫长的艰苦历程。然而，正因为融合过程漫长艰辛，两种文化融合后才紧密无间，就如同润物无声的绵绵细雨，正是它的细密和持久才使雨水能够润泽每一寸土地。因而，"东正教作为俄国主体民族的信仰，实际上是超出宗教领域的社会伦理行为，并且渗透进斯拉夫——俄

罗斯民族日常生活的方方面面"①。

众所周知，俄罗斯民族与东正教的联系在苏联时期曾一度中断，但是东正教精神的无形影响并未彻底根除。放弃东正教的信徒中不乏信仰的改变者，然而据资料介绍，即便在无神论信仰被推行得最为严格的斯大林时期，更多人放弃东正教是政治形势的压力使然。

"在唯一一次涉及宗教信仰内容的苏联人口普查中，仍有56%的居民承认自己是东正教信仰者。在东正教合法之初的1990年代初，有近两千万苏共党员声明自己同时信仰东正教（超过党员总数一半）。"②可见，东正教在俄罗斯民众中的巨大影响是无法用行政手段轻易消除的。

苏联解体后，生存困境及信仰缺失的双重压力，使已经嵌入民族底色、成为俄罗斯文化背景的东正教成为民众的救命稻草。如果说俄罗斯民族在罗斯受洗时接受东正教还具有统治者施加的被迫性，苏联解体后民众对东正教的回归则是自愿选择。人们通过教会化解信仰危机，获得新的道德体系，并且抒发心中的郁闷，缓解生活带来的巨大压力。同时，那些生活在社会底层的失业者、流浪汉、身患重病失去生活保障的人，更加热切地希望获得教会的救助。因此，社会转型以来，东正教不仅成为俄罗斯民族在道德迷失时的领航者，同时也成为处于困境中人们寻求帮助的现实途径。在某些情况下，俄罗斯民众认为教会比政府更加可靠。因而，东正教的信仰者与追随者不断增加。

据俄罗斯学者调查研究，苏联解体之后，东正教教徒群体的数

---

① 王春英：《东正教与俄罗斯的道德重构》，载《西伯利亚研究》，2016年第3期，第54页。

② 王春英：《东正教与俄罗斯的道德重构》，载《西伯利亚研究》，2016年第3期，第55页。

量在俄罗斯始终保持增长态势。其中，1989年至20世纪90年代中期，东正教追随者的人数曾出现过急剧增长，"自80年代末的20%增至1993—1995年间的40%—50%"①。短期内的快速增长与社会剧变带来的震动有关。有人曾经预言，东正教追随者的数量在此时已接近峰值，此后将出现停滞甚至下降的趋势。然而，调查数据证明，直至2012年，东正教追随者人数增长的速度虽然放缓，但是增长的趋势并未停止。"在接受调查的国民中，信教者的比例从2004年的59%增长至2011年的65%。2012年2月，由俄罗斯科学院社会政治研究院形势研究中心与宗教社会学研究所联合对3000位俄罗斯国民进行了一次调查。调查结果进一步印证，俄罗斯国民信教者比例的增长趋势还在继续。"俄罗斯学者在调查中还发现了一个比较有趣的现象，在俄罗斯东正教的追随者与信仰者的数量并不完全一致，追随者的比例要高于信仰者的比例。信徒数量的增加以及追随者与信仰者数量的差别表明，东正教对民众的影响在继续加大，并且这种影响已经超出了信仰的范畴，成为大多数社会成员自愿尊崇的社会伦理精神，在道德的自我教育中发挥着巨大作用。

四、东正教——学校重构道德教育的重要资源

学校不仅是传授人文自然科学知识的场所，而且是道德教育的主阵地。苏联解体后，统一的意识形态空间被打破，随之而来的是价值观领域的多元化。在价值多元的时代，青少年面临更多价值选择。这使他们的个性获得空前解放，同时由于涉世不深，过多自由选择空间有时也会成为困惑迷茫的渊源。在价值观形成的关键时期，教育机构能否为青少年提供精神、思想的正确引导，关乎青少

---

① 王春英：《东正教与俄罗斯的道德重构》，载《西伯利亚研究》，2016年第3期，第55页。

年的健康成长，关乎国家、民族甚至世界的未来。俄罗斯学校的道德教育更是肩负着重塑民族精神、建构新的价值认同的重大使命。

在共产主义道德教育体系被颠覆之后，学校道德教育从教育理念到教育内容、课程及教育途径都面临着重新建构的问题。东正教利用自身社会影响，在重建学校道德教育体系的上述环节中都发挥了积极作用。

在社会转型初期，俄罗斯整个社会在价值观领域陷入混乱无序状态，这种混乱局面也对学校道德教育带来巨大冲击。在教育理念上，西方自由主义、传统斯拉夫主义、留恋苏联的怀旧派等不同思想派流之间的争论异常激烈。对于学校道德教育究竟应该秉承何种理念，教育部门和教育家们众说纷纭，难以达成有效共识。为了不侵犯大众信息自由的权利，学校的教材版本也多得令人眼花缭乱。人文社会科学教材存在的最大问题是对同一事件的不同解说。此种自由必然导致教师选择时的困惑、学生学习时的迷茫。

为了形成统一的道德教育空间，学者们，包括神学家们，特别是专注于道德教育的专家们积极展开了将国家重构道德教育体系的总体设计在学校教育中具体化的研究工作。在求同存异的相互妥协中，形成了关于道德教育的指导理念，即赞同民主、人道主义、民族传统的价值取向。这些教育理念在很大程度上与东正教的主张不谋而合。人道主义是东正教蕴含的重要伦理精神之一，而俄罗斯民族传统离开了东正教几乎就变得空洞无物了。

在学校道德教育课程改革过程中，东正教也发挥了巨大影响。2002年8月，俄罗斯教育部终于作出妥协，同意首先在教会所属三个辖区内的普通小学实施"东正教文化基础"必修课制。2002年9月新学期的第一天，莫斯科和全俄罗斯大主教阿列克谢二世同俄罗斯总统普京以及其他政要一样，也视察了位于莫斯科亚谢涅沃小区内的东正教学校。他再次呼吁把东正教文化基础课程列入中等教育大纲。宗教成为学校道德教育的重要理论资源。为了满足宗教教育的需要，提高教育者的宗教文化素养，"应东正教会的请求，2001年3月，俄罗斯教育与科学部颁布了高等教育神学学士和神学硕士国家标准；2002年1月，又确定了神学教师标准；在2003年出台的全俄高校人文专业目录中，神学学士、神学家、神学教师和神学硕士的学术称谓一应俱全地被纳入其中"[①]。这为贮备宗教教育人才资源奠定了坚实的基础。在2010年学校道德教育改革的试点中，俄罗斯教育与科学部作出决定，将在学校中开设宗教文化课，东正教是其中的重要内容。为了教育改革取得良好效果，在教材编写、教师培训等方面，教育部门都作了充分准备。

东正教会也视道德教育为其当下的主要功能。除自办神学院外，还创办了许多主日学校。2008年底，基里尔就任莫斯科和全俄东正教大牧首，在其任职一周年纪念大会上，基里尔在讲话中指出，"经过近20年的发展，俄罗斯东正教会已经拥有200多家东正教普通初、中等教育机构，教会所属的星期日学校有5000多所，在校中小学生达20多万人。此外，全国有东正教启蒙教育中心300个，东正教高等学府10所"[②]。苏联解体后，无神论书刊无人问津，宗教书刊变得炙手可热。为了满足自身宣传及读者的需要，东正教会不仅出版了大量神学书籍，创办纯粹宗教内容的神学期刊，而且积极向世俗期刊中渗透，如在青少年刊物中增加圣经题材的故事，宣扬东正教神学主张。自1993年起，东正教会还创办了至今仍在定期举办活动的大型论坛"国际圣诞节教育报告会"。第21届

[①] 王春英：《东正教与俄罗斯的道德重构》，载《西伯利亚研究》，2016年第3期，第55页。

[②] 王春英：《东正教与俄罗斯的道德重构》，载《西伯利亚研究》，2016年第3期，第55页。

论坛于 2013 年 1 月 26 日在莫斯科救世主大教堂举行,论坛主题与道德教育极为相关——"传统价值与当代世界"。会议对宗教提倡的和平、自由、建立在爱和忠诚基础上的稳固家庭、社会责任等价值观在当代世界的意义给予极高评价。参会代表有来自政府、议会和海内外的宗教界、教育界人士 8000 多人。这一论坛已经成为弘扬东正教价值观的重要平台,具有极大的社会影响力。

道德是人类精神活动的重要组成部分,在俄罗斯道德体系重构的过程中,东正教在社会层面、学校乃至个体的自我精神塑造中都展现出极其重要的地位。尽管当前国家发展已经进入世俗化阶段,但是东正教伦理精神中蕴含的优良道德传统在当前道德体系建构中仍然发挥着无法取代的重要作用。

第四节 俄罗斯学校道德精神重建

苏联解体之后,社会转型的震动给学校精神道德教育带来了巨大的冲击和挑战,为了承担起特殊历史时期塑造青少年价值观的使命,俄罗斯学校对精神道德教育进行了重大的改革。学校精神道德教育机制的转变带来了精神道德教育指导理念、课程及内容、教育途径等方面的一系列变化。精神道德教育改革对上述策略带来的价值正负及价值大小还需要假以时日细心研判。

精神道德教育(Духовно-нравственное воспитание)作为学校教育的重要组成部分,受到俄罗斯政府和社会各界的广泛关注。所谓"精神道德教育是指师生之间有目的的教育互动过程,旨在形成学生和谐的个性,推动学生价值观的发展,传承精神道德和基本的民族价值观。使学生在'精神价值观'的规范下正确理解处理人与人、人与家庭、人与社会之间关系的原则和规范，明辨是非与善恶"。精神道德教育的内容涵盖个人、家庭、民族、国家和全人类的价值观。俄罗斯学者认为，学校不仅是传授人文自然科学知识的场所，更是给予青少年价值观引导，促进其精神道德发展的主要阵地。在价值多元的时代，在青少年价值观形成的关键时期，精神道德教育能否为青少年提供精神、思想的正确引导，关乎青少年的健康成长，关乎国家、民族，甚至世界的未来。在俄罗斯，学校的精神道德教育同时还肩负着重塑民族精神，建构新的价值认同的重大使命。

众所周知，苏联解体之后，俄罗斯的思想道德秩序曾一度陷入极为混乱的无序状态之中，社会的无序给学校的精神道德教育带来了极大的冲击，学生学习动机日益功利化使学校中人文社会科学课程被边缘化。从事相关专业的教师收入也与热门专业的教师收入相去甚远，导致人文社会科学，包括精神道德教育教师队伍人员的流失。此时学校教材的版本多得令人眼花缭乱，在人文社会科学领域中教材存在的最大问题是对同一事件的不同解说。此种自由必然导致教师选择时的困惑，学生学习时的迷茫。与此同时，由于生活困境，家庭对精神道德教育投入和精力付出减少，而且充斥于大众信息媒介中的社会不良信息等外界因素都极大地增加了学校精神道德教育的难度。如何加强学校的精神道德教育，化解校内外消极因素对青少年思想道德的负面影响，成为国家和家庭对学校教育的共同要求和期待。正是带着这样的诉求，俄罗斯学校的精神道德教育开启了重建的艰辛之路。

一、学校精神道德教育理念的艰难探索

为了摆脱思想领域中混乱不堪的局面，叶利钦曾亲自召集有关人员开会，专门探讨"制定统一的民族思想""寻找失去的俄罗斯"等问题。但是在叶利钦时期并未提出明确的统一民众的思想观念。普京就任总统之后，在意识形态和价值观领域，提出了用俄罗斯新思想建构新的民族认同的明确主张，即"爱国主义""强国意识""国家作用"和"社会团结"四个相辅相成的部分。普京倡导的俄罗斯新思想，对于学校重新建构精神道德教育新的指导理念起到了极大的推动作用。

在政府提出价值观建构的宏观框架之下，学者们，特别是专注于精神道德教育领域的专家们积极展开了将国家层面的宏大话语具体化的研究工作。在俄罗斯学校中，虽然没有如苏联时期明确的、全国统一的精神道德教育指导理念，但是在《俄罗斯联邦教育法》等教育法律文件的基本精神及学者们的理论成果中已就精神道德教育的某些理念达成了相对共识。

2012年12月21日，俄罗斯国家杜马通过了俄罗斯联邦新的教育法，这部教育法在2013年9月1日正式生效。在涉及道德人文教育理念时，该法基本保留了原教育法的原则和精神。新《教育法》第一章第三条，关于国家在教育领域中实施政策和法律调控的基本原则中，再次强调要确保教育的人文特征，教育要致力于保障生命和健康、个性权利与自由、个体自由发展的优先地位，培养受教育者相互尊重、热爱劳动、公民意识、爱国主义、权利和义务观念，珍视自然和周围环境，合理开发自然资源；在俄罗斯联邦保证统一的教育空间，保护和发展多民族的文化特点和民族传统。在联邦法律采用的基本概念中指出，教育是致力于发展个性的实践活动，为培养学生自觉能力和提高学生社会文化、思想道德价值观及行为规则社会化水平创造条件，这种社会化将有利于捍卫个人、家庭、社会和国家的利益。2010年，俄联邦教育科学部颁布了《俄罗斯联邦普通教育基本标准》，在阐述有关教育标准的价值导向内容中强调，教育标准要致力于形成公民的个性、爱国主义，对民族文化精神传统的尊重，对人的生命、家庭、公民社会、多民族国家及人类社会的正确理解和认识。上述相关规定，蕴含着对精神道德教育理念的价值指引，在具体的内容中表达了赞同民主、人道主义、爱国主义、民族传统的价值取向。这些价值观也是政府和学者们在诸多歧义中的相对共识。

俄罗斯教育专家在大学人文教材《俄罗斯青年的精神世界和价值观定向》中指出："技能培训和提高教养是统一的教育过程的两个方面。当前俄罗斯缺乏建设性的意识形态和理想，这种状况对民众价值观的形成产生了严重的负面影响。因此，组织开展精神道德教育，形成青少年的公民意识，爱国主义观念，较高的文化素养，培养对历史的尊重是俄罗斯当前最重要的任务之一。""我们需要人文教育大纲，这个大纲应该服务于人道主义世界观的培养及关于社会和周围世界的科学理解的形成。"①俄罗斯科学院院士、教育学博士 Е.В. 邦达列斯卡亚（Е.В. Бондалеская）也撰文指出："道德精神方面的反危机纲领应该旨在解决下列实际问题：道德精神方面教育的现实化是人文危机条件下教育工作的主要方向；恢复国家、家庭和教学机构在儿童道德精神方面教育的责任和积极作用；克服儿童世界中的不顺遂以及教育与儿童生活问题和道德精神问题的疏远；恢复儿童世界的基础设施和儿童存在于家庭、学校和社会中的合乎人文的形式；避免培养'大众化的人'，为提高人的生活质量提供条件，为儿童和青年形成高尚文明的价值观提供条件；克服教育、文化和宗教之间的脱节现象，并在此基础上创造完整、公开、多元

---

① 王春英：《东正教与俄罗斯的道德重构》，载《西伯利亚研究》，2016年第3期，第55页。

的文化空间,为儿童道德精神方面发展供给营养的环境。"①

由此可见,转型给整个社会带来了价值观重新定向的艰巨任务,教育作为在人的精神思想上进行耕耘的一种特殊社会实践活动,是对价值观变化感知极为敏锐的部门。特别是精神道德教育,不仅要体现社会转型对价值观期待的新诉求,而且要对转型期价值观领域的偏颇进行修正。经过多年努力,在多方意见不断碰撞、磨合及实践之后,个性导向、人道主义、爱国主义、民族文化、宗教精神成为俄罗斯精神道德教育理念中的关键词。这是政府和社会各界共同探索,求同存异的结果。但是正如俄罗斯学者指出的那样,新的国家认同还在探索的过程之中,随着俄罗斯社会转型任务的完成,精神道德教育理念之中也势必会增加新的要素,使其更具说服力,更能关注和体现多方诉求,更能体现俄罗斯的国家特色。

二、学校精神道德教育的内容与课程设计

(一)精神道德教育的内容

精神道德教育内容是承载道德价值的教育资源与要素。在新的历史时期,教育内容中意识形态的标签已不再明显,取而代之的是反映新精神道德教育理念的相关知识与实践训练。根据《俄罗斯联邦教育法》《俄罗斯联邦国家教育标准》及《俄罗斯公民个性精神道德发展与教育构想》等文件精神,当前俄罗斯学校精神道德教育的内容主要包括以下几个方面:

第一,爱国主义教育。在社会转型时期,在相对一致的、明确的价值认同尚未形成之前,爱国主义教育是最能获得广泛认同的教育内容,而且是重建民族自豪感及增强民族凝聚力的最佳选择。因

---

① 王春英:《东正教与俄罗斯的道德重构》,载《西伯利亚研究》,2016年第3期,第55页。

此，爱国主义教育成为俄罗斯学校精神道德教育的重要内容。为保障爱国主义教育的顺利开展，俄罗斯政府先后出台了3部以五年为一跨度的《俄罗斯联邦公民爱国主义教育国家纲要》，即2001—2005年、2006—2010年、2011—2015年。用于爱国主义教育的资金投入逐年递增，2011—2015年计划投入高达7.772亿卢布。方案包括一系列法律、规章，以保障全俄罗斯爱国主义教育活动的进一步发展和完善，形成公民以爱国主义为道德基础的积极的生活态度。

最新的《爱国主义教育纲要》序言中强调，爱国主义教育要成为国家、地方政府及社区组织的一致目标，各联邦主体要建立自己的爱国主义教育中心，为爱国主义教育创造条件。要完善爱国主义教育的组织工作，通过艺术节、展览和竞赛等方式提高爱国主义教育的水平和实效。恢复举行军事体育比赛和其他活动，以加强对年轻人的军事爱国主义教育。复兴传统的已被证实的好的教育形式。政府应承担起爱国主义教育的重要责任，并以青年人作为教育的重点对象。

为了保障上述目标得以实现，要改进俄罗斯联邦的有关法律，实现爱国主义教育物质、技术基础的现代化，改进教育活动的组织和方法，培养更多的爱国主义教育专家，通过媒体和互联网等载体开展教育活动。

《爱国主义教育纲要》还就爱国主义教育的计划安排、资金保障等内容进行了详细规定。其预期目的是扩大爱国主义教育的覆盖范围，提高青年人投入个人生活、社会和国家发展建设的积极性，克服个别团体公民的极端表现和其他负面现象，以恢复国家精神，促进社会经济政治稳定及国家安全。

第二，法制教育。俄罗斯学者认为，法制教育与精神道德教育有着密不可分的关系。任何一种微小的不道德行为都具有演化成违法行为的可能性，因此，为了捍卫道德价值的至上性，必须要有超越道德之上的更强有力的措施给予保障，这就是法律。此外，建立法制化国家也是俄罗斯政府和社会各界的共同诉求。因此，在全社会树立法制观念，从小培养孩子的法律意识成为俄罗斯转型之后精神道德教育的重要任务。

根据俄罗斯教育标准的相关规定，法制教育是俄罗斯普通学校教育的重要内容。通过法制教育要使中小学生形成对有关国家机构及其形式、运行机制的正确认识，知晓法律规范及文献，公民的权利与责任，违法及法律后果等概念；明确宪法是国家基本大法的观念，明确在宪法的框架之下公民个人的法律地位；了解各类诉讼法的基本知识及司法活动程序，培养法律思维方式，掌握在现实生活中使用法律知识的基本能力。这种法制教育，根据教育对象的年龄和理解能力，由浅入深地贯穿于不同年级的教学任务之中。

第三，伦理道德教育。主要是指精神道德教育中专注于伦理道德方面的教育。新时期俄罗斯学校伦理道德教育淡化了政治色彩，增加了传统文化及中立化的内容。如行为礼仪规范教育、家庭伦理教育、人道主义伦理教育、宗教伦理、劳动精神道德教育及生态伦理教育，成为当前俄罗斯学校伦理道德教育的主要内容。俄罗斯教育科学部规定，上述相关伦理道德教育应从学前教育的启蒙阶段就引入到教育内容之中。2009年11月，由俄罗斯教育科学部颁布实施的《对学前普通教育大纲结构的国家规定》中要求，精神道德教育应作为学前教育的重要内容，主要任务是使儿童顺利进入日常生活和基本社会领域，进入周围的自然世界，初步理解和掌握与成人及朋辈的交往规则，形成对待他人及周围世界的人文主义态度，培养感知他人情感的能力及同情心。幼儿的精神道德教育应融会贯通于游戏、阅读及与他人的交往实践中。在中小学阶段，伦理道德教育的内容将以更专门、更复杂的形式呈现。

第四，生态教育。20世纪80年代以来，具有前瞻性的国家已将生态教育纳入学校的教育内容之中。俄罗斯政府对此也十分重视。根据《俄罗斯联邦环境保护法》规定，各级教育机构应把生态教育作为学校的一项教学内容，"在学前教育机构、普通教育机构和补充教育机构，不管其专业和组织形式如何，都应当教授生态知识基础"，"为了建设社会生态文化，培养人们爱护自然、合理利用自然资源的能力，学校通过普及关于生态安全的知识、环境状况和自然资源利用的信息，开展生态教育"。学校不仅要把生态知识作为自己的教学内容，而且还承担培养环境专业人才的重任，并对有可能造成环境不良影响的生产机构的决策者和领导人进行环境立法和生态知识的培训。

根据俄联邦教育科学部制定的教育标准的相关规定，在学前教育阶段就应培养儿童关于大自然的整体概念，形成对周围环境的积极态度，激发儿童保护大自然的兴趣。教育者应精心设计教育环节，创设和引导儿童触摸自然、感知自然、珍视自然的环境和氛围。在基础教育阶段，应培养学生的生态思维，了解人、社会、自然环境休戚与共的紧密联系，运用生态知识保护环境、生命健康和生态安全，树立对自己行为预期生态后果的道德责任心，建构符合生态伦理的生活方式。

(二) 学校精神道德教育的课程设计

"德育课程是精神道德教育内容或教育影响的形式，是学校精神道德教育内容与学习经验的组织形式。"为了配合精神道德教育任务的完成，把精神道德教育的内容顺利传递给教育对象，学校要以有效的课程设计作为精神道德教育的主要媒介。

当前俄罗斯的精神道德教育主要通过两类课程来完成,即专门的德育课程和间接的德育课程。专门的德育课程指"以专门介绍道德价值、规则的原理与知识体系,提高学生道德认知与判断能力等为主要内容的课程"。间接的德育课程指不以德育的名义出现,但是却包含丰富的精神道德教育内容的相关课程。

第一,专门德育课程。当前,俄罗斯开设的专门德育课程主要包括:宗教与世俗伦理学课程、公民学与社会知识,以及地区一级开设的有利于德育和爱国主义教育的补充课程。俄罗斯是一个富有宗教传统的国家,特别是东正教在俄罗斯有着广泛深远的影响。苏联解体之后,东正教扮演起填补价值真空的重要角色。在学校教育中,将宗教资源引入到精神道德教育之中。为了消除民众对东正教一统天下的担心或将精神道德教育引入宗教神秘主义的歧途,学校开设了在俄罗斯有着较大影响的四种传统宗教课程及世俗伦理学课程。"从2010年4月起,在俄罗斯18个区的四年级学生中进行开设新的精神道德原则课的试点。学生可以在家长的帮助下从学校开设的六门相关课程(四种俄罗斯传统宗教——东正教、伊斯兰教、犹太教和佛教,世界宗教文化基础及世俗伦理学基础)中选择与自己的价值观取向相契合的课程进行学习,每周两个学时。这项教学改革实验将涉及25.6万名学生和4.4万名教师。"据俄新社报道,2010年4月1日起,教学实验已经在卡拉恰伊-切尔克斯共和国率先展开,该共和国共有181所学校的4161名同学参与到本次教学改革中。

俄罗斯在学前及小学教育阶段开始开设公民教育的相关课程。在这些低年级的儿童中主要讲授道德入门知识、俄罗斯国家和社会、日常生活的礼仪规范和行为规范等内容。在高年级的公民课教学中主要讲授有关公民社会、人在社会关系结构中的地位、人的权利和义务、伦理道德、个人主义和集体主义等概念。

根据俄联邦颁布的教育标准制订的教学计划，"周围世界"在不同年级的教学中均占有200多的教学课时。这门课程主要讲授人与社会、人的生物属性与社会属性、人与周围环境、社会与社会结构、精神文化环境及特点、科学与生活、经济学及在社会中的作用、政治和社会管理环境、法律及其在社会和国家中的作用等内容。以俄联邦教育科学部推荐的八年级《社会知识》教材为例，该教材由三部分内容组成：第一部分社会与人，包括什么是社会，人、自然、社会、社会类型、社会进步与社会发展、个性与社会环境、人的需要、社会化与教育、交往等内容；第二部分经济领域，包括什么是经济、商品与货币、需求与供给、市场、价格与竞争、经营、国家在经济生活中的作用、国家和家庭预算、劳动等内容；第三部分社会领域，包括社会结构、社会阶层、富裕、贫困、种族（民族与民族性）、国际关系、社会冲突、家庭等内容。

此外，专门的德育课程还包括各地区根据实际情况开展的可变课程。根据俄罗斯普通教育标准的规定，各级教育机构的课程结构由两部分构成，不变课程和可变课程。课程的不变部分或核心部分是必须实施的国家教育标准的联邦部分，即归属于中央权力的课程政策。它保证使学生掌握共同文化和民族意义的价值观，形成符合社会意识形态的个性、掌握继续接受教育所必需的知识技能和技巧，从而保障俄罗斯联邦教育空间的统一。课程的可变部分则是显示地方和学校权力的课程政策，充分体现并保证地区经济发展、地区民族文化和学校办学特色的不同需要以及学生发展的个体特点、兴趣和爱好。正是根据这一标准的规定，地区一级的教育机构结合本地区的文化传统和特殊状况开设了德育的相关可变课程。如民族学课程内容一般由民族志、民族历史与文化等组成。通过该类课程的开设欲达到扩大学生对民族历史文化与其他民族文化相互作用的认识，增强对民族历史的尊重感，培养爱国主义情感与民族自豪感。莫斯科地区就结合自身地域的实际情况开设了"莫斯科地方志"这门课程。

第二，间接德育课程。除了上述具有直接精神道德教育内容的专门课程之外，俄罗斯学校还十分注重在其他学科的教学过程中渗透精神道德教育的内容，并将这一理念写入国家的教育标准之中，这些课程也就是所谓的间接德育课程。俄语（母语），在这门课程中除了要求学生掌握一定的词汇量和语法知识外，还要求学生通过语言的学习认识到语言是民族文化的象征，形成正确使用民族语言的积极愿望，从而激发学生的民族自豪感。文学，通过文学作品的阅读帮助学生认识到文学是认识世界及自我及人与社会关系的工具；了解俄罗斯历史文化和全人类的价值。外语，在外语教学中还要求学生形成对待其他文化的友好态度，学习语言的同时，还要学习文化及公认的全人类价值和基本民族价值，使学生更好地认识到自己的民族和国家属性，培养爱国主义和民族自豪感，形成乐观主义和积极的生活态度。历史，通过历史课的学习，了解俄罗斯历史作为世界历史一部分的独特个性，掌握当代俄罗斯社会基本的民族价值，形成人道的民主的价值观，树立和平的思想，形成各民族文化之间的相互理解。信息技术，培养学生在从事信息活动时应遵守一定的伦理道德观念，并符合法律的相关规定，具有对自己活动负责任的态度，认识到劳动在人类社会生活中的道德意义，形成正确选择职业的概念。此外，在数学及其他自然科学的课程中都或多或少地存在着对精神道德教育的要求。一些俄罗斯教师也遵循这一理念，在教学实践中积极将自身的工作与精神道德教育紧密结合在一起。俄罗斯的一位数学老师在总结教学心得时指出："数学教育功能的实现不在于在多大程度上丰富它的内容，而是在于在多大程度上将数学知识内容与扩展和丰富人的生活经验、与学生的世界观和信仰相联系。"

三、学校精神道德教育的途径

除了课堂教学之外，为了增强德育的实效性，俄罗斯教育部门还积极拓展其他教育途径，以形成全社会的教育合力和德育的一致空间。

（一）丰富多彩的校园文化活动

为了培养学生的民主意识和公民性，学校利用课余时间为学生提供实践民主和公民权利的各种机会。如，鼓励学生参加校园的民主化建设，包括课堂教学的民主化，创设平等、充满尊重的和谐课堂；允许学生公开、自由讨论学校管理的规章制度，参与制订校园学习和生活的行为规则等。

（二）形式多样的补充教育

补充教育的概念是颇具俄罗斯特色的教育术语，类似于我们说的校外教育。苏联解体之后，尽管俄罗斯抛弃了很多苏联时期的教育传统，但是校外教育的途径却得以保存下来，并改称为"补充教育"，意为对学校教育的弥补和充实。2012年12月21日，国家杜马通过的俄联邦新的教育法第二条第14款规定，"补充教育旨在全面满足人的智力、精神道德、身体（或者）职业完善的需求"。据俄罗斯学者介绍，"现在俄罗斯在市和地区层次上已经有10种类型9000个这样的机构，这10种类型是：中心、宫、家、俱乐部、儿童工作室、站、儿童公园、学校、博物馆、健康—教育夏令营。这些组织能够保证儿童兴趣、能力和创造潜力的发展，使他们适应新的社会现实。国家博物馆活动计划把对年轻一代的教育列为其工作的一个独立而且非常重要的方面"。补充教育机构满足了学校精神道德教育实践的需求，提高了学生对德育内容的感性理解。通过历史与文化知识竞赛、参观游览纪念地、开展各类慈善活动、开展形式多样的文艺活动等方式，学生可以进一步加深对祖国、故乡历史文化的了解，极大激发他们的民族自豪感和爱国热情。

（三）重新兴起的青少年组织

苏联时期的少先队和共青团组织世界闻名，苏联解体之后，这些组织很快从人们的视线中消失。然而，在国家退出青少年精神道德教育的组织管理领域之后，自由的成长环境没有给青少年带来福祉，反之，严峻的社会现实导致青少年群体出现各种道德危机，极大影响了青少年的健康成长，这种现象令社会各界倍感担忧。2007年5月18日，在少先队成立85周年之际，在政府的参与之下，莫斯科市举行了盛大的庆祝活动，成为少先队开始复兴的重要事件。2013年，在庆祝少先队成立91周年的活动中，有3000多名儿童加入少先队。重新复苏的少先队组织虽然抛弃了共产主义意识形态，但是其活动的主要宗旨依然是对青少年道德成长施以正面的积极影响，抵制各种不良社会现象对青少年精神道德的侵蚀。与此同时，2000年以来，俄罗斯还出现许多颇具政治色彩的青年组织。他们表现出对国家政治生活的积极参与意识，以各自的组织为平台发表观点各异的政治主张。"我们的人""青年近卫军""青年俄罗斯""地方的人""新人"等是亲克里姆林宫的青年组织，是普京的忠实拥护者；共产主义青年政治组织、自由主义青年政治组织、民族主义青年组织、无政府主义青年组织等则成为与政府相抗衡的一种力量。亲克里姆林宫的青年组织由于得到了政府的支持，他们组织开展的各种活动对俄罗斯青年的思想及价值观具有较大的影响。

总之，适应新的社会形势的需要，俄罗斯学校精神道德教育也进行了巨大的调整。俄罗斯政府在学校的精神道德教育方面已经从解体后的淡出转变为重新承担起精神道德教育的国家责任，而且正在试图通过各种努力改变青少年精神道德成长的社会环境，通过加大投入，包括物力财力及提高重视程度，重新建构新的学校精神道德教育体系。然而，俄罗斯学校德育存在的问题还是显而易见的。在德育的指导理念上只是形成了模糊的轮廓，在具体环节还存在较多争议及与实践发展方向一致的张力；学校的课程设计，尤其是课程的可变部分，各地区的开展情况和课程质量具有较大的差异；青少年组织价值导向还处于与政府导向相磨合的过程之中，有时甚至构成与主流价值观相抗衡的力量。上述问题的存在，使学校精神道德教育过程变得有些艰难，欲形成理念的共识与社会的合力还需时日。

第五章
苏俄伦理道德观演变原因及历史反思

第一节　苏俄伦理道德观嬗变原因

世界上第一个社会主义国家苏联对中国历史进程的影响不可比拟。这影响不仅是因地缘关系使两国结成纽带，更是由于两国社会内部矛盾和其他境况的相似性。社会主义苏联的建立曾让中国人看到了神话与现实间的咫尺距离，作为一种信念传递，它影响并鼓舞了中国；同时，社会主义苏联向资本主义俄罗斯的歧路逆转，也深刻地触动了发展中的中国，使中国的社会主义前途面临巨大风险。在风险和考验中，中国共产党领导中国人民走了一条具有自己特色的社会主义道路。这是一条把马克思主义普遍真理和我国具体实际结合起来的道路，它是既遵循马克思恩格斯等思想家、无产阶级革命导师坚持走社会主义道路的原点理论，又从中国社会的实际出发、摒弃别国教条经验的道路。

苏联解体已 30 年有余。回首再看当年从社会主义体系中滑脱出来的当代俄罗斯的社会发展现状，我们会更深刻地感受到中国特色社会主义道路选择的正确性。

一、当代俄罗斯思想、经济现状研究

（一）当代俄罗斯总体思想状况及表现

社会思想的总体危机状态，包括思想的多元化、个人主义取向明确化、思想观念低俗化等在社会解体的初期已表现得淋漓尽致。近几年来，更深刻的机理性思想特点和后果也浮现出来。

第一，社会核心价值观念缺失致未来无望。苏联时代，虽然苏联共产党没有明确地提炼出一个当时社会的核心价值观念体系，但是共产主义世界观下仍然形成了一套以团结、互助、诚实、勤劳为基本内容的、能够指导人思想行为积极向上的价值原则体系。苏联解体之后，个人的行为不再受终极信仰和宏观的民族及国家价值所指引，社会意义上的核心价值观也不复存在。

在"俄罗斯报"官网2018年所做的调查中，享受过社会主义国家福利也经历了解体之痛的克拉斯诺亚尔斯克70岁的工程师菲克斯确认，"虚伪的投机已经全面代替了正确的价值观"；罗斯托夫的壮年失业者纳玛利亚愤恨地表达说，20年来俄罗斯社会最重要的变化就是价值观的变化，俄罗斯当代社会是暗无天日的资本主义奴隶制。

价值观的变化是什么变化？不是一套完整的观念体系代替了另一完整的观念体系，而是完全没有一个主要的社会价值观念体系指导社会思想的运行并发挥安抚人心灵的作用，除了东正教。所以，虽然普京从2000年就开始用"爱国主义"和"强国梦"来激励俄罗斯公民团结一致，为未来添加动力，但是仍收效甚微。正如俄罗斯著名电视评论员О.В.波斯纳（О.В. Познер）说的那样："权力的创造性应该是这样的：我们不喜欢什么东西或者什么人，而应当尽快地思考出一种规则或者是能够用法律规范下来的东西。任何一种政治体系发展的清晰策略都应当是这样的！除了关于'爱国主义'

的祈求（而爱国主义也几乎就是一种正确的号召，根本算不上思想！）。"①实际上，О.В.波斯纳表达的就是对社会缺少核心价值观念而致使很多问题无法解决的担忧。

第二，分离主义致人心涣散。苏联的解体，不仅是政治上的解体，也是思想的解体。随着祖国领土布局的龟裂，植入国土深处的人民灵魂之根被掘起。没有了民族文化向心力的作用，各民族、各团体、各阶层，甚至每个人都被一种离心力左右，各奔东西。再没有像苏联时期那样，用统一的社会主义观念或情感把人们聚合在一起。2012年俄罗斯国家机关报《俄罗斯报》在自己的官方网页上面向读者所做的公开调查问卷具有说服意义：

问：今天苏联使您联想到什么？当你看到缩写词CCCP（苏维埃社会主义共和国联盟的俄文的缩写）的时候，首先想到的是什么？

新西伯利亚19岁的大学生谢苗回答说："主要的——把亿万人们统一起来的最高思想没有了，代之而来的是分离主义、恐怖主义、极端主义、社会不公正。"普通公民阿列克西·波诺马廖夫认为："在许多情况下，独立性带来的是崩溃。"55岁的莫斯科电气工程师尤里说："人人都成了外人，不只是不同国家的人，更是在一个家庭之内的人。"喀山的电气焊工伊利苏尔也悲观地表达："很遗憾，从道义上来说，人们相互之间疏远了，……人们性格中的爱国主义消失了。"

代替从前集体主义、团结互助的核心价值原则的是个人主义、极端主义和自私自利。更多的人感受到了与国家人民的远离，不安全感和敌意的情绪充斥在社会氛围中。并且，在现实的军事和行政

---

① Дура lex: «Закон Познера» как признак идейного кризиса команды Путина, http://maxpark.com/community/politic/content/1770514,2013.03.13.

竞争的基础上，20世纪90年代初出现的一些能对联邦权力施压的极有影响力的政治中心与俄当局形成对峙状态，而俄当局采取的极端措施，更进一步加剧了分裂分化情绪。可以说，上述种种负向思想情绪体验原则都与分离主义互为因果。

第三，思想与现实脱节致社会踟蹰不前。不合时宜的"民主""人道""公开"的社会指导思想是导致苏联解体的主要原因之一，这一点似乎已毋庸多言。它在一段时间里，使苏俄社会与社会历史进程逆向而动。社会主导思想似乎已经上升到全人类高度，但是人民生活的水平却急转直下。科学的规律是经济发展在前，意识形态和思想观念的发展相对滞后于经济发展。但是俄罗斯不是那样，他们用貌似共产主义的社会理想"引领了"处于原始积累阶段的资本主义经济。社会经济基础退步到资本主义初期阶段，而社会指导思想却飙升至共产主义高级阶段！但是按照人类社会发展的基本规律而言，经济基础与上层建筑的运动是辩证统一的。经济基础决定上层建筑，什么样的经济基础决定什么样的上层建筑。苏联社会末期，政府和领导人完全没意识到社会主义在苏联社会内部的长期存在性，而是以主观积极割断了历史发展的客观运动。所以，即便到了今天的俄罗斯，那先前不实事求是的指导思想还在表现它的无穷后患。

解体之初居民生活水平急转直下且不说，即便是在2012年，俄罗斯经济依然不容乐观：基金市场萎缩20%，失业问题积重难返，生活水平持续低迷。[①]经济下挫和居民需求增长是当前俄罗斯经济的两个基本趋势。这一趋势带有时代和俄罗斯特点。[②]经济上

---

① 武卉昕：《对俄罗斯社会思想、经济、政治现状的一些观察》，载《红旗文稿》，2013年第14期，第35页。

② Ваше дело: Сергей Алексашенко оценил состояние российской экономики, http://altapress.ru/story/80323,2013-03-18.

受美国金融危机的影响导致内部增长放缓,但是居民对社会经济的发展依然呈现高要求的特点。人民的不满情绪和落差更多地来源于当前社会经济发展和从前价值期许的悖论。

(二)当代俄罗斯总体经济状况及表现

第一,大规模私有化运动后患遗留至今。俄罗斯大规模的经济私有化运动开始于1992年,到现在已经过去了30年。既然"破釜沉舟"的经济私有化浪潮非要随俄罗斯的资本主义制度一夜建成,当然也就不可避免地在其后相当长的时间内承受严重的后果:生产下降、失业激增、通货膨胀、财政赤字、负债累积、汇率疯跌……经济领域危机深重而叠加。经济问题产生的多维原因与俄罗斯社会内在矛盾的多层次性纠合在一起,致使经济状况的改善举步维艰。虽然在2000年以后,饱尝激进型经济改革恶果的俄罗斯政府开始走上一条"市场经济+民主原则+俄罗斯现实"的经济发展道路,在产权改革、宏观经济政策调整、经济快速发展等方面做了切实的努力,但是直到2006年,俄罗斯的国内总产量只比1991年提升了2%;[①]同时,虽然自2000年来,俄罗斯居民的收入大幅度增长,但是人们总体上还是觉得不如苏联时代生活过得更实惠、更踏实。2009年5月8日联合国经济及社会理事会的文件显示:"到2008年,俄罗斯联邦大约恢复到1989年的收入水平,尽管一些能源丰富的独联体国家,包括阿塞拜疆、哈萨克斯坦、土库曼斯坦和乌兹别克斯坦以及亚美尼亚和白俄罗斯的收入大大高于1989年的水平。因此,对于很多经济转型国家,2009年的实际收入将低于20年前的实际收入。"[②]始于2008年的全球经济危机使依靠能源型经济模

[①] К. Микульский: Об эволюции российской модели постсоциалистической экономики / Общество и экономика, №11, 2007, С.5.

[②] 2008—2009年欧洲经济委员会区域的经济形势:欧洲、北美和独立国家联合体 http://www.un.org/zh/documents/view_doc.asp?symbol=E/2009/16,2013-03-27.

式复苏的俄罗斯总体经济状况面临了挑战，直到今天仍然无法摆脱全球经济危机的缠绕。

在社会转型时期经济模式的选择方面，俄罗斯显然过于轻率了。轻率之一在于由高度的计划经济向全面市场经济迈进的"一步性"；轻率之二是照搬西方自由化市场经济模式与国内经济基础的"非契合性"；轻率之三是商品短缺情况与实现商品价格一次性放开的实践"悖论性"等。

第二，社会经济状况恶化引发一系列社会问题。联合国发展纲要中《2007—2008人的发展报告》中提供了《俄罗斯统计学年鉴》[①]。年鉴中的全部数据显示了俄罗斯国家总体社会状况的下挫。这些问题的产生应当是与社会经济持续低迷呈现因果逻辑关系的，经济基础与上层建筑的矛盾运动规律是社会发展的基本规律之一。此表中的谋杀、自杀、平均寿命、无家可归儿童数量、堕胎、基尼系数等均与经济状况密切相关，也应当与经济状况呈正比例布局。所以，足以说明当代俄罗斯社会经济的总体状况，而这一切，都是与国家对经济发展的道路选择的态度和价值立场有关系的。

第三，政府对经济发展的关切度较其他转型国家淡漠。不可否认，占世界陆地面积六分之一的俄罗斯享受了大自然慷慨的馈赠。2005年俄罗斯《共青团真理报》曾在一篇题为《俄罗斯值多少钱?》的文章中指出，俄罗斯所有自然资源的总价值约为300万亿美元，居世界首位。从类别看，俄罗斯各种资源储量几乎都位于世界前列，特别是在其他国家非常短缺的矿物、森林、土地、水等资源方面，俄罗斯的优势都让其他国家望尘莫及。这些资源给了俄罗斯在一定程度上摆脱困境的资本，比如在苏联解体的特殊时期，相当多

---

① Доклад о развитии человека 2007/2008. Опубликовано для Программы развития ООН (ПРООН) / Пер. с англ. М.: Весь мир, 2007.

的俄罗斯人就是在苏联时代得到的郊区免费的别墅园子里种一些自给自足的作物来渡过难关的,这一点,恐怕世界上任何一个国家都做不到。资源的丰沛也从另外一个角度给了这个国家的领导人和普通民众强大的内在底气。占世界六分之一的领土只需养活约 1.4 亿人口,这是一个在任何时刻都能实现能源自给的国家。这样丰厚的资源造就这样十足的底气使领导人有理由不用那么努力,不用那么殚精竭虑地致力于经济的发展,它也同样不会产生大面积的饥荒问题,这和只有 960 多万平方公里土地,却需要养育 14 多亿人口的中国所面临的经济压力是不能同日而语的。

可是,什么样的灿烂都会有它的阴影。将资源储备坐拥怀中,却不更细致更精心地打造合理利用资源的方案,很多时候不能够以最优化的方式整合资源,协调能源在整个社会经济中的作用,只是粗放、原始地去利用它,日子长了,自然也会显现出经济发展应对性差的缺点来。毕竟,俄罗斯的发展也是要融入全球化发展进程的,毕竟这是一个整合型经济时代,而非单一性经济时代。

(三)当代俄罗斯整体政治状况及表现

从 20 世纪 80 年代后期开始,社会政治领域发生了一系列重大的转变。这一转变以解除苏联共产党的核心权力为最终后果。政治多元化得到广泛推行,多党制体系逐渐生成,所谓的民主制在一定程度上得到发展。但当权者政权取得方式的非正当性、政治局面的动摇性、政治体系的不稳定性等新政治局面导致一系列棘手的社会矛盾的出现,也极大地改变了社会政治生态。照搬西方的政治改革模式饱受诟病。2000 年以后,俄罗斯政府在政治上实施"主权民主"道路,政治清明度和独立性得到部分改观,但对国家发展具有实质影响的问题依然存在。

第一,政党行动的自我利益中心化。20 世纪 90 年代俄罗斯后

第五章　苏俄伦理道德观演变原因及历史反思

共产主义制度的一个典型危机是多党派共存导致的政策一致性的缺失。国家面临着很多总体性的任务，俄罗斯全社会、整个政治结构的所有成分无法形成一个统一的意见。各个政党之间的利益分歧较大，没有人愿意在共同协商的基础上解决这些全民族问题并进行根本性的改革。政党派别多，施政目的五花八门，但是没有哪个政党真正能像解体前的苏共那样担当起对全民族、全社会的责任，也没有哪个政党具有统领全局的观念和能力，真正从普通民众的角度出发，切实地解决碰到的困难。今天，统一俄罗斯党在多年纷争的局面中凸显出来，并想要通过自己的政党实现俄罗斯联邦公民能够表达政治意愿、参加社会政治生活、参与社会政治活动、参与选举和全民公决、向国家机关和地方自治机关表达公民利益的诉求。然而，诸多反对党在一定程度上阻挠了他们长远计划的实现。

第二，腐败恶疾难以遏制。俄罗斯的腐败现象已经成为社会健康有序发展的一个重要的制约因素，而腐败的不断蔓延则显然是不成功的社会改革引起的并发症。2002年至2008年的6年间，在世界的180个国家和地区中，俄罗斯的腐败指数排名从71位跌至147位，每年的总金额达2500亿到3000亿美元。[①]以"民主""公开"为幌子的改革，不但没有改变从前的官僚主义和低效作风，反而加剧了社会的贪污腐败，使社会更不"民主""公开"了。除了政治经济的大背景，还有一些较为具体的原因导致了日益严重的社会腐败问题：国家对公民行为的监督力度总体弱化；社会转型时期欠完善的社会法律法规为腐败的滋生创造了条件；迫在眉睫的生计问题客观上弱化了人们对于致富手段的关注；相当多的社会改革者本身

[①] А. В. Юревич: Нравственное состояние современного российского общества, https://psychologos.ru/articles/view/nravstvennoe-sostoyanie-sovremennogo-rossiyskogo-obschestva.

就是腐败行为的践行者；惩处腐败的力度和决心较小。腐败成了俄罗斯社会难以根治的顽疾。其主要表现是：(1) 腐败行为全面化。腐败现象存在于社会各个行业当中，警察、教师、医生、一般职员都会利用自己的工作机会不失时机地为自己捞好处。(2) 腐败行为日常化。腐败成为社会日常生活的一部分，很多人更愿意用行贿的方式来解决一般情况下难以解决的或拖上很长时间才能够解决的问题。2006年，29%的俄罗斯人对收受贿赂持宽容态度，认为可以原谅，[①]这一态度让社会失去应有的善恶标准。(3) 腐败行为公开化。与其他国家不同的一点还表现在俄罗斯的腐败现象呈公开发展却无人问津的趋势。交通警察在街道上明晃晃地接过违法司机的卢布；宿舍管理员在同事和办事人员都在场的情况下接受办事者的礼物；老师在教研室里接受学生的钱而使考试或论文通过……腐败严重问题实际上与改革初期野蛮的私有化息息相关，私有化向人们展示了资本主义初期阶段赤裸裸的掠夺并不值得羞耻。

社会腐败的蔓延使投机取巧、无原则性、出卖灵魂等一些反道德现象在人们的意识中渐趋正常化，使社会日常行为标准、政治和经济活动的规范发生巨大变化。2003年，三分之二的受访者不认为逃税是可耻的，更有36.7%的人认为，这种欺骗国家的行为应当获得伦理宽容。[②]这些问题作为社会道德状况的一个晴雨表反映着整个社会伦理观的嬗变。这是一个失去了价值原则的社会改革造成的恶果，而这一恶果又会反过来成为社会健康有序发展的严重阻碍，这一影响的深远性不言而喻。

第三，民族分裂是政治不稳定的诱因。不得不承认，苏联解体

---

① В.В. Петухов: Должное и сущее в моральном сознании россиян / Человек, 2006, №3, С.151.

② В.Э. Бойков: Ценности и ориентиры общественного сознания россиян / Социологические исследования, 2004, №7, С.47.

后，尤其是 20 世纪末 21 世纪初，俄罗斯的社会道德堕落与俄罗斯当局对待种族问题和民族地区矛盾的所执行的暴力化路线有关，而种族地区政治分裂活动的日趋激烈甚至演化成一定程度的种族仇恨也是俄罗斯当局采取的极端化手段的后果之一。

一些民族地区和边疆地区由于特殊的文化生成背景和特殊的地理位置原因对俄罗斯联邦主体权力机构的认同不够，尤其是制度解体导致的全面混乱状态更加快这一情况的恶化。

在现实的军事和行政竞争的基础上，20 世纪 90 年代初一系列地区就出现了一些能对联邦权力施压的极有影响力的政治中心。各共和国和边疆区的总统和行政长官的个人阵地迅速壮大，使得其管辖的地区越来越独立于整个联邦主体，一些地区的政治和经济局面甚至有向封建割据转变的态势，最终加剧了政治分裂和民族分化。而俄联邦对分裂地区的做法更进一步加剧了本来就不密切的文化和情感上的断裂。1994 年的第一次车臣战争使 8 万多无辜车臣平民丧生，随后第二次车臣战争爆发。对待以车臣为代表的民族问题的强硬态度，使这些地区加剧了仇恨，越仇恨就越复仇，越复仇打击的力度就越大，周而复始，情况越发复杂化。

多民族的国家构成，而且相当一些民族与主体民族的非血缘性和非文化认同加剧了民族矛盾。这些民族矛盾发酵再加上俄罗斯对此类问题处理的情绪化，致使民族种族分裂成为影响俄罗斯政治安全的重要因素。

当然，俄罗斯社会在剧烈动荡的转型时期，在思想、经济和政治各领域还存在着其他的矛盾和问题。这些矛盾和问题在相当大的程度上，与国家政府所选择的道路模式有关。在社会制度剧变、社会面临重大转型的时候，能够实事求是地、依据国家社会的发展现状，根据科学的理论，制定符合本国国情的经济政治政策，孕育积极向上的思想文化,使国家和普通人民能够平稳地实现日常生活的过渡,而不至于遭受巨大的心灵和物质上的伤害,是非常重要的。

二、中国特色社会主义道路的伦理依据

比较而言,中国在社会转型的关键时期,实事求是地从自己的历史和现实出发,选择了适合中国社会的具有中国特色的社会主义道路,在政治经济和文化方面取得了平稳而长足的进展。在与俄罗斯社会发展现状的对照下,更显示了中国特色社会主义道路抉择的正确性。

(一)中国特色社会主义道路选择的正确性

首先,马克思主义是中国特色社会主义道路的理论基础。以思想理论体系呈现出来的马克思主义是指导社会实践的世界观和方法论,它是人们看待和处理社会问题的总的原则和立场,它以马克思主义的价值观和方法论来研究和解决问题,而不是生搬硬套地把马克思主义经典著作中的某些观点,直接拿来嫁接到我们所要解决的问题上。正如恩格斯所说:"马克思的整个世界观不是教义,而是方法。它提供的不是现成的教条,而是进一步研究的出发点和供这种研究使用的方法。"[1]事实上,马克思主义从来就应当是与时俱进的。坚持从实践出发,用唯物主义的价值立场来解决动态的社会历史问题是马克思主义最本质最核心的内容。中国共产党在多年的实践过程中,既坚持用传统马克思主义的基本原理来指导我们的建设,又依据社会发展的要求不断地实现理论创新,避免了苏联时代后期对马克思主义的僵化理解以及苏联解体时的彻底摒弃,使社会主义发展尤其是思想文化发展具有时代创新性,展现了党的理论的无限生命力。只有这样的理论才能指导具有中国特色的社会主义事

---

[1]《马克思恩格斯全集》第 39 卷,人民出版社 1974 年版,第 406 页。

业的蓬勃发展。

第二，社会主义核心价值观是中国特色社会主义道路的价值坐标。中国社会的发展需要社会核心价值对人心的凝聚。社会的经济转型催生思想多元化。我们的党和政府意识到核心价值观念对思想多元化的引领作用。所以，在20世纪八九十年代，中央注重精神文明建设，用社会主义的道德原则来引领人民的思想行动；21世纪初，大力开展公民道德建设，以公民道德建设纲要的形式约束和凝聚人心；2006年3月号召全体公民树立社会主义荣辱观；2006年的十六届六中全明确提出"社会主义核心价值体系"概念，在会上通过的《中共中央关于构建社会主义和谐社会若干重大问题的决定》，深刻揭示了社会主义核心价值体系的内涵，明确提出了社会主义核心价值体系的内容，指出社会主义核心价值观是社会主义核心价值体系内核最高抽象；2012年党的十八大报告再一次明确提出"三个倡导"，即"倡导富强、民主、文明、和谐，倡导自由、平等、公正、法治，倡导爱国、敬业、诚信、友善，积极培育社会主义核心价值观"，这是对社会主义核心价值观的最新概括。事实上，在中国改革开放进行的40多年里，我们发现，始终有一种可以被认为是核心价值的观念或思想在引领着我们的发展和建设。它秉承全心全意为人民的价值前提，把脉社会经济和政治的正确方向，避免了类似俄罗斯社会思想盲目多元、社会指导思想"去道德化"的严重后果，为中国特色的社会主义道路指引航向。

第三，"实事求是"是实现中国特色社会主义道路的指导方法。"实事求是"是马克思主义的基本思想原则。中国社会转型伊始，"实事求是"就作为党的基本思想路线被重新确定下来。有了这样一个基本路线，也就为全面改革奠定了思想理论基础。实事求是既是毛泽东思想的精髓，又是邓小平建设有中国特色社会主义理论的哲学基础，同时，它更是中国特色社会主义理论体系的组成要素。有了这样一条思想路线，才有了后来针对绝对平均而导致的绝对贫困提出来的"让一部分人先富起来"的方案，才有了鼓励激发党的社会作用的"三个代表"重要思想，才有了转变落后发展模式的"建设创新型国家"构想的提出，才有了期待各方面协调发展的"科学发展观"的提出和坚持，在各方面事业取得长足进展的基础上，才有了"全面落实经济建设、政治建设、文化建设、社会建设、生态文明建设五位一体总体布局"的实质性计划。在这个过程中，中国共产党始终依据自己的现状和计划，在认识自己面临的问题和不足的基础上，一是一、二是二地发现问题，解决问题。在发展模式上，既不谄媚西方，也不唯我独尊；既不盲目乐观，也不妄自菲薄，而是踏踏实实地应对困难，一个接一个地解决问题。这让普通的人民群众看到了党的实事求是精神，也相信党和政府有能力解决问题，这是一个党领导人民走发展道路的自信心和务实性的体现。它不同于俄罗斯脱离现实的救世主情结和弥赛亚意识，在自己眼前的衣食温饱问题还没有解决的时候，就要开始以全人类的价值为尺度来规定自己的价值坐标，最终导致理想和现实的巨大分离，而承受最深重灾难的还是普通的民众！

（二）中国特色社会主义经济道路选择的正确性

第一，市场经济的发展具有社会主义特性，保障了中国的经济发展沿着中国特色社会主义道路的正确方向。对于经济转型模式的选择而言，最重要的就是处理市场经济与国家宏观经济调控的关系。而对于中国来说，还有一个至关重要的前提：它是在社会主义制度框架下的经济转型。

中国的社会主义市场经济是在国有经济比重大、计划经济程度高、没有市场经济经验的前提下进行的。我们的党和政府基于这些前提条件逐步改革，而非一步到位地实施它。这样，既提高社会劳动生产力、激发经济发展活力、鼓励劳动者的创造性、提升人民生活水平，在所有制结构上，又坚持以公有制为主体，多种所有制经济共同发展；在分配制度上，坚持按劳分配为主体，多种分配方式并存；在宏观调控上，发挥计划与市场两个手段的长处，把市场调节和宏观调控结合起来，在原则上保留并坚持了社会主义特色，同时也就保证了主体群众的利益，而不是像俄罗斯激进的"一夜而就"的经济改革，国家资产被用于公饱私囊，人民饱受野蛮的市场经济转型的灾难性后果，社会经济状况持续低迷，甚至多年积重难返。

第二，以经济建设为中心是兴国之要，是国家兴旺发达和长治久安的根本要求。中国没有俄罗斯那么多的资源，所以，对于经济发展而言，所面临的压力是巨大的。多年来始终面临经济发展不平衡、不协调、不可持续、人民生活水平总体较低、产业结构不合理、农业基础薄弱、资源环境约束加剧、制约科学发展的体制机制障碍较多等多方面的问题。中国共产党和中国政府始终清楚地意识到经济发展对于国家社会发展的总推动作用，也始终以发展经济建设为中心，群策群力，取得了经济发展的重大进步。

改革开放以来，中国社会的经济平稳较快发展在国际社会上是有目共睹的。综合国力大幅提升，财政收入大幅增加；农业综合生产能力提高，粮食连年增产。产业结构调整取得新进展，基础设施建设全面加强。城镇化水平明显提高，城乡区域发展协调性增强。①改革开放取得重大进展。开放型经济达到新水平，到 2012 年 11 月，中国的进出口总额跃居世界第二位。人民生活水平提高显著

---

① 胡锦涛：《坚定不移沿着中国特色社会主义道路前进 为全面建成小康社会而奋斗——在中国共产党第十八次全国代表大会上的报告》，人民出版社 2012 年版。

……所有这些成绩的取得,都是党和国家紧紧抓住经济建设这一发展中心、努力作为的结果。没有了经济的发展,任何其他的所谓发展都是虚幻的,好比俄罗斯社会对于西式民主的"发展",因为没有了宏大的经济基础,西方又对其口惠而实不至,从而导致民主的"非着陆性",当人们发现他们拥有了表达的自由,却因为没有饭吃而失去了表达能力的时候,就会反过来抨击最初追求的民主了。毕竟,人的生存是要靠穿衣吃饭的,社会的发展也是依靠物质力量的积累去推进的。

第三,建设中国特色社会主义的根本目的是不断实现好、维护好、发展好最广大人民的根本利益。在中国当代社会,在社会主义发展的初期阶段,"最广大人民"实际上指的是具有中国国籍的包括工人、农民、知识分子在内的最大多数的劳动群众,也包括通过诚实劳动和工作、通过合法经营,为发展社会主义社会的生产力和其他事业作出了贡献的各种社会阶层人员。新时代中国共产党的发展观进一步明确了发展目的、发展依靠的对象以及发展成果享有等问题,强调要坚持人民主体地位,不断实现好、维护好、发展好最广大人民根本利益,坚持人民共享发展成果,着力解决好发展不平衡不充分的问题,满足人民对美好生活的需要,推动实现全体人民共同富裕。①

中国特色经济发展道路的选择是为最广大人民服务的,也就是为工人、农民和知识分子服务的,为了提升他们的生活水平,改变他们的物质和精神面貌服务的;事实上,在中国经济发展的历程中,这些普通的人民群众享受到了改革的成果,很少有人认为,自己现在的日子不如从前,自己现在的生活水平不如改革开放前。而

---

① 黄一玲:《中国共产党"以人民为中心"发展观的历史演进、生成逻辑与价值意蕴》,载《南京师大学报》(社会科学版),2022年第6期,第85页。

在当代俄罗斯，尤其是苏联解体之初，相当多的人都认为自己没有从前过得好。

（三）中国特色社会主义政治道路选择的正确性

第一，中国共产党的领导是中国特色社会主义最本质的特征。坚持共产党的领导、坚持社会主义制度是中国特色社会主义道路的选择前提。苏联社会主义制度改弦更张引发了一系列社会问题，经济滑坡、政治分裂、思想分化、国际地位下降、文化虚无、道德沦丧……而深受社会制度剧变伤害的不是那些从前的国有企业的厂长经理，不是那些国有银行的行长，也不是那些集体农场的场长，恰恰是那些普通的工人、农民和知识分子；一党制变成了多党制之后，党派纷争多以牟取私利为最终目的，真正为了整个国家和全体人民福祉的政党行动并不多见，即便是有英雄在世，也因为反对派的阻力而无力在较大程度上有所作为。

中国共产党人和中国政府意识到只有中国共产党才能保持国家发展计划的可持续实施，才能真正地从长远和社会主体的利益出发，真正地使人民得到福利，使国家长治久安。事实上，中国共产党的执政历程也证明了这一点。几十年间相对平稳的社会发展过程，让我们的公民能够平静地生活，顺利地接受教育、劳动赚钱、结婚生子，享受最安宁的生活。如果是生活在动荡不安的国家里，战乱、纷争、困苦总是困扰着每一个公民，那么前面那些看起来平凡简单的、普通的生活状态也是无法想象的！

第二，构建社会主义和谐社会是中国特色社会主义的本质属性。20世纪70年代中期，苏联也提出过要建设"和谐社会"的计划，但是由于当时社会主导思想向着抽象的"人道主义"方向发展，对于社会发展问题的看法开始出现"全人类中心化"趋势，导致领导层和学界无心无力关注社会和谐问题，从而使计划流产。而中华民族具有文化行动上的向心力，秉承"以和为贵"的处世哲学，拥有海纳百川的共处情怀，没有侵略别国的野心，更习惯在对立中看到统一，所以，在文化上具备了和谐社会建构的基础。中国共产党人仁心慧智，本着既遵循传统文化的基础，又能为解决当代社会的内部矛盾、促进社会公平与正义的目标原则，提出了在中国构建和谐社会的设想，并在具体实施层面上取得了预期的成果，起到了用传统文化和民族认同来促进社会发展的作用。在俄罗斯，基于民族种族构成的多样化和俄罗斯人非此即彼的民族性格，分裂主义成为阻碍政治发展的隐患，这一点，我们在建设具有中国特色的社会主义道路中，成功地避免了。

第三，惩治腐败是中国特色社会主义道路通畅的现实保障。苏联社会后期党内的腐败是亡党的一个重要原因。后苏联时代的俄罗斯，资本主义自身的反腐功能也未见其踪，导致社会腐败恶疾难消，人民饱受其苦，严重阻碍了社会的发展。

"不枪毙这样的受贿者，而判以轻得令人发笑的刑罚，这对共产党员和革命者来说是可耻的行为。"①中国共产党和中国政府对于腐败的惩治决心也从来没有如此坚决过。党的十七大以来，果断地处理一大批违纪违法、贪污腐败的高官充分表明惩治腐败的决心；党的十八大报告关于"始终保持惩治腐败高压态势，坚决查处大案要案，着力解决发生在群众身边的腐败问题。不管涉及什么人，不论权力大小、职位高低，只要触犯党纪国法，都要严惩不贷"的论述，更充分地表明党坚定反腐倡廉的决心和信心。而事实上，中国共产党惩治腐败的决心和行动已经取得了阶段性的成果。这些事实说明中国共产党意识到了，如果任由腐败发展，会演变成社会矛盾，当矛盾激化为社会主要矛盾时，就会有改变历史走向的危险。

---

① 《列宁专题文集·论无产阶级政党》，人民出版社2009年版，第183页。

而彻底惩治腐败则是中国特色社会主义道路一路通畅的现实保障，尤其具有当代意义！

从当代俄罗斯社会的思想、经济、政治的现状中我们看到制度解体给社会发展带来的巨大伤害。同时，我们也欣喜于中国在改革发展的过程中，不断总结自己和别国的经验教训，开创了具有中国特色的社会主义道路体系。通过实证比较和理论分析，再一次确证了中国特色社会主义道路选择的正确性！

三、苏俄马克思主义理论嬗变

历史理论视野中苏联马克思主义理论变迁呈现过程，首先缘起于列宁逝世后有关道路问题的争论，通过争论统一了思想，并为三四十年代马克思主义理论的一些基本问题的再认识提供了可能。马克思主义基本理论指导下的社会主义经济规律的探索实现了马克思主义理论苏联化的实践范式。马克思主义的人道主义化是苏联马克思主义理论历史变迁的线索，这一线索沿着非理性的逻辑路径展开，最终在马克思主义理论的"新思维"指导下，终结了历史理论视野中苏联的马克思主义。

列宁逝世后，苏联的社会主义道路仍面临"向何处去"的问题。围绕着列宁主义的本质、新经济政策的理论与实践、社会主义工业化等问题与布哈林和托洛茨基等人展开的系列争论的核心，都是社会主义的道路选择问题。

（一）围绕道路问题的理论争论

列宁逝世后，马克思主义理论在俄国仍处于向"布尔什维克方案"过渡的时期，当时俄国的社会政治思想仍呈现变动的混沌状态，某种坚定的指挥棒式的指导思想尚未清晰呈现，而国家建设又急需这样的思想，因为这一指导思想的终极指向是国家的发展道路。"不断革命论"与"一国建成社会主义"理论分歧成为现实情况最有代表性的表达。

托洛茨基总体上坚持"不断革命论"。"不断革命论"是托洛茨基革命理论的总观点,其基本观点主要有三:民主革命向社会主义革命的过渡具有不间断性;社会主义革命本身具有不间断性;一国革命到国际革命的进程具有不间断性。在上述总观点和基本观点的支配下,具体应用到俄苏的社会实践领域即表现为对苏联社会主义道路模式的选择问题上观点鲜明地反对"一国建成社会主义"理论,"在一个无产阶级由于进行了民主革命而掌握了政权的国家,专政和社会主义的命运,归根结底就不仅仅和不单是取决于本国的生产力,而更取决于国际社会主义革命的发展"[①]。托洛茨基认为,脱离了国际主义的民族救世主义完全行不通,世界上任何一个国家都不可能摆脱对外部的依赖,建成独立的社会主义社会。

斯大林对"一国建成社会主义"理论的坚持逻辑地传承了列宁有关革命"一国胜利论"。列宁看到了资本主义世界政治经济发展不平衡从而失去在多个发达资本主义国家同时爆发社会主义革命的可能性,利用矛盾特殊性原理实现了马克思主义理论的重大创新,在资本主义链条上最薄弱的环节——俄国率先发动社会主义革命并取得成功。斯大林因循了列宁对矛盾特殊性方法的运用,从资本主义世界的现实情况和苏联民族国家本身的实际需要出发,论述了战后苏联对"一国建成社会主义"道路坚持的可能。斯大林的基本观点表现在:(1)国家会长期存在并一直存续到共产主义时代;(2)在资本主义包围的情况下,民族(苏联)国家不可能消亡;(3)正确发挥无产阶级在国家组织建设中的作用是"一国建成社会主义"理论的实践保证。

---

① 郑异凡编:《托洛茨基读本》,中央编译出版社 2008 年版,第 313 页。

在托洛茨基和季诺维耶夫"不断革命论"的批判中,斯大林建立起较为成熟的"一国革命论",在意识形态领域建构起"民族国家的马克思主义"理论模式,制止了托洛茨基和季诺维耶夫等人用"不断革命论"为引导中断苏联社会主义建设的可能。

同时,对"工业化道路"的选择也是争论的关键。展开于斯大林和布哈林之间的"工业化道路"选择的分歧是二人争论的最主要问题,"这个问题所以重要,是因为我们在党的经济政策问题方面的实际分歧的一切线索都集中在这个问题上"①。双方立场鲜明,布哈林的方案是:农业生产是发展国民经济的杠杆,应全力发展个体农民经济;斯大林坚持迅速发展国家的工业,工业是改造农业的钥匙。斯大林立场的出发点在于,苏联国家社会主义建设的首要任务是保证国民经济独立于资本主义的包围,这样就要"彻底地扭转资本主义经济规律,营利的目的要服从于建设,首先是重工业建设的目的"②,很显然,这里面渗透了明确的政治导向作用:苏联要建设区别于资本主义世界的、属于苏联自己的社会主义国家,突破资本主义的经济重围。这是对马克思主义布尔什维克化道路的探索,是全新的理论实践。

列宁逝世后,新经济政策理论面临实践拷问。很多人有新的担忧:允许私人资本存在的新经济政策是否会影响苏联经济的社会主义本质,是否会妨碍苏联建成社会主义?对这一问题的理解存在着派别之分。左倾反对派的代表人物托洛茨基强力主张"工业专政""超工业化"建设方案,即以保障工业化高速发展的方式保障社会主义的发展,在某种程度上被解读为以牺牲农业的途径发展工业以

---

① 《斯大林全集》第 12 卷,人民出版社 1955 年版,第 42 页。

② А. В. Елисеев: Марксизм Сталина, http://krasvremya.ru/marksizm-stalina/, 2015-12-24.

获得社会主义的大发展。以布哈林为代表的右倾反对派维护新经济政策的基本思想，以实现社会经济平稳发展。俄共（布）第十四次代表大会实际上认同了布哈林的方案，即仍坚持新经济政策实施的最初方向——从工农联盟的角度出发，与人民群众一起前进。

无论是"不断革命论"与"一国建成社会主义"理论分歧，还是"工业化道路"选择的不同理解，抑或是"新经济政策"理论延续与否的不同认识，全部争论的核心都是社会主义苏联国家的道路模式问题，是马克思主义理论在苏联的传承与创新的问题。对于问题本身的理论认识和实践的巨大差别决定了马克思主义理论本身的发展，更决定了苏联国家社会主义建设的未来趋向。因而，全部最初的理论争论在苏联马克思主义发展史上意义重大。

争论拨开了思想迷雾，厘清了价值立场，统一了对一些马克思主义基本问题的看法，为20世纪30年代苏联国家政策的制定提供舆论准备，奠定理论前提。

（二）对马克思主义基本理论问题的阐释

20世纪20年代中期到末期的争论之最大结果是统一了思想，这种思想统一为三四十年代马克思主义理论的一些基本问题的再认识提供了可能。虽然受理论认识能力影响，斯大林本人代表的三四十年代的苏联马克思主义理论在理论深度和认识广度上都有局限，但在把握经典作家（包括列宁）的基本理论的同时，斯大林还是基本践行了将原点理论与苏联国情结合的原则，对马克思主义基本理论进行了属于苏联的阐释。研究主要内容包括：

第一，关于辩证法。斯大林在承认辩证法与形而上学相对立的基础上，依据马克思和恩格斯的基本观点，对辩证法进行了理论阐述，归纳总结了辩证法的四个基本特征：（1）辩证法将自然界看成是相互联系的统一整体；（2）辩证法将自然界看成是不断运动、变化、发展的状态;(3)辩证法将事物的发展看作是从量的积累到质的转变的、有规律的过程;(4)事物内在的矛盾是辩证法的理论和实践出发点。在实践中辩证法有相应的运用:(1)在联系中理解事物和现象;(2)以运动和发展的眼光去观察理解事物和现象;(3)应将事物的发展看成是一个前进的、上升的过程;(4)事物从低级到高级的发展过程是通过矛盾斗争实现的。在总结辩证法的特征和实践运用的基础上,斯大林将理论目光放置到社会历史层面,提出了辩证法推广到社会历史领域中的具体实施和社会意义,强调了一切以时间、地点和条件为转移的重要性。又结合俄苏革命建设的具体实践,提醒人们,为避免在政治上犯错误,就要向前看,而不要向后看,要做革命者,不要做改良主义者;要揭露资本主义制度中的各种矛盾,把阶级斗争进行到底。

第二,关于唯物主义。斯大林总结了与唯心主义截然对立的唯物主义的基本特征(基本观点):(1)世界按其本质来说是物质的;(2)物质是不依赖于意识的客观存在;(3)世界及其规律是可以被认识的。相应地,将唯物主义的基本观点放大到社会历史领域,斯大林也提出了自己的见解:(1)社会历史性;(2)社会存在具有第一性;(3)社会意识反作用于社会存在。同样地,斯大林将唯物主义与苏联的革命与建设结合起来,指出在唯物主义基本观点指导下苏联社会主义建设应当遵循的原则,如无产阶级政党应当以社会生活的发展规律为行动指南,坚持理论与实践的统一;无产阶级政党应当从社会物质生活发展的现实需要出发进行社会活动;无产阶级政党应当正确利用马克思列宁主义这一新的社会思想理论发动群众,进行社会物质生活的改造。

第三,关于历史唯物主义。斯大林将历史唯物主义看成是解决社会存在和社会意识、社会物质生活发展条件和社会精神生活发展矛盾的钥匙，在否定地理环境和人口对社会发展的决定意义的基础上，斯大林总结了历史唯物主义的特征：(1) 物质资料的生产方式是社会发展的决定力量；(2) 社会生产始终处于变化和发展当中，社会发展史首先是社会生产史；(3) 生产力决定生产关系；(4) 生产力与生产关系的辩证运动是自发的客观运动过程。相应地，在苏联社会历史发展相结合的现实考量上，斯大林指出了历史唯物主义在苏联社会主义建设中的应用方法和实现程度，如无产阶级政党应当掌握生产发展和社会经济发展规律，应当从生产发展和社会经济发展的规律出发进行实践；苏联的生产关系完全适合生产力，生产资料的公有制是生产关系的基础等。

可以说，斯大林是将辩证法、唯物主义和历史唯物主义作为马克思主义经典作家的最基本理论观点来看待的，他力图建立起由这三者构成的马克思主义理论中的世界观和方法论体系，在理论上承认这一体系对苏联社会主义建设的指导作用。在内容上，斯大林用上述三个基本问题沟通了无产阶级政党及其阶级性和世界观之间的联系，或者说用辩证唯物主义和历史唯物主义的世界观和方法论建构了无产阶级政党的理论储备和行动指南。在总结马克思主义理论的几个重要基本观点之特征的基础上，将其拓展到社会历史领域，并能与俄苏的社会实践相结合来看待，这种理论分析的本身也是对历史唯物主义和辩证唯物主义的坚守。同时，斯大林的一些观点在现在看来也具有理论独创意义，如社会物质生产方式是社会历史发展的决定力量，强调社会存在对社会意识的反作用力，以及他的理论认识在本体论、认识论和历史观中表现出的逻辑上的一致关系。总体上，斯大林对马克思主义理论的基本问题的认识并没有偏离经典作家（包括列宁）的基本观点，并在很多部分给予了理论阐释和内容上的充实。客观地说，斯大林对辩证唯物主义和历史唯物主义的理论认识是对马克思主义理论的丰富。

当然，基于自身认识的局限性，斯大林的一些结论仍存在较明显的问题：如对经典作家的基本观点的认识在理论上流于肤浅，并呈现体系缺陷；在认识论领域轻视实践的决定作用；对资本主义和社会主义生产关系的本质和区别分析不够准确；对苏联社会主义建设，尤其是经济建设的评价高于客观事实，在相关的研究中，对经济基础与上层建筑的运动规律把握失准。在方法论上，仍存在理论与实践两离，忽视矛盾的统一性、过分强调矛盾的斗争性，混淆历史唯物主义和辩证唯物主义的关系，轻视决定事物和社会发展方向的否定之否定规律的作用等。

（三）对社会主义经济理论的探索

从1939年3月苏共十八大到1952年的十九大间隔了13年，当然战争和战后的恢复任务是重要原因，此外，党的生活秩序本身也出现了问题，"斯大林对党参与决策不感兴趣，他主要通过政府系统治理国家"[①]。到了1952年，苏联的经济已基本恢复到战前水平，国家发展又一次处于拐点，苏联重新面临"向何处去"的问题。事实上，战后的新时代开启了，苏共十九大就是在这样的背景下召开的。可以说苏共十九大对苏联国内情况的分析是后来理论认识和实现行动的起点：（1）苏联的经济恢复工作已经完成；（2）事实证明苏联的体制是最好的形式；（3）苏联要进行体制调整和改革以实现向共产主义的过渡；（4）战争年代的经历证明了国家工业化总路线的正确性；（5）优先发展重工业是社会主义经济发展的战略规律；（6）只要资本主义包围的态势存在，社会主义国家制度就仍需加强；（7）党在国内政策方面的任务以经济为主；等等。苏共十

---

① 邢广程：《苏联高层决策70年——从列宁到戈尔巴乔夫（2）》，世界知识出版社1998年版，第455页。

九大在形式上将斯大林的理论上升至不可撼动的崇高位置，客观上加剧了苏联共产党对马克思主义理论的教条化理解。这些政策指导和理论理解在《苏联社会主义经济问题》中有系统的阐述，这本书旨在将苏联建设社会主义的经验系统化、理论化、规范化的同时，也通俗化了。这本书是斯大林时期对马克思主义的政治经济学理论的苏联式阐述，其主要观点包括：

第一，经济发展的规律是不以人的意志为转移的客观规律，人们可以发展并运用这些规律，但不能改造它。政治经济学的大多数规律只在一定历史时期发生作用，并不能长久存在。苏维埃政权虽然取得了重大的成功，但是也无力改变经济运行的规律。

第二，社会主义制度下也存在商品生产。斯大林认为，不能将商品生产和资本主义生产截然对立起来，也不能将二者混淆。在存在着生产资料的全民所有制和集体所有制两种公有制形式的条件下，还必须保留商品生产。但斯大林否认在社会主义制度下生产资料是商品，认为全民所有制内部不存在所有权的转移，所以不存在商品生产。

第三，社会主义制度下价值规律有限度地发挥作用。斯大林从价值规律的客观性角度出发承认社会主义经济中价值规律的存在，价值规律在苏联经济中的作用体现在商品流通和交换过程中，排除了价值规律在生产过程中的作用，因为"在这个方面起作用的还有国民经济有计划（按比例）发展的规律，这个规律代替了竞争和生产无政府状态的规律"①。

第四，社会主义制度下的生产资料不是商品，社会主义的生产力和生产关系之间仍存在矛盾。因为生产资料由国家分配，国家持

---

① 〔苏〕斯大林：《苏联社会主义经济问题》，中共中央马克思恩格斯列宁斯大林著作编译局译，人民出版社1971年版，第16页。

有对生产资料的所有权，企业只是生产资料的使用者。斯大林指出苏联生产关系落后于并且将来也会落后于生产力的发展。领导机构要制定正确的政策协调二者的矛盾，使其不至于激化。

斯大林对马克思主义政治经济学理论的阐述遵循了马克思主义经典作家对社会经济发展一般规律的总结性认识，同时基本反映了苏联社会经济发展的历史轨迹和实际状态，也是苏联制定国家经济政策的理论前提。因为只有承认经济发展规律的客观性，才能够总结出苏联社会主义经济的规律，才能将规律作为科学指导苏联的经济建设；只有承认社会主义制度下商品生产存在的可能性和合理性，承认价值规律的作用并限定出它的作用范围，才能够在计划的指导下激发社会主义经济的内在活力，同时顺畅地实现宏观调控。可以说，斯大林时期对马克思主义政治经济学的理论探索基本上符合当时的社会实践需求，虽然在目的上呈现出明确的主观倾向性和教条化特点，但是在历古所无的理论空间和实践领域开辟了属于自己的全新认识。

（四）马克思主义的人道主义化进程

后斯大林时代，马克思主义的人道主义化趋势渐明。原因在于：其一，苏共二十大掀起反斯大林主义运动的海啸，苏联在一夜之间对斯大林及其主义的态度从顶礼膜拜转向猛烈抨击，认为斯大林所造成的人道主义灾难应当受到谴责；人民作为历史的创造者应当受到尊重。其二，尊重人性的要求日益凸显。随着苏联人认识水平的提高，有关人和人本质的思考，成为苏联学界关注的热点，尤其是对共产主义新人的培养要求促使人越来越重视自身的创造性和主体性。

第一，马克思主义及其理论人道主义化开端。在学术理论上，马克思主义的人道主义化开始于学术著作对人道主义的理论接纳。

1957年末，法国哲学家罗杰·加罗蒂的《马克思主义的人道主义》一书问世并在苏联出版。"终结使人非人的异化是哲学和社会革命的共同目的"①也是此书的目的；许多苏联学者认为，此书指出了马克思主义对自由和幸福的本质问题的见解，呈现出对人性的尊重，闪耀着人道主义的光芒，极大地推动了人道主义思潮。А.Ф.施什金在《共产主义道德原理》中将社会主义的人道主义提升至共产主义道德最重要的原则的位置上来，指出了社会主义人道主义的特征：现实性、代表劳动人民、反对压迫和剥削、体现人的尊严和对人的关怀。

在理论的实践领域，马克思主义的人道主义化表现在社会主义条件下个人利益和集体利益的初步结合上。②20世纪40至50年代，为了在社会主义建设中进一步激发人民的劳动热情，鼓励人民群众的主体性和创造性，个人利益的正当性被突出出来。

1955年6月苏共中央全体会议的中心议题是劳动所得的个人物质利益的保护问题，明确指出不重视劳动群众个人利益和要求的做法是错误的。Г.М.加克在随后发表的《社会主义条件下公共利益和个人利益及其结合》一文中开宗明义："个人服从于社会条件下的公共利益和社会利益的结合是社会主义社会的特点。"③并在总结利益的内涵、公共利益和个人利益的相互关系的基础上，提出发展社会主义条件下社会和个人之间正确关系的途径，为社会主义条件下集体利益和个人利益的初步结合、为个人利益的正当性提供了进一

---

① Н.В. Завадская: Марксистский гуманизм / Вопросы философии, 1958, №8, С.170.

② 集体利益、社会利益、公共利益等概念在苏联马克思主义伦理学体系内没有明确的区分，相当多的时候，它们是同义的。

③ Г.М. Гак: Общественные и личные интересы и их сочнение при социализме / Вопросы философии, 1955, №4, С.17.

步的政策支持和理论依据。

可以说，50年代具体的社会历史条件决定了社会主义条件下社会利益和个人利益的结合，并决定了社会主义条件下个人利益具有新内涵。而关注人的利益本身是马克思主义的人道主义化最明显的实践标志。

第二，马克思主义及其理论人道主义化转向。后斯大林时期，反斯大林崇拜始终是马克思主义理论中"人"的问题的绝对前提，同时社会主义建设也持续需要对人的尊重、对个人积极性的激发；从60年代中期开始，学界从马克思对人的异化进行的批判的角度开始对"人""人的价值"进行研究，为人道主义原则找寻理论依据。这是一个令人耳目一新的变化，它表明苏联马克思主义领域对"人"的问题的部分研究已经悄然从政治层面进入学理层面。马恩相关著作的陆续出版发行与各界学者的系统研究使得苏联学者对人的社会关系、人的异化、人的价值等问题的认识进一步深化，为论证社会主义条件下人的发展提供理论依据；此外，苏联学者在马克思主义理论框架下对西方资产阶级人本主义的批判中比较了两种人道主义原则的不同，指出社会主义人道主义的客观性、现实性、历史性。

在相应的理论储备下，苏联的马克思主义学者们开始将目光从"个人利益与集体利益结合"的视角转向单纯的对个人问题的研究。他们把"个人""个性"单独提了出来给予特别的强调，"个人"变成了独立的话题。1962年3月，赫鲁晓夫在苏共中央全体会议上特别强调，实现共产主义不仅需要物质技术基础，而且需要成熟的人。从此之后，关于人的本质、人的价值、人的发展等问题越来越吸引苏联马克思主义学者的注意，1965年《哲学问题》第1期的开篇文章就是《人是最高的价值》，这里明确了"人"的基本特征：

有理性；拥有权利和义务；具有行为活动能力；拥有自由和独立的个性；保持对他人的尊重。在理论研究中人的价值被特别强调，苏共新党章还把"一切为了人，为了人的幸福"确定为社会主义社会的基本原则，为"人是最重要的价值"的理论提供了政策支持。"人道主义（гуманизм）"成为"显学"。

第三，马克思主义及其理论人道主义化展开。随着国家政策的变迁，对人的重视不断增强，马克思主义的人道主义化趋势日渐明显，到70年代中期苏联学者对共产主义的人道主义原则的理论认识落实在具体问题的研究当中变得不大理性了，人道主义作为学术偏好愈演愈烈。人道主义化在70年代变成苏联马克思主义理论研究的一个最基本的特征。赫鲁晓夫时代，铲除斯大林主义、告别斯大林及其主义无疑是五六十年代人道主义呼声日渐高涨的直接原因，这一原因具有较强的主观色彩和政治操纵意味。在人道主义化延绵发展的30多年间，一些其他原因也促使了苏联马克思主义伦理学人道主义化的发展，如对西方人本主义理论的接纳；发达社会主义理论对培养新人的要求；科学技术进步引发的人道呼唤；根植于俄罗斯民族思想中的人道主义传统等。在具体的理论研究中，"人性"概念被当成马克思主义理论的重要范畴赤裸裸地呈现了。学者们从世界观、意识形态、价值观和心理学等各个角度来解读"人性"。

马克思主义及其理论的人道主义化是政策下的理论研究趋向，它作为一条线索铺设了后斯大林时代的整个马克思主义理论研究的路径。它的实质在于：它逐渐偏离了先前理论研究纯粹的阶级立场，逐渐放弃了核心的人民主体价值观念，逐渐摒弃了最重要的历史唯物主义和辩证唯物主义的方法，逐渐将马克思主义的研究从具体导向抽象，逐渐引领了某种非共产主义追求的理论方向。这些结论在 80 年代后期的实践中得到了证实。

（五）马克思主义研究的"新思维"

20 世纪 80 年代初期至中期，苏联马克思主义理论研究表面上无所建树，实际在内部发生着剧烈的角力，是理论剧变前的准备和酝酿。这一时期，马克思主义理论研究呈现如下特点：学术争论多理论定论少；研究更反映社会政治生活变化。虽然嘈杂混乱，但不可或缺，因为它是剧变的中间过程。接下来，理论剧变开始了。

苏联的马克思主义在 20 世纪 80 年代中期之后发生了前所未有的剧变。剧变虽处处以"新"为题目和形式，譬如提出了一系列新观点、新问题和新解释，还有"新思维"。事实上，此时的苏联马克思主义却伴随国家政治制度的蜕变和社会制度的改弦更张，正在急剧地向背离马克思主义和社会主义的轨道转变。苏联马克思主义陷入了反思，反思表现为"纠错"和创新。"纠错"是纠从前的"错"，"创新"是创未来的"新"。但这种反思热潮在后来愈演愈烈，并且发展成为极端的批判——对苏联社会主义制度、共产主义理想，甚至对整个马克思主义的批判；"创新"是在全然摒弃从前认识基础上的创新，新内容固然比比皆是，但是似乎与传统"马克思主义"和"社会主义"脱离了干系。它们离马克思主义越来越远了。

在马克思主义理论研究剧变过程中，政治上的"新思维"起到了关键作用。"新思维"是戈尔巴乔夫改革主导思想的重要组成部分，本质上是对新时期提出的"新"的政治思维，其基本理念包括：改革是彻底的变革；"全人类的利益高于一切"；价值观上导向西方。可以看出，"新思维"就是对马克思主义理论的颠覆，其结果导致社会制度的改弦更张，在历史观上脱离现实的历史发展阶段和人民群众这一历史发展动力，在价值观上摒弃原有的社会主义与集体主义的价值观，导向西方的个人主义世界。一旦"新思维"的构想成为现实，马克思主义意识形态就崩溃了。后来的事实证明，抽离了阶级性和历史性的"新思维"代替了辗转传承发展70余年的马克思主义，失去了正确理论指导的社会主义苏联变成了资本主义的俄罗斯，马克思主义理论在苏联的历史上终结了。

四、各种思潮的蔓延及错误思潮对道德观的影响

杂糅的社会思潮对伦理道德观的冲击。随着20世纪90年代苏联解体，以阶级意识为主旋律的国家意识形态四分五裂。尘封的社会思潮在静默的文化积淀中爆发出来。关于俄罗斯的未来以及如何转型的问题至今仍未形成共识，社会思潮在多个层次体现了俄罗斯特点。横跨欧亚两洲的地理特点决定了俄罗斯亦东亦西的基本特质。与美国的政治冲突、与英国横隔欧洲大陆的奇妙经贸关系、与日本关于国土的历史纠葛直接导致了这三个国家对俄罗斯社会思潮的关注与研究，并分别展现在政治经济、社会发展和历史文化三个视角。综合以上三个角度的研究现状，引发俄罗斯社会思潮纷繁复杂的原因主要有宏观政治与微观社会视角的冲突、苏联解体和俄罗斯传统文化与当代现实的弥合与发展。在发展态势上，以强大的军事实力和总统制政治为后盾的新保守主义思潮走强，整个社会思潮呈现出对达成共识的渴望并向好发展，在西方世界的自由主义和保守主义思潮、本国的社会经济发展和世界格局变化中产生了巨大的影响。

第一，西方视域下俄罗斯社会思潮。通过对英、美、日三个研究俄罗斯社会思潮的主要代表国家综合研究并归纳整理，对俄罗斯纷繁复杂的社会思潮进行了梳理和归类，受俄罗斯历史变迁、地域特征、政治选择、文化传统和经济情况的等主要方面的原因影响，

俄罗斯社会思潮主要分成自由主义、保守主义、亚欧主义、宗教主义、竞争实用主义和马克思主义这六个大方向，又因为其具体意见的分歧分为诸多小类。这些社会思潮与政治导向、利益分配、文化形态和外交策略都有密不可分的关系。"没有马克思，则'罗尔斯'盲；没有'罗尔斯'，则马克思空。把二者对立起来，或者不愿意承认对方存在的合法性，是不可取的。"[①]把这些社会思潮划归到政治哲学领域，以伦理价值视角分析其本质，并对俄罗斯社会思潮的影响进行系统研究。

总体而言，西方国家对当代俄罗斯社会思潮及其动态进行研究的作品不在少数，其中以英、美、日为代表。研究中英国多从社会学视角；美国多为基于现实的经济因素和政治学视角；日本则集中于历史文化视角。研究领域集中在俄罗斯社会文化转型和俄罗斯政治动向背景中展开，以期各自为本国政治决策、经济发展和外交策略提供帮助。其研究视域限制于本国意识形态之内，对俄罗斯社会思潮动向极其关注，呈现出既暧昧又担忧的波动态势，不乏有见解的认识和实际的社会调查研究，然而部分认识有欠客观。

第二，社会问题视角下的俄罗斯社会思潮。深入探究俄罗斯社会思潮，不难发现其本质反映的是政治上的探索和整个社会的价值诉求。而政治制度的变更和社会现实变化及其所引发的整个斯拉夫民族的反应，又敏感而集中表现在社会思潮上，以期构建合理的政治制度并实现社会良性转型。这种对政治手段的期待和民族前途的忧虑背后有深厚的历史根源，跌宕起伏的社会发展和沧海桑田的体制变化造就了形形色色的社会思潮，并行相悖、争论不休。

官僚主义在俄罗斯近现代历史中流毒久远，成为俄罗斯社会的

[①] 安启念：《马克思恩格斯伦理思想研究》，武汉大学出版社2010年版，第22页。

顽疾。史蒂芬·怀特[①]认为1989年至1990年共产主义崩溃，很多人相信民主制度会迅速生根，然而，在过去的十年中，选举舞弊已成为普遍，怀疑民主思潮走强。民主的确没有迅速生根，实质上是俄罗斯的官僚主义在制度漏洞中延续下来，依靠选举舞弊等手段阻碍了俄罗斯社会发展。这种怀疑民主思潮走强，通过不同甚至相反的方式表达出来。如新自由主义和新保守主义就选择了完全不同的途径，新自由主义要求增加选民的权利控制腐败，新保守主义却呼吁加强国家的权力消除腐败。

实质上，两种完全不同的政治观点和道德出发点都是基于自身利益的现实。从宏观政治与微观社会问题相结合的视角对俄罗斯不同时期的社会思潮进行研究，可以发现对这些社会问题，俄罗斯各个社会阶层、利益集团和社会团体都有自己的看法，有的看法相互之间非常矛盾，呈现出相悖并行趋势，都难以完全说服对方。如欧亚主义从始至今有多个互相竞争的分支流派，虽然实用主义的欧亚一体化可能会带来经济上的好处，但结果仍有待观望。理查德·萨克瓦[②]依据不同的社会利益团体将俄罗斯社会思潮划分为自由国际主义、大国主义、欧亚主义、竞争实用主义、新现实主义和新修正主义。实质上不同的社会思潮是俄罗斯不同领域的人群对所面临社会问题的反馈，尤其是对政治抉择。

各种不同的社会呼声，最大差异来自俄罗斯社会在西方社会和

---

①史蒂芬·怀特，格拉斯哥大学俄罗斯研究中心教授，在《俄罗斯政治发展》（2008），《白俄罗斯、俄罗斯和乌克兰选举的完整性和对民主的支持》（2015），《俄罗斯公众舆论》（2014）和《俄罗斯专制选举》（2012）中对俄罗斯社会思潮进行了研究。

②理查德·萨克瓦，俄罗斯政治转型研究的代表人物、肯特大学政治学教授，代表作有《俄罗斯的政治与社会》（1993）、《普京：俄罗斯的选择》（2004）、《冷和平：解读俄罗斯与西方的关系》和《欧亚一体化的挑战》（《俄罗斯研究》2014）等。

东方社会之间的认同感。在历史的长河中，俄罗斯社会始终在东西方之间游移。西方自由主义思潮、帝国主义思潮、民族主义思潮在俄罗斯这个欧洲边缘帝国随着社会问题的发生此消彼长，摇摆不定。多米尼克·列文[①]指出，"作为欧洲边缘'第二世界的代表'，俄罗斯始终在学习欧洲和对抗欧洲的历史循环中反复纠缠，告别帝国历史是俄罗斯最好的选择"[②]。

第三，政治选择视角下的俄罗斯社会思潮。"唯物史观揭示了社会发展规律，因而也就从宏观上揭示了政治伦理和政治制度演化的规律。"[③]俄罗斯社会思潮在道德哲学层面上展现出了转型社会的伦理价值寻求。基于现实而言通过政治手段实现利益与伦理层面的妥善处理，促进社会的稳定和发展是可行的。

通过政治制度实现伦理价值已成为当代俄罗斯实现社会价值统一最为有效的手段，然而伦理为政治制度和社会现实实现良性服务的前提是构建统一的合理政治伦理体系。因而各色社会思潮背后的伦理目的与政治利益的紧密关系不言而喻。

美国的俄罗斯政治学家们善于利用利益集团模式（interest group model）和政党意识形态理论分析苏联阵营内部的问题。其中重要苏联学著作提供了较为一致的观点[④]：转型后俄罗斯的国家宗

[①] 多米尼克·列文，英国科学院院士教授，代表作有《剑桥俄国史》（2006）等。

[②] 封帅：《多米尼克·列文与俄罗斯研究中的帝国视角》，载《俄罗斯学刊》，2015年第5期，第41页。

[③] 安启念：《马克思恩格斯伦理思想研究》，武汉大学出版社2010年版，第11页。

[④] 代表性论著有堪萨斯大学哲学系教授乔治（Richard De George）的《道德、伦理学东欧马克思主义》（1966）、多伦多大学政治学教授斯基林（Harold Gordon Skilling）的《利益集团和共产主义政治学》（《世界政治学》，1966）、丹尼尔斯等人的《苏维埃政治的动力学》（1972）。

教主义思潮、帝国主义思潮复兴，欧亚主义、西方主义思潮泛起，马克思主义、集体主义回潮，其中欧亚主义和新保守主义是最主流的思潮。

然而作任何一种政治选择都要慎重，蒂姆·马凯蒂尼[①]揭示了俄罗斯政治变化的历史脉络，认为社会过渡阶段俄罗斯的政治选择必然历经艰辛之路。从斯大林到戈尔巴乔夫，俄罗斯的政治选择就一波三折，苏联模式、赫鲁晓夫的改革、戈尔巴乔夫的改革，越改越糟糕，国家体制与人民意志的脱节产生了难以弥合的裂缝。政治选择变得尤为棘手，普京要求俄罗斯学界重新编纂俄罗斯历史，并要求把苏联内化为俄罗斯历史的一个重要组成部分。俄罗斯需要更长的时间先把国家、社会和人民三者关系梳理好，才能水到渠成地进行宏观政治体制的建设。

第四，历史文化视角下的俄罗斯社会思潮。戈尔巴乔夫上台后的1986年至1988年，撕开了可以讨论斯大林历史地位的口子，"否定斯大林"成为当时的主流观点，直至苏共垮台。这一时期的资料包括苏共党内的文献认为"斯大林背叛了列宁"。之后又变本加厉地认为"斯大林和列宁共同革命不能分开"，并全盘否定苏联的一切，准备建设十月革命之前的俄国资本主义。

"八一九"事件后全国取消官方意识形态，取消学校里的马克思主义课程。管理国家的人也不再去理会马克思、列宁、斯大林。直接导致今天俄罗斯的两个关于马克思主义的主要观点："一个是列宁和斯大林建设的是社会主义国家，一个是列宁和斯大林并不是真正的马克思主义者。"欧洲学者的观点最为普及，认为"列宁和斯大林的理论脱离了马克思的理论，不是真正的马克思主义者"。

[①] 蒂姆·马凯蒂尼，美国学者，代表作《俄罗斯思想——痛苦寻求》（1998）等。

犬儒主义、利己主义、无政府主义和自由主义等思潮迅速占领了空白的意识形态领域，而戈尔巴乔夫无法立即建立稳定合理的社会秩序和人民的公共意识。社会中的利益集团包括苏共内部迅速瓜分了原有的国家资源，人民怨声载道。袴田茂树[①]指出俄罗斯的社会结构为"沙子社会"，帝国主义、民族主义、西方主义、欧亚主义社会思潮泛滥，俄罗斯面临最严重的课题，就是在苏联解体之后确立俄罗斯国家的自我认同。然而这种文化认同不是凭空建立的，要对国家的历史、国家的制度和社会利益的分配有统一的认可。对国家历史文化的继承；对国家当前制度的信任和对社会利益分配的认可；对国家民族未来的希望寄托——以上这些都需要较长的时间去完成。"当我国也确立了俄国梦时，对于斯大林的历史定位问题上，就会和解。"[②]

诚然，对国家当前制度的信任和对社会利益分配的认可以及社会的发展是俄罗斯首先应当解决的。这种文明要建立在俄罗斯自身特点之上。奥兰多·费吉斯[③]认为普通俄罗斯民众日常生活反映了深刻的历史与文化价值，难以改变的文化精神蕴藏在俄罗斯民族内心深处，来自东方与西方的元素都在俄国文化中留下了自己的烙印。虽然现在这种文化有些错综复杂。但对于这种文化现状要一分

[①] 袴田茂树，日本俄罗斯问题的权威学者、青山学院大学教授，代表作有《俄罗斯国家自我认同的危机与"主权民主主义"的争论》《俄罗斯的两难困境——深层的社会力学》《文化的实在性——日本与俄罗斯知识分子深层的精神世界》《读懂当代俄罗斯——从社会主义到"中世纪社会"》。

[②] 北京大学马克思主义学院"海外学者讲坛"系列讲座，主讲人：B.H.舍甫琴科《当前俄罗斯关于斯大林历史定位问题的争论》。B.H.舍甫琴科，哲学博士、教授、俄罗斯联邦功勋科学家，俄罗斯科学院哲学研究所资深研究员。

[③] 奥兰多·费吉斯，格拉斯哥大学俄罗斯研究中心教授，思想反映在其代表作《娜塔莎之舞：俄罗斯文化史》（2002）、《耳语者：斯大林时期俄罗斯的私人生活》（2014）中。

为二地看待，俄罗斯有更多的选择，也有更好的文化底蕴。在历史文化视域中，这些思潮是对俄罗斯未来道路上存在的历史遗留问题的争论。直到俄罗斯有了自己的方向，这些文化的融合也就像俄罗斯的发展一样，一同脱离泥淖。

五、俄罗斯社会思潮兴起的原因

（一）宏观政治与微观社会发展冲突

当社会现实与宏观政治悖行时，道德指标显然倾向了民众的呼声。然而失去了价值指向实现手段和制度保障的道德诉求并没有带来社会的进步和经济的好转。菲利普·汉森[①]认为俄罗斯的社会与政治环境领域因素影响到了经济改革的效果。长期酝酿于苏联民众意识中的激进改革情绪通过自下而上的方式实现了经济转型，最终迫使中央政府接受这一结果。但相比于苏联的解体，民主却更加遥遥无期，"原有的核心价值观念体系不再发挥作用，没有人能说清楚什么是对的，什么是错的。没有价值世界的统一精神引领，社会朝着失序的末路狂飙"[②]。受历史和文化传统的影响，俄罗斯并未走向民众期待的民主，而是形成了各种社会思潮争执不休的局面。

日本学者袴田茂树将俄罗斯社会喻为"沙子社会"，即其社会形态要靠强有力的政治手段作为框架支撑，一旦失去框架，整个社会将四分五裂。这种强有力的政治手段不再适应社会现实时，二者将渐行渐远。诚然，苏联解体表明整个国家并没有处理好二者的关系，由宏观转入微观的路径随着"戈氏的改革"由"普世价值"所

[①] 菲利普·汉森，俄罗斯与东欧研究中心教授，代表作有《从改革到灾难：苏联经济评论（一）》《俄罗斯地区经济改革》和《苏联经济的兴衰》。

[②] 武卉昕：《从俄罗斯社会意识回潮看社会价值转向》，载《马克思主义研究》，2016年第8期，第138页。

取代。阿奇·布朗①认为苏联专家关于政治文化、三权分立和竞争性竞选的思潮——尽管这种新思维隐藏在苏联传统教义之下,党内知识分子的思想变化是导致"观念革命"的根本原因,即对内的政治多元化思潮和对外的"人道普世主义"思潮。这种变革是历史发展的必然,戈尔巴乔夫的新思维是对这种思潮的总结和反映。

苏联改革和解体的过程,并没有带来所谓的西方式民主,相反,维系苏联政治体系的内在精神纽带崩溃,集权政治失控致使过渡阶段社会意识形态处于真空状态,这时地域因素、历史因素与外来文化相互碰撞,导致了形形色色社会思潮的衍生,呈现相互对立的摇摆状态。这种游弋于宏观与微观中摇摆不定的抉择,相对于僵化的政治体制而言成为了更加严重的问题。采用利益集团模式和政党意识形态理论分析苏联阵营内部问题的苏联专家教授乔治、斯基林、丹尼尔斯等人认为,在冷战时代,苏共和东欧共产党并没有出现严重的腐败现象,意识形态对苏共各层级干部既是党性要求,也是压力(倒是转型时期官员才开始出现权力寻租的腐败),更多的是制度缺陷带来国民对政权的不信任。

(二)苏联解体

"今天,我们治理这么一个超大型的'百国之合'的国家,如果用西方的政治制度,国家第二天就可能解体,可能出现 1 万个政党……所以,治国本质上是一个民心和民意的结合,民意有时候可能反映民心,有时候不能反映民心。"②在马克思主义伦理视角中,"民心"始终是不变的道德追求,民意则有其历史局限性。从宗教和文化角度来讲,在沙俄时期,无论是东正教的传播,还是俄罗斯

---

① 阿奇·布朗,牛津大学教授,代表作为《戈尔巴乔夫因素》(1996)。
② 张维为:《建立中国的政治文化自信》,载《上海文化》,2014 年第 6 期,第 7—8 页。

民族文化的发展都达到了很高的层次,进入20世纪以后,俄罗斯又成为共产主义思潮的中心。而苏联后期,苏联民众和精英层都失去了对苏联的意识形态和政治、经济体系的信任,于是其他意识形态形式,如民族主义、西方自由主义和资本主义迅速开始填补思想领域的真空,苏联的自信丧失殆尽。

苏联解体致使苏共所奉行的意识形态丧失了主导地位,各种社会思潮泥石俱下,原来指望的西方自由主义思潮与社会现实相悖,俄罗斯社会对西方思想的预期产生严重质疑,各种社会思潮在严重撕裂中挣扎。"俄罗斯本土寻求符合现代社会发展又植根于俄罗斯文化和土壤的全民族思想。"①

(三)传统文化迎合当代政治需求

在俄罗斯这片广袤的土地和悠久的历史文化中,无论是经济、政治、民族、宗教、地域、哲学、历史、文化等,还是所有经济基础和上层建筑,都或多或少地融合了东西两种文明要素,又有自己独具一格的特点。有时向西方亦步亦趋,有时和东方亲密无间,又在苏联时期独树一帜,引领潮流。当下俄罗斯又重新在世界的政治和经济舞台上展现出自己雄厚的力量,其更加紧迫地需要构建自己的文化环境,树立自己的文化权威和建立本民族的话语体系。重回苏联时期已不可能,全盘西化也被事实否定。斯拉夫民族需要梳理自己的历史,结合当下的情况,走好未来的道路。在历史之中那些曾被遗弃、否定和遗失的优秀价值又被重视起来,有些错误、独断和纰漏的文化也难免沉渣泛起,孰是孰非尚未可知,然而文化上那些优秀的部分却如春潮般无法阻挡地涌现出来,并寻找其政治归宿,以期为政治提供奠基。普通俄罗斯民众日常生活能够深刻反映

---

① 董晓阳:《俄罗斯寻求民族思想》,载《俄罗斯东欧中亚研究》,1999年第5期,第42页。

历史与文化价值的观点。拿破仑战争之后，俄罗斯的民族文化就呈现出自己独有的特点，涌现了一大批赫赫有名的文学、艺术、哲学和思想上的巨人。同样，当前随着俄罗斯社会整体的向好发展，俄罗斯民族文化复兴带来的社会思潮涌动是必然的。

霍斯金①在《国家模式问题》（2003）中明确指出，"1991年后的俄罗斯联邦其实不被视为一个民族国家。它更像是一个淌着血的帝国躯干，一个被其他加盟共和国遗弃的国家"②。国家赢弱、民族危亡时帝国主义与民族主义便紧密地融合在一处；国家强盛、民族发展时，二者又成为水火不容的矛盾。俄罗斯帝国主义和民族主义的历史文化根深蒂固，对立统一的循环过程引发了连锁的国家和民族问题，也导致了社会思潮的不确定性。这一亟待解决的问题棘手也紧迫，却需要从长计议。

以期用所谓微观的"西式民主"解决国家与民族的问题终使整个社会病入膏肓，国家体制自身难保，熙熙民众束手无策。道德与历史唯物主义挥手告别，异化现象原形毕露，社会道德岌岌可危。"西式的民主"没有带来自由，却让民众失去了面包，缺乏物质基础，整个国家危如累卵；失去道德价值，社会暗无天日。离开了物质基础和国家保障的自由主义进入现实后迅速无疾而终，西方承诺的经济援助却杳无音信。

---

① 霍斯金，哈佛大学教授。
② 杨成：患上"帝国综合征"的俄罗斯帝国过时了吗？http://mp.weixin.qq.com/s?__biz=MzA5MDQwMTgwNA==&mid=2653567909&idx=2&sn=6f814e3d50afa667c262d2599b771d46,2016-06-04。

六、当代俄罗斯社会思潮的影响

(一) 冲击西方新自由主义思潮

"权利永远不能超出社会的经济结构以及由经济结构所制约的社会的文化发展。"①自由也好,公平也罢,都逃离不开物质基础的局限。俄罗斯维护本国权利的态度强势坚决而执着,亚欧主义、实用竞争主义、社会主义等新思潮的泛起,对西方的新自由主义形成了强力的冲击,这些思潮渐渐被俄罗斯挖掘和利用,却并未作为圭臬来实现。实际上只有通过国家主导资本主义方式,才能更加有效地遏制自由主义、历史虚无主义等带来的不利因素,最终实现社会内部的团结。因此,以俄罗斯为代表的混合资本主义模式很容易最终走向国家主导的资本主义模式,因为它提供了一种可能的替代性政治和意识形态模式,这种模式不同于新自由主义,实实在在地对美国霸权下的全球化进程提出了挑战。新马克思主义代表、剑桥大学社会与政治学系教授大卫·兰恩通过系统的数据分析指出:"更深地融入占支配地位的世界资本主义制度、走向一个较少新自由主义色彩而较多协调主义的世界体系、形成以'对峙力量'和区域集团为标志的更加多元化的世界体系。"②然而艰辛探索而来的这种新生社会模式尚未立稳脚跟,新生的国家制度走向有望可期,文化的奠基却难以一蹴而就。在仍以西方为主导的世界体制之内,俄罗斯如何更进一步处理外交关系、构建文化自信、树立国际形象,尚需历经考验。

(二) 引领西方新保守主义思潮

随着经济的萧条和世界政治格局的变化,美、英、德等倡导新

---

① 《马克思恩格斯全集》第 19 卷,人民出版社 1963 年版,第 22 页。
② 大卫·兰恩、潘兴明、李贵梅:《世界体系中的后苏联国家:欧盟新成员国、独联体成员国和中国之比较》,载《俄罗斯研究》,2010 年第 5 期,第 51 页。

自由主义的核心国家，保守主义走强。首先是德国总理默克尔公开承认对叙利亚战争难民接收政策的失误；进而英国首相特丽莎·梅开具了"世界公民的死亡证明"①；美国特朗普和希拉里的角逐中保守主义也甚嚣尘上。显然俄罗斯的新保守主义的走俏，让困境重重的英、美、德歆羡不已。

然而精英式的政治显然没有看到政治伦理的真正追求，只有政治伦理真正用于保护更广泛的民众利益才能实现其良性的发展。局限于集团利益之中的政治剧，你方唱罢我登场，最终难以保证广大民众的真正利益。尽管之前，无论是皮凯提的《21世纪的资本论》还是罗尔斯与诺奇克的争论都涉及了经济与正义的问题，然而新自由主义的车似乎开得太快了，资本的快车承载着西方的精英呼啸着朝向历史的终结而去，民众却无论如何也难以追赶上这资本的步伐，差距随着时间越来越大，这中间的纽带似乎已羸弱到了千钧一发的地步，倏然回首社会已是满目疮痍。而选举真的能改变问题吗？或者说新保守主义能改变问题吗？民族主义会不会导致更多的争端也要拭目以待。

以往高唱的"普世价值"及其所附带的荣耀和光辉也随着经济基础的变化一去不返。没有伦理价值指引的资本，在实证主义经济学的引领下远离了更多的民众，忽视了分配环节的社会固然在过去的一个世纪中走得很快，但能走得多远？需要民众来给予答案。

（三）探索俄罗斯社会发展路径

后苏联时代，俄罗斯面临的国家问题和社会问题极其复杂。俄罗斯迫切需要改善其糟糕的状况，依靠微观的主导显然已成为空谈，前途渺茫的国家和民族命运确实需要强有力的政治干预，渡过

---

① 殷之光：《世界公民的死亡证明——来自特丽莎·梅》，载《经略网刊》，2016年10月8日。

暂时的难关。当下俄罗斯正在这一基础上寻找自己的道路，包括可控制的政治体系、强大的总统制，以及对外部世界的强硬态度正是这种俄罗斯道路的基础。

改革的成功与否在于是否适应本国的实际国情，俄罗斯缓解了经济上的压力后，如何摆脱以往周而复始的历史命运，怎样定位自我、选择何种途径等问题浮现出来，引起了广泛的讨论，并成为一贯不看好俄罗斯的欧洲国家的焦点。芬兰学者阿历克斯安德尔·帕克①专门对俄罗斯北部地区的新传统主义现象进行研究，并由此延伸至俄罗斯改革成败的地区因素。

"问题是黑格尔精神到底在柏林驻留了多久？……而列宁通过马克思这条路径继承了黑格尔，……黑格尔的辩证法在那里扎下根来，辩证法和所有的事情如合法性与非法性、国家，甚至同对手的妥协一起，被改造成了这场战争中的一件'武器'。"②面对多重社会问题，俄罗斯又重拾起这件武器，无论是政治、经济、外交，抑或其他均是为民族的现在和未来服务的，相比于选举或政治争论，俄罗斯的方式显然快速、直接、有效。如列宁所说："一支军队不准备掌握敌人已经拥有或可能拥有的一切斗争武器、一切斗争手段和方法，谁都会认为这是愚蠢的甚至是犯罪的。"③带有资本性质的民主本质也随着资本变化，而这种资本已然成为国家意志，"自由、民主、平等"这一系列概念在西方社会现实中已难寻立足之地。

俄罗斯道路的选择关乎着亚洲、欧洲乃至整个世界的格局，其

---

① Maksim Zadorin, Olga Klisheva, Ksenia Vezhlivtseva, and Daria Antufieva. Russian Laws on Indigenous Issues: Guarantees, Communities, Territories of Traditional Land Use: Translated and Commented. University of Lapland. August 2017.

② 〔德〕卡尔·施米特：《政治的概念》，刘宗坤等译，上海人民出版社 2003 年版，第 142 页。

③ 《列宁全集》第 39 卷，人民出版社 2017 年版，第 75 页。

所涉及的关系也异常复杂，慎之又慎的宏观把控必不可少，关系到国计民生的社会问题也要妥善处理。由宏观入微观关系到道路的前途，由微观入宏观关系到眼前的实际。但无论如何俄罗斯已迈出了精彩的一步并在现阶段向好的方向发展。

（四）塑造多元化的世界格局

"一方面，欧盟的后苏联国家坚定地融入世界经济体系；另一方面，大型经济体（如俄罗斯和中国）有可能建立起本国的市场及网络，因而其经济自立水平要高于欧盟新成员国。"[①]事实证明了大卫·兰恩的预测，不同的社会阶层产生不同的价值标准，进而有了不同的社会思潮。之于世界舞台，一个国家也是如此，尤其是大国和强国。

从"欧共体"的解散来看，"普世价值"显然不符合当前西方国家自身的利益。俄罗斯的新保守主义和亚欧主义已然崭露头角，随着俄罗斯政策的变化，对于这个横跨亚欧大陆的强国，欧洲国家呈现出既担忧又暧昧的态度。不同经济体制必然构建不同的文化形态，俄罗斯的社会思潮及其动向也影响到了边缘化和半边缘化的资本主义国家。面对俄罗斯思潮的影响和冲击，欧洲各国已然开始重新考量与俄罗斯的关系和对俄罗斯的态度，以及俄罗斯的社会模式。

对于以美国为首的新自由主义国家而言，这种在经济、政治和文化上独立的国家，走上自身良性发展的模式使其惴惴不安。在新保守主义和亚欧主义走强的态势上更使其如临大敌。以国家为后盾的经济政策、军事抉择、政治选择和文化发展，在经济萧条的状况下展示出了新自由主义所不具备的优势，也增加了对以美为主导的

---

① 大卫·兰恩、潘兴明、李贵梅：《世界体系中的后苏联国家：欧盟新成员国、独联体成员国和中国之比较》，载《俄罗斯研究》，2010年第5期，第51页。

世界体系的质疑。俄罗斯面临着更多的选择,也成为与美国相角逐的潜在对手。削减自由主义加强宏观调控,依靠自身的地理位置、军事力量、经济环境和历史文化,俄罗斯在世界格局中的作用越发明显,在欧亚地区乃至整个世界也大有可为。

(五)历史虚无主义等错误思潮中的道德危机

用道德标准来衡量历史虚无主义,它是一种恶,对历史发展起负向引导作用。历史虚无主义摒弃道德史观的唯物特性、否认道德本质的物质内容、忽视道德价值的真理基础、混淆道德判断的善恶标准、阻断道德意识的积极向度、弱化道德原则的规范作用、加剧道德失范的现实可能。

> 记忆是良心和道德的基础,记忆是文化的根基……保留记忆,珍视记忆——是我们和我们的后辈的道德义务。
> 记忆——是我们的财富。
>
> ——С.Л. 利哈乔夫

从概括意义上讲,虚无主义是以全面否认传统、规范、原则、社会准则、权威为核心内容的学说,是复杂的社会历史现象,表现不一。在社会历史领域,如果历史真相被掩盖、篡改、抹杀,以主观恶意杜撰臆想历史真实,必然导致历史虚无主义粉墨登场。任由历史虚无主义恶疾频现,那它殃及的范围则不可能只留在历史的圈子里,政治、经济、意识形态均无法幸免。道德意识形态自在其中。当然,对历史虚无主义也能做道德归因,表现在:

第一,历史虚无主义摒弃道德史观的唯物特性。历史虚无主义否认历史的规律性,承认支流而否定主流,透过个别现象来否认本质,孤立地分析历史中的阶段错误而否定整体过程,其本质是历史唯心主义。20世纪80年代苏联历史研究的虚无主义就明显地昭示了这一特点。苏联当时历史研究的虚无主义本质在于,它以"重新评价"历史为名,歪曲、否定苏联共产党领导下的社会主义革命和建设的历史成就,进而否定苏共和苏联的社会主义制度,这股逆流演变成苏共垮台和苏联解体的催化剂。它的基本特点有:(1)它是以戈尔巴乔夫为首的苏共领导人自上而下掀起的一场否定苏共和苏联革命历史的运动;(2)这场运动是由一些文学家和政论家打头阵,历史学家"后来居上";(3)新闻媒体和出版界在运动中起了十分恶劣的作用;(4)运动中既有所"虚无",又有所"不虚无",并以此来填补所谓的"历史空白点"①,"虚无的"是历史真实,"不虚无的"是对反社会主义道路的制度模式的窥伺和膜拜。历史虚无主义给苏联最大的伤害在于,人们很难透过飞扬的尘埃落下自己的判锤。历史虚无主义者们事实上是以挖掘历史真相之名,做背离历史之事,混淆大众视听。对史实的判断没有遵循辩证唯物主义和历史唯物主义的方法,没有坚持符合当时国情的道德价值标准。"指鹿为马"的悲剧持续上演,又没有客观的解释,加上缺少道德约束的社会舆论是非莫辩的宣扬,历史研究的虚无主义思潮愈演愈烈。

无论是理论研究,还是新闻宣传,挖掘真实当然很重要,对历史的纠正也是应当的,但应坚持正确的价值立场,这是学术研究的道德基准、伦理前提。因为现实情况、社会发展程度、人的认识水平千差万别,历史也不可能冻结在一个既定的水平面上,用先前的眼光看待当下的情况不行,用现在的眼光武断地衡量过去的历史恐怕也有失公允。历史研究不但要客观,更要理性,否则就会矫枉过正。用道德标准来衡量,不但其行为本身导致恶的结果,在方法论上,也是对道德唯物史观的根本摒弃。

---

① 陈之骅:《苏联解体前夕的历史虚无主义》,载《高校理论战线》,2005年第8期,第63页。

第二，历史虚无主义否认道德本质的物质内容。道德作为社会意识形态，是社会存在的反映，受物质资料生产方式和生产力发展水平制约。什么样的生产力发展水平，造就什么样的意识形态，包括道德意识形态。1955年，苏共中央委员 Г.М. 马林科夫根据当时苏联的生产力水平断定苏联只是建成了"社会主义的基础"。苏联领导人臆断历史的发展前景，给 Г.М. 马林科夫强扣上"机会主义"和"右倾表现"的帽子，强迫他承认自己的错误。在政治谎言的"敦促下"，抛弃事实原则的苏联领导人随即在苏共二十一大上不负责任地宣布了"共产主义已经在苏联取得了完全彻底的胜利"的结论，接着抛出了"全面开展共产主义建设"的号召。在大力发展国防和工业的政策指南下，不重视生产力发展水平、妄断历史发展走向的结果使产业结构本来就不合理的苏联社会的经济更加脆弱：轻工业发展缓慢，粮食产量降低，食品脱销，物价上涨……人们整天在收音机里听到的丰厚的商品，尤其是食品，在现实中化为泡影。国家领导层的决策包含着价值选择的因素，是历史发展的价值指向标，而"失察"在政治伦理上是在否认现实（这里表现为现实生产力）基础上做出的判断，这种错误的判断如何能引领国家社会的发展？一个国家的政策体系层面带头失察于情，其结果必然失信于民，这样失望的情绪迟早会笼罩全社会。20世纪六七十年代民众的抱怨、讽刺、集会和示威就是证明。阻碍了生产力发展，使人民群众陷于苦难的政策和主义就是错误的，虚无主义自在其中。

苏联解体之后民众的痛苦很能说明问题。苏联解体将世界社会主义运动带入低潮，并使其长久徘徊于谷底而不能自拔。在这个国家已经走了二十几年资本主义道路的时候，仍有超过56%的被调查者惋惜它的解体，对这一问题的回答在1998年还是25%。[①]很多在

---

① Двадцать лет без СССР, https://wciom.ru/analytical-reviews/, 2012-12-29.

当时竭力想过上自由民主生活的人，在解体之后，立刻手足无措，因为物质保障没了！当时，相当多的人攻击苏联制度的非人道主义化，而导致苏共改革失败的肇始之源也是要实现所谓"人道的社会主义"，结果是"社会主义"先丢了！随着社会主义一起逝去的还有普通民众的物质保障。据全俄社会舆论调查中心的数据显示，到2012年，有高达67%的人承认苏联促进了人民物质生活和精神生活的发展，认为苏联解体是可以避免的人曾一度高达64%，而且越是在物质生活艰难的时刻，这个问卷值就越高。①那么，保证和促进人民物质生活和精神生活的社会制度一定就是善的制度，因为它满足了生产力的检验标准，也适应了人民群众的需求。这完全印证了社会道德选择的物质基础，承认了道德本质的物质内容。作为社会上层建筑，道德一定受相应的经济基础的制约。

否认了事实，鼓吹了虚妄的发展原则，导致了政治伦理意义上的不诚信。这一"不诚信"阻隔了生产力向前发展的正途，伤害了人民群众的积极性，甚至被附着了其他的企望。

第三，历史虚无主义忽视道德价值的真理基础。历史虚无主义虚无掉了历史进程中的真实部分，以批判的破坏性态度篡改、歪曲甚至全盘否定历史事实，并用被篡改的历史幻象引导社会舆论树立"恶"价值导向，做"恶"价值选择。被篡改的历史事实可能还会使人陷入不可知论和怀疑主义的泥沼，它因否认社会发展的规律，否认社会实践的作用，致使人类对社会发展失去信心，对人类发展失去信仰，在悲观主义的迷惑下作出错误的决定。

十月革命实现了人类迈向更优良社会制度的理想，它使人们相信，共产主义不是遥不可及的梦想，而是实践中的未来。列宁作为十月革命的领袖，他的丰功伟绩理应得到认可。但就在21世纪的

---

① Двадцать лет без СССР, https://wciom.ru/analytical-reviews/, 2012-12-29.

俄罗斯，还有否认列宁伟大功绩的暗流在涌动：认为列宁领导的十月革命并非具有世界意义，而是一场巨大的阴谋；列宁是"德国奸细"，他策动了"十月政变"，而俄国人民则成了"历史的玩偶"和"被愚弄的工具"。2007年11月1日的《俄罗斯报》居然也提出了"列宁是领袖还是恶魔？"的疑问。可笑的是，这一疑问如何面对布尔什维克进行社会主义革命的伟大行动？如何反驳列宁在俄国乃至世界真实可见的声望？如何解释俄国人民对革命的大力支持？单靠一个被引诱了的"奸细"，就建造了史无前例的社会主义国家吗？"对于俄罗斯和整个世界而言，宏大的历史事件和它的结果都不允许将1917年的革命变成谤书。"①事实上，在1917年前的俄国，当几近崩溃的无政府状态已然引发国内战争，俄国陷入前途未卜的境地，在国际孤立无援、国内混乱不堪的情形下，正是列宁科学评价时局并大胆作出论断，即社会主义革命失去了在多个发达资本主义国家同时发生的可能，理论联系实际，果断进行革命，才拯救了滑向深渊的俄国社会。

上述评价指引道德价值导向，所以评价的基点就应该落在是否符合社会的主流道德要求。在这里，是否符合社会的主流道德要求成为评价道德善恶的标尺。这种道德意义上的善恶评价体现的道德价值，形式主观，却发源客观，具有客观的真理内核。道德价值是对不同社会、不同时期、不同现象进行的道德判断、道德选择，它对社会物质生活条件和阶层利益具有依赖性。这种依赖性是物的事实，也是社会关系的事实。这样，基于道德判断的道德价值便具有了真理内容，并且，真理性即科学性是道德价值选择的前提。将历史变成谤书的道德价值是否认历史事实的道德评价，违背了历史学

---

① А. Б. Кротков: Революция: до основанья, а зачем? / Российская газета - неделя - южный Урал, 2007.11.01, №4508.

"论从史出"的方法原则，更违背了道德价值判断的真理标准。

第四，历史虚无主义混淆道德判断的善恶标准。不同历史时期、不同社会类型衡量善恶的标准确有不同，因此，不同的时期会产生不同的道德观念。在马克思主义伦理学看来，只有符合社会发展规律和最广大人民群众利益的道德原则和规范才是具有道德善的判断标准，反之则是具有道德恶的判断标准。

二战留给苏联人巨大的历史伤痛，也留给今天的俄罗斯人宝贵的精神和物质财富：坚韧顽强、英勇不屈品格等内化到了民族骨血里，更重要的是，它为苏联换来了其后 40 多年相对和平宁静的建设环境，甚至使一个强大的社会主义国家不可预见地巍然屹立在欧亚大陆上。但即便是这样，在俄罗斯还有将卫国战争与内部的阶级斗争混为一谈的论调，说二战是苏联和斯大林挑起来的，而德国被迫应战。以斯大林和希特勒一起"瓜分"波兰为口实，攻击苏联政权是恐怖的，其发动战争的目的是为了推行极权主义，无视二战的历史功绩，仅从二战并没有将整个欧洲共产主义化这一结果胡言"我们输掉了二战"。这是将一些细枝末节的、支离破碎的非本质材料进行胡乱整合，得出主观结论的典型。在认识逻辑上都站不住脚的东西，怎能寄希望于它引领的价值导向？这样的观点，的确会被别有用心的人附和，但更多的是对其践踏历史、引领负向道德价值的指责：当俄罗斯历史学者 B. 苏沃洛夫在《谁发动了第二次世界大战》一文中大放厥词后，立刻有相当多的人跟帖："够了！不要再撒谎了！看看其他的文件吧！""这是个庸俗拙劣的人，他的历史推论远非高等智慧的标准，如何相信他的导向？"除了否认二战的历史地位，有人甚至还将共产主义和纳粹主义画上等号：2006 年，欧盟议会全体大会通过了讨论有关"共产主义极权制度"的决议，这一决议就是企图将"纳粹主义与共产主义"议题混为一谈,①以至于一些不明真相的当代俄罗斯青年和青少年无视自己祖国的历史,将西方作为拯救自己于可恶制度水火的"恩人",这是对历史事实的完全背离。

在这样的背离下,善恶标准被抛弃,一些不明真相的人被误导,本末倒置地将"恶"的标准作为道德观念的支撑,对崇高的道德价值观念加以恶毒讽刺和大肆毁谤。这些思想龌龊、毫无道德神圣感的人形包裹着是非不明、善恶颠倒的人性,构成一股非道德地认识世界和"改造"世界的逆流。这逆流是历史主义、实事求是、大道至善的天敌,冲击着社会的主流道德经验,形成历久难填的道德污壑。在近日中国,聒噪于耳畔的对"土匪史观"和"内战思维"的所谓"摆脱",何尝不是那些心痒难禁的"政治家学者们"颠倒黑白、抛弃善恶的结论?可即便善恶标准被抛弃,道德观念被扭曲,谁又能否认,中国革命对历史的推动作用呢?是何者促进了生产力的发展、维护了最广大人民群众的根本利益、建设了新生活,一眼即知。

正价值的道德观念尊重事实,撒播道德善的福音。历史虚无主义从荒诞的非道德立场出发,失去了对善恶标准的衡量,导致道德观念与社会发展的要求去之千里。

第五,历史虚无主义阻断道德意识的积极向度。对于历史学科而言,揭示客观真实是历史研究典范。历史研究的真实性为社会实践主体的道德意识形成、道德选择定位提供积极正确的引导。真理的东西总让人动容,引起人情绪上的积极体验,为积极道德意识和心理的培养做学术贡献。俄罗斯过去数十年的历史研究中,出现了

---

① А. Б. Кротков: Революция: до основанья, а зачем? / Российская газета - неделя - Южный Урал, 2007.11.01, №4508.

虚无主义转向，歪曲历史、不负责任地篡改历史的学术作风日益严重。俄罗斯现在使用的历史教科书大都是在苏联解体后的几年内出版的，大多具有鲜明的时代烙印，对苏联时期历史持否定的态度。各种背景的非主流意识形式以否定和诋毁苏联历史为能事，极度削弱俄公民主体精神的树立。爱国主义、诚实守信、团结一致、相互协作在被诋毁的历史中逐渐消失，人民不再对未来抱道德期望，情绪悲观、思想堕落的现实在复杂的社会现实中甚嚣尘上，在民众意识中完全扮演了一种"恶势力"形象。

从 2007 年开始俄罗斯有了对历史教科书重新修订编纂的积极举措，这一举措说明了民众纠正以往被歪曲的历史的决心。2013 年俄罗斯社会舆论中心所做的有关"统一的历史教科书：支持还是反对"的调查结果显示[①]：有 58% 的被调查者表示支持；在回答原因的时候，大部分人认为对待历史应该有统一的标准和观点，真实而令人信服的历史应当展现在人们面前。还有人认为对于下一代的教育，真实的历史教科书尤为重要，并将其视为爱国主义教育的主要载体。新编的历史教学参考书力求以冷静客观的态度对待历史，既不夸大，但也绝不贬低，像普京所说的那样："决不能鞭挞我们自己的历史。"这是对历史的尊重，也是对国家人民主体意识的尊重，对公民作为"历史中人"，发挥主观能动性，正确认识历史并选择未来发展道路的关键。混淆历史即蒙蔽群众，毕竟人民群众是历史发展的决定力量。

他山之石可以攻玉。如果任由国内部分学者历史研究的虚无主义走向，任由他们的观点主导学术价值立场，那么中华民族的向心力原则也会跟着失去。当怀疑主义和悲观主义蔓延开来的时候，群体意识和观念就面临着被瓦解的风险。所以，在进步的社会意识、

---

① Единый учебник истории: за или против, ВЦИОМ, 2013.08.16.

向善的道德意识下，人民必然会做出符合历史发展规律的、惠及全体民众的历史选择。以实事求是的态度对待历史研究，树立起对历史负责、对未来负责的积极的社会道德意识，是我们应当担负的时代道德意义。

第六，历史虚无主义弱化道德原则的规范作用。规范作用是道德原则乃至道德本身的质的特征。道德原则的规范作用体现在把一些事实放置在道德上是否应当、是否正当、是否善的框架下，使得事实发生的行为具有了道德约束的力量。历史虚无主义必然表现为一种历史虚无主义的事实，在行为上表现为历史虚无主义思潮的涌现，具体表现为以学术分歧为名的歪曲杜撰、搭载政治诉求的争论等。这些行为践踏了实事求是的作风原则，突破了团结向上的精神原则，甚至是摒弃了爱国主义的公民原则。道德原则被弱化和忽视的同时，公民的责任、学者的良心，通通隐遁。

我们国家对于斯大林的历史错误和功绩的评价，在主流上坚持"三七开"，即他的错误是次要的，贡献是主要的。但是在养育了斯大林本人的俄罗斯，全盘否认斯大林在相当长的历史时期存在着。这样的话，可能导致笑谈。因为几乎没人否认斯大林时期社会生产力的极大发展和苏联社会和谐高尚的道德图景，没有人否认当时的人民对集体主义、爱国主义、社会主义的人道主义、诚实友爱、团结合作、勤劳独立等道德原则的坚守。一个社会的上述原则被否定，还有什么道德原则值得期待呢？于是，一切原有的道德原则被看成是可笑的、滑稽的。谁又能否认当今俄罗斯"社会改革路线不被确定阶层所认可，对以'休克'呈现出来的改革方法、国家制度、权力体系、领导人的诸多不认可，否认非俄罗斯传统，反对官方标语、立场、方针、或左或右的'极端主义'、各种相互对立的民族主义"等表现不是从前历史虚无主义埋下的印记呢？说到底，这是历史虚无主义否认道德优先权,并力图否认和摧毁原有道德原则的表现。而谁都知道,作为世界上第一个社会主义国家,它的制度改弦更张了,但是评价它和它的历史,仍需要谨慎和理性的态度,不然没有办法解释苏联时期取得的那么丰厚的社会建设成就;在今天,俄罗斯的社会内部仍包含着诸多苏联时期的元素,很多原则是继承了苏联传统的,是从苏联的内部发育起来的。

历史虚无主义看似虚无的是历史事实,但事实由行动来支撑,行动由价值来指引,价值由原则来体现。历史虚无主义以非道德善的形式藐视历史真实,必然导致人们藐视历史事实背后的规范支撑,包括道德规范。任何时候,任何社会,道德规范还是需要遵守的,不然的话,历史没了方圆,道德没了规矩,那历史何在?规范何在?

第七,历史虚无主义加剧道德失范的现实可能。在历史虚无主义的魅惑下,道德史观的唯物特性被摒弃、道德本质的物质内容被否认、道德价值的真理基础被忽略、道德判断的善恶标准被混淆、道德意识的积极向度被阻隔,尤其是道德原则的规范作用被恶化,那么在实践层面很少能适用,必然加剧道德失范的现实可能。

苏联解体之初和之后相当长的时间内,社会道德危机的呈现绝非一蹴而就,没有人能否认,这一点是一个逐渐变化的过程。一路下来,到20世纪80年代末90年代初,社会道德价值观发生了巨大的逆转,在对幸福和生活目的的理解中,"个人物质满足"已经占据首位,而"对社会价值和精神价值的追求"退居末位;爱国主义情感淡化,占60%的人想到国外生活[①];在诸如被谋杀、自杀、吸毒等严重社会问题的调查中呈现出来的数量,在1990年均达到

---

① Р.Г. Гурова: Современная молодежь: социальные ценности и нравственные ориентации / Педагогика, 2000, №10, С.32-38.

了历史最高值。以诚信为例,整个社会失信了,不诚实了,那么作为一种情绪感染,失信会蔓延到其他领域,造成社会失信的弥漫状态。

虚无主义作为对待历史的一种玩笑态度,掩盖了历史真相,也愚弄了群众,在愚弄的过程中,群众也会以随意的态度来解构历史,慢待生活。真相可以被抹杀,那么支持真相或真理的价值——义务、诚信、良心、满足感、责任心,通通都无足轻重。长此以往,这种玩世不恭的态度极易演变成人们认识历史、看待现实的根本错误的方法论,以为什么都是可以否认的,任何人任何事均无价值可言,那么失去了神圣感的人,还能指望他在群体和个体的行动中有什么贡献呢?没有了正价值的实践行动,社会道德图景朝着社会失范的深渊滑去也是想象之中的事情。所以说,在这一意义上,历史虚无主义在虚无掉历史的同时,也虚无掉了社会的道德精神和正向的道德风貌,其影响力度不容小视。

说到底,用科学的标准来衡量,历史虚无主义是假的;用道德标准衡量,它是恶的,是引导社会历史发展的负向力量,理应制止。

七、道德哲学研究范式转向

后苏联伦理学研究的进路和范畴反映了俄罗斯社会道德意识形态的变化,研究呈现出可以纵向探究和横向考察的理论空间。历时态变迁中的后苏联伦理学研究的实践进路体现在伦理学研究的整体裂变、社会适应和理性转变上:研究主体分化、"理论-逻辑和经验-历史方法"定位、研究内容多维证明了伦理学研究的整体裂变;探索与世相合的道德概念内涵、凸显文化的精神价值功能、去意识形态化趋势等是伦理学研究社会适应的表现;理性批判马克思主义伦理学理论、增加西方伦理学研究比重、系统回溯伦理学发展历史、重新出版伦理学辞典等举措说明了后苏联时期伦理学研究的理性转变。共时态视野中后苏联时代伦理学研究的核心范畴指向锋芒独秀的政治伦理学、叙事宏大的应用伦理学、如火如荼的生态伦理学、声名赫赫的经济伦理学、厚积薄发的传统伦理学、辗转传承的宗教伦理学。

苏联解体使得俄罗斯先前在意识形态领域的建树土崩瓦解。新制度的建立迅猛激烈，新意识形态的生成则缓慢辗转。学术理论研究作为意识形态背后的、更具稳定性的实践对象，其变化规律的端倪初露和趋势渐明则更需时日，道德意识形态和伦理学研究发展所遵循的进路概莫能外。伦理学研究的真正裂变始于 1988 年，其时戈尔巴乔夫的《改革与新思维》一经发表，苏联伦理学新生代代表人物 A.A. 古谢伊诺夫的《新思维与伦理学》随即问世，伦理学的分化由此大幕渐起。这里便是主线。这条主线由乱而治、由繁入简、由浊至清地与历史如影随形地演进到 2003 年，终于架构起可以供研究者高位探究和低位考察的理论空间。

（一）历时态变迁中俄罗斯伦理学研究的实践进路

第一，伦理学的整体裂变。20 世纪 80 年代末哲学领域的争论烽烟四起，随后迅速膨胀发酵，终以无法遏制的态势波及最高的价值层面——伦理学。争论导致的裂变由内而外，全面分解了伦理学的学科体系。

研究主体分化成为伦理学整体裂变的开始。研究主体分化源于社会思想本身的分化。出于对西方思潮的顶礼膜拜，经典马克思主义作家的基本思想和俄罗斯民族本身的伦理传统被摒弃，标准统一的国家政策遗失致使斯拉夫主义抬头，宗教思想迅速占据意识形态消散后的信仰空间……伦理学研究主体的分化印证了当时社会思想的变化。以莫斯科国立大学哲学系伦理学教研室为例，1990 年 A.A. 古谢伊诺夫教授和 B.M. 索果莫诺夫教授率先完成了研究立场的转变，从先前马克思主义伦理学坚定的追随者变成猛烈的抨击者；以 A.B. 拉津副教授和 P.Г. 阿普列夏为代表的研究者将学术兴奋点从原有的马克思主义伦理学框架下摆脱出来，日渐关注社会伦理和政治伦理研究；B.H. 舍尔达霍夫、Д.C. 阿夫拉莫夫等人则转向应用伦理学研究。伦理学的研究方法也与从前大相径庭：先前辩证唯物主义和历史唯物主义、阶级分析法、理论联系实际的方法是主要研究方法，90 年代以后，历史唯物主义方法少有人运用，直到近几年才又开始重新重视具体-历史的方法论原则；"理论-逻辑和经验-历史"方法逐渐凸显出其理论和实践功用；自然主义、实证主义方法随着生态伦理和全球伦理的兴起逐渐进入主流研究方法视域。"苏联社会改革方案、改革程序中实证性和内容性的缺失，使伦理学只具有世界观定位和对社会发展作道德价值反映的功能"[①]，"实际上，改革是对社会经济计划的实践，评价改革的道德内容，需要道德观念和道德思考模式的变更，需要有科学元素来参与价值判断"[②]。研究内容取向多维。对白银时代宗教哲学遗产进行的研究如火如荼，并呈现年份研究热点：1991 年的 H.O. 洛斯基（Н.О. Лосский）、1992 年的 C.Л. 弗兰克（С.Л. Франк）、1993 年的 H.A. 别尔嘉耶夫（Н.А. Бердяев）、1994 年的 Б.П. 维舍斯拉夫采夫（Б.П. Вышеславцев）等；新的时代引发的关于生物伦理问题和对其前景的思考，1994 年《哲学问题》第 3 期有关生物伦理学的一组专题文章的题目很能说明问题：《生活伦理与生物伦理：价值悖论》《生物伦理学本质》

---

① А. А. Гусейнов: История этических учений, М.: Гардарики, 2003, С.892.

② Наука, техника, культура: проблемы гуманизации и социальной ответственности. Материалы круглого стола / Вопросы философии, 1989, №1, С.9.

《革命性变革时代的医学伦理模式》《生物伦理学和精神病学》《临床试验和人体医学生物学试验实施的伦理原则初探》;①将道德与政治结合起来的研究视角拓宽了政治伦理学的研究范畴,对社会改革诱发社会剧烈动荡的担忧滋生了宗教伦理学家的社会责任感,20世纪90年代对非暴力伦理学和宗教与道德关系的研究占据一席之地,并持续保持研究热度至2010年左右。

第二,伦理学的社会适应。在相当大程度上,俄罗斯伦理学的形成是由20世纪80年代末的社会改革所引发的。社会改革使作为终极意识形态的马克思主义退隐至边缘,意识形态的客观缺位总要被填补,道德真空也同样需要填补。"历史将俄罗斯推至意想之外的境地,需要人们担负起解决问题的责任,需要承担斗争和生命的风险,需要摆脱极端的情绪,让我们一起来尊重现实并学习理性思考……如果现在尚不能提供切实的、确定的、全面的社会发展方案的话,那么就必须要有一个总体的价值定位,在这里,道德应摆在首位。"②

哲学社会科学领域中对改革的新诠释集中反映在伦理学术语和概念所包含的价值当中,伦理学家探索着与世相合的道德概念内涵:"义务"由"社会对个体道德要求的集中体现,通过个人对社会、集体和自己所负的责任表现出来"(1976)演化成"唤醒良心的责任"(1997);"良心"由"人的本质性和社会性特征,是对社会历史必然的主观表达"(1976)演化为"是对自己行为负责的、内心的道德信念"(1997);道德由"把握世界的精神-实践方式"

---

① Биоэтика: проблемы и перспективы / Вопросы философии, 1994, №3.
② А. А. Гусейнов: Перестройка: новый образ морали, М.: Политиздат, 1990, С.6—7.

(1976)变成"社会关系的反映和意识的特殊形式"(1997)①,数以百计的伦理学者在尝试给"道德"重新定位。2014年为纪念A.A.古谢伊诺夫院士75周岁而出版的学术论文集《道德概念和意义的多样性》收录了82位学者对"道德"概念的不同理解,其中有22位是俄罗斯学者。②其中,对于相关概念的价值定位都相应地弱化了其中的社会性,突出了个体色彩,因为在剧烈的社会转型时期,当统一的大政方针尚未就位时,人们能做的只有个体层面的具体迎合和对社会价值的多元融合。当然,其重要的背景原因是社会性质毕竟已逆转为以凸显个体价值为导向的资本主义了。

伦理学者们把社会变革中伦理学对社会的适应称为"震荡中的团结",相应地,当时呈现的学术成果也印证着这一点:1990年苏联社会科学院哲学所和《哲学问题》杂志社联合主办的"改革和道德"圆桌会议标志着社会向新道德观的根本转变:道德的规范功能被弱化,其文化精神价值功能被凸显出来。去意识形态化的倾向极为显著,以"正义"和"善"为代表的普遍道德价值观念体系代替了以往的规范指标体系,以迎合新世界对新价值的需求;《改革:新道德模式》(1990)强调道德的人道主义和全人类特征,道德在本质上被看成是全人类的现象,指出其作为全部社会精神文化的基础之作用,其目的是为了将俄罗斯伦理学与从前的马克思主义的规范伦理学相区别,力求将其尽快并入西方轨道;《改革和道德价值》(1990)敦促改革过程中社会公平和正义的实现,在道德价值的树立上探讨实现公平正义的途径;1990年重新发表托洛茨基的《他们的道德和我们的道德》一文,既是对从前马克思主义道德观的否

---

① 武卉昕:《从道德概念演化看苏俄社会道德价值观变迁》,载《学术交流》,2015年第10期,第46页。

② О. П. Зубец, А. А. Гусейнов: Мораль: разнообразие понятий и смыслов. Сборник научных трудов. К 75-летию академика, М.: Альфа - М., 2014, С.5-8.

定，又是特殊时期人们对于道德和改革、政治和伦理关系在迷惑中的深入思考。当时，其他伦理学问题的研究也呈现出与社会变革相适应的特点，如对有关"道德的本质和全人类价值的关系""宗教和社会改革""宗教伦理观念和世俗伦理观念对话的途径和目的""当代道德价值观"等问题的研究。

第三，伦理学的理性转变。经历了最初的裂变和适应之后，伦理学者立刻着手重建新的框架体系，但伦理学学科本身对此敬谢不敏。经历了90年代前期至1995年的"非暴力伦理学"研究热潮，伦理学试图从宗教伦理对人性善的本质挖掘中为俄罗斯道德社会的建构和伦理学的重建寻找钥匙，但因其对社会政治的渗入度较弱而陷入无果。接着伦理学开始真正转向多元而渐趋客观的研究。首先，对马克思主义伦理学的批判渐入理性。Л.И. 邦达连科（Л.И. Бондаренко）和 В.Ю. 彼得罗夫（В.Ю. Перов）的《历史理论视野中的苏联马克思主义伦理学》（1999）就阐明了"苏联马克思主义伦理学具有世界意义，而且对道德问题的很多解决方法在当前的俄罗斯仍然适用"[①]；2000年 А.А. 古谢伊诺夫的文章《伦理学中的马克思主义传统》完全改变了从前对马克思主义伦理学的激烈批判态度，指出俄罗斯伦理学的全部发展都贯穿了马克思主义经典作家的道德观点，得出了后苏联时代俄罗斯伦理学在一定程度上是对马克思主义加以继承的结论。其次，伦理学家以主动迎合的态度加大了对西方伦理学的研究步伐，以期尽快步入西方文明的轨道。罗尔斯的正义论为俄罗斯社会对民主公正的政治伦理的向往打开了一扇绿窗。哈贝马斯话语伦理学从1995年开始进入俄道德哲学研究视域，

---

① Л. И. Бондаренко, В. Ю. Перов: Марксистская этика в СССР. Историко-теоретический обзор, http://anthropology.ru/ru/text/bondarenko-li/marksistskaya-etika-v-sssr-istoriko-teoreticheskiy-obzor,2016.03.16.

在混沌中开启了后苏联时代伦理学语言哲学研究的转向,并且,其理论的人道主义内核与俄罗斯伦理学对人道主义价值的突出强调相契合。麦金泰尔的《德性之后》在社会转型带来的重大道德失范中引发人们的思考:在价值崩溃的时代人们应当如何信仰和追寻美德。再次,回溯和反思是新体系创建的理论基石。从20世纪最后5年开始,俄伦理学者对本国伦理学史和世界伦理学史的梳理在学术研究中占据一席之地,2003年莫斯科卡尔达利基出版社出版的《伦理学说史》最具代表性。这部在俄高等学校哲学专业普遍使用的教学类史书介绍了哲学伦理学说的历史全貌,是俄罗斯对诸多重要哲学文化传统和历史时期的伦理学进行最初的体系化阐释的尝试。此书将对伦理学说的介绍按区域划分为"中国、古代和中世纪印度、经典阿拉伯-穆斯林思想、欧洲(古希腊)、欧洲(中世纪)、欧洲(新时期)、欧洲(19世纪至20世纪)、俄罗斯"八个部分,其内部的结构性和论述的系统性,尤其是在多样的文化图景中对不同伦理学说共性特征的捕捉,对庞杂的伦理学体系完整性的建构方面,可谓功不可没。

经历了社会思潮洗礼后的俄罗斯伦理学呈现出新的伦理学研究的轮廓,这一轮廓开启的大幕是2001年新版《伦理学百科辞典》的问世。这部从1994年开始酝酿的辞典包含了450篇旨在重新解释伦理学概念、道德问题、规范公式、伦理格言以及伦理学流派和伦理学作品的文章。"辞典涵盖了伦理学探索的世界经验,其解释项突出了信息性和理论性,涉及600余概念和800多人物。"辞典编写的目的主要有四点:第一,试图呈现俄罗斯伦理学近40年的研究成果,即从真正学科意义上的伦理学确立之日起的成就;第二,为伦理学研究挖掘新主题、新可能、新前景;第三,在思想紊乱的时代承担起对社会的伦理责任、聚集伦理力量、坚定对未来的信心；第四，最大程度地实现伦理学与其他相邻学科的沟通，以积累哲学素养，掌握道德知识。"我们能够创造出使伦理学符合它今天本来面貌的作品。"①2005 年，由俄罗斯科学院圣彼得堡社会学学院研究员 А.В. 巴奇宁（А.В. Бачинин）主编的《伦理学百科辞典》出版。这部词典作为 2001 年版《伦理学百科辞典》的补充，涵盖了个体和社会精神道德生活的诸多方面的词条，有关宗教道德及其历史的词条占据较大份额。与 2001 年版的《伦理学百科辞典》不同，此部词典对受众的定位较广，"词典面向最广大的、力求获得伦理学基础知识的读者，首先是高年级中学生和高等院校的大学生"②，它区别于以往的新辞书的出版，标志着伦理学研究科学化理性化的生成。后苏联时代，经历了最初的全面分化、过渡中的社会适应、重建中的理性反思之后，完整系统的俄罗斯伦理学研究在共时态的空间层面上展开了。

（二）共时态视野中俄罗斯伦理学研究的核心范畴

第一，政治伦理学锋芒独秀。伦理学学科本身对于变革的尝试表现为"新伦理学"的概念模式被提出来应景。"新伦理学"力求以多种方法来理解和表达社会道德价值，被认为是民主制度的必然要求。"当代表民主、法治国家的公民社会制度开始形成，当社会的政治文化生活发生深刻变革，就会产生使权力正规运行的新方法，……这最终会促成民众与政治精英之间、政治精英内部之间的新型关系的确立。历史发展的这一状况是新伦理学产生的前提。"③

---

① Обсуждение энциклопедического словаря по этике / Вопросы философии, 2002, №10, С.6.

② В. А. Бачинин: Этика: энциклопедический словарь, СПб.: Изд-во Михайлова В.А., 2005, С.2.

③ Новая этика, Учёба легко, http://uclg.ru/education/etika/razdelyi_etiki/lecture_novaya_etika.html,2012-05-24.

这里的"新伦理学"实际上成了后来如火如荼发展的政治伦理学的胚胎。政治伦理学研究缘起于后苏联时代初期政治学研究的高涨。随着政治学研究客体范围的扩大，作为民主社会政治生活重要衡量标尺的政治伦理学也获得了特殊的意义，成为巩固政治体系的要素。为民主制度尽快提供完备的制度伦理既是社会政治发育的要求又是学科发展的自身需求。

起初，"不成功的社会改革和面临的社会危机是缺少制度伦理的原因"[①]。在政治伦理学建构的探索中，学者们提出了对政治伦理学概念的理解：应当反映制度关系、社会与个体关系、社会团体组织关系的社会基本价值体系。2000 年 К.Н. 科斯秋克（К.Н. Костюк）的文章《俄罗斯的政治道德和政治伦理学》阐释了问题视域下俄罗斯政治伦理学的创建。文章认为，俄罗斯社会真正的危机是社会伦理意识不足导致的道德危机，同时，在民主化进程中人们又缺少用伦理方法解决社会冲突的能力。在这样的前提下，政治伦理学的首要任务是在新的制度框架下确定和揭示基本政治伦理价值的内容，梳理传统政治观念，探索政治实践的方法，阐述政治伦理原则，寻找社会继续发展的方向。在概念解析中弄清那些源于俄罗斯、反映社会伦理关系的政治过程，同时应当深入研究其他相关学科。应当说，这篇文章在世纪之交为俄罗斯政治伦理学的正式确立指引了方向。自此，俄罗斯政治伦理学研究风生水起。政治与道德的关系是当代俄罗斯政治伦理学研究的起点。2001 年 9 月《哲学问题》杂志发表 Б.Г. 卡布斯京（Б.Г. Капустин）题为《政治道德与个体道德之间的区别与联系（道德-政治-政治道德视角）》一文，文

---

① К. Н. Костюк: Политическая мораль и политическая этика в России (к постановке проблемы) / Вопросы философии, 2000, №2, С.32.

章总结了政治思想史中道德与政治之间的基本关系模式①：道德与政治在本质上是同一的，二者互为对方的"学问"；道德与政治无任何共通性，二者各自存在于不相关联的领域中；道德与政治不同，只有当道德以法的形式呈现时，才成为后者的制约条件；道德与政治的统一只有在目的和手段的分歧达到截然对立时才可能实现；道德和法律的关系是间接的，可以称之为"政治道德"或"公共道德"。接下来，后共产主义社会的政治伦理学的研究对象、目的成了研究热点，当然，这是新学科生成的必然。2001年至2003年关于研究对象和目的主题呈现众说纷纭状态。Д.А.施什金（Д.А.Шишкин）在题为《目前政治伦理学的发展》的博士论文中作了总结性陈词②：政治伦理学的研究对象是当代社会道德思想和政治思想、价值和个体道德选择领域中的社会政治关系。研究的目的是从政治与道德的相互关系视角论证当代政治实践中政治和道德融合可能，探索政治学人道主义内容的生成方法，将政治伦理学发展为真正的哲学科学。

　　属于学科本体的结构架设好之后，政治伦理学的研究终于全部推开。当代俄罗斯政治伦理学的主要研究旨趣如下：其一，梳理政治伦理学史。俄罗斯的目光投射在西方：从柏拉图、马基雅维利、霍布斯、洛克、边沁、斯宾塞直到黑格尔、马克思和韦伯，借苏格拉底、休谟、卢梭和康德的思想以强调道德作为调节新的社会关系之理性手段的作用。其二，唯当代西方理论马首是瞻。俄罗斯对当代西方政治哲学家及其思想可谓顶礼膜拜。哈贝马斯、罗尔斯、阿佩利、哈尔曼的学说体系被单独在教科书中介绍，在文章著述中援

---

① Б. Г. Капустин: Различия и связь между политической и частной моралью / Вопросы философии, 2001, №09.

② Д. А. Шишкин: Развитие политической этики на современном этапе, М.: Шуйс.гос.пед. ун-т.-Шуя, 2009.

引西方当代政治学家的观点成为学术时尚,因为他们的伦理学体系能为各种政治力量提供广泛的对话,寻找一致的意见,于是,关于社会发展的全部决策都可以变成话语伦理中的交往策略。其三,研判当代世界政治问题。对当代世界政治问题的关注是在全球语境下以全人类道德为基准进行的,原因在于俄罗斯主观上极力要纳入西方,无论是在政治上,还是在思想上。"欧亚一体"的出身背景使其迈向西方的脚步尴尬而沉重,而全球化给了俄罗斯一个优良的平台,全人类道德成为其在平台上演绎西式政治伦理的舆论托词。其四,公民社会的道德选择。俄罗斯力求构建真正的"公民社会",寻找公民社会人员组织形式的"游戏规则",其中重要的是公民社会中的价值定位和道德选择,包括公民自我意识和价值定位形成的途径,即如何从家庭、教育制度、社会经济和政治体系等方面进行的探索性建构,最终在"个人-社会-国家"的框架下实现"精神-道德-法律"的合理"在位"。很多学者表达了对在追求公民社会的过程中,鉴于市场经济必然导致的个人主义道德选择的前提下,个体价值选择凌驾于社会价值之上的担忧。其五,道德和法律的关系。俄罗斯学者是在将道德和法律同时作为改造现实之手段的基础上来探讨二者的关系的。对二者关系的论断主要有:道德规范和法律规范产生方式各异,其社会功能不尽相同;法律规范产生过程服从社会管理机制,公众是道德规范管理的主体和客体;法律作为与人的利益相匹配的系统来发挥作用,而道德可以积极地影响这些利益的形成。[①]在诸多关注道德与法律关系的文章中,似乎都在坚持法律制度的前提下更突出道德对个体成员的约束意义,这恐怕与俄罗斯令人忧虑的社会道德状况有关。

[①] A.B. 拉津、武卉昕:《作为掌握和改造现实之方法的道德和法律》,载《求是学刊》,2015年第5期,第4页。

第二，应用伦理学叙事宏大。后苏联时代，应用伦理学研究开枝散叶。社会生活领域变古乱常、革旧图新，无一不呈现全新面貌，相应地，各个领域中道德价值基准的确立便迫在眉睫。此外，应用伦理学本身也突出了其作为知识性和实践性伦理学范畴的本质特点：开放性。俄罗斯学者归纳了应用伦理学问题的具体特点：应用伦理学问题及解决方法取决于与社会组织相契合的社会意志；应用伦理学领域中问题的解决需要有严格的职业评判规则；一些具有悖论性质的应用伦理学问题引起学界较多关注；决疑法无法解决应用伦理学问题，需要适当结合法律实践；伦理委员会起到特殊的作用。

俄罗斯伦理学者对应用伦理学做了细致分类：生物伦理学、生态伦理学、经济伦理学（有时与管理伦理学交叉）、政治伦理学、科学伦理学及其他。在当代俄罗斯生物伦理学领域，研究水平最高的是生物医学伦理学，其成就源于俄罗斯深厚的生物学和医学研究基础，基于俄生物学和医学的长足建树，生物医学伦理学在俄罗斯已经成为哲学学科的一个重要的分支，俄罗斯每年都会举办相关的大型国际学术会议，发行多种相关专业学术期刊、生物医学伦理学的文章和述著名目繁多。生物医学伦理学的基本任务是为在生物医学科学和实践过程中产生的一系列复杂的道德问题提供价值立场和解决办法。当代俄罗斯生物科学伦理学研究的主要任务具体而微，体现出当代科学技术急速发展背景下的人文关怀：维护重患的权利，促进保健权的公平，协调人与动物的关系，论证堕胎、避孕和人工授精技术、人兽试验、器官移植、干细胞移植伦理合法性，对死亡诊断的批判性分析，把握克隆的伦理尺度、探索临终关怀的方法，论证自杀和安乐死的道德依据等。与其他很多国家（包括中国）不同的是，俄罗斯的生物医学伦理学是哲学伦理学中独立的重要研究分支，而不是将对一些有关生物医学伦理问题的探讨放到生物学或者医学领域，这就增加了俄罗斯生物医学伦理学研究的专业性和规范性。这种严格的学术划分避免了一些机构既当运动员又当裁判员的二重非法身份，更大程度上保证了伦理评价的公正性。

第三，生态伦理学如火如荼。俄罗斯生态伦理学研究热潮缘起于新的生态危机，而新生态危机的背后则是表现为人与自然相"异化"的文化危机。建立新的价值规范体系是克服文化危机的途径，其必然要实现人与自然相统一的终极目的。俄罗斯民族对人与自然相统一的理解更清晰地反映在"人向自然生成"的生存体验模式上，即人和自然界中的其他生灵一样，均顺从自然的安排。俄罗斯广袤的地理空间和丰厚的自然资源以强大的力量控制了为数不多的生灵，自然有太大的力量拒绝驱使，那么渺小众生岂敢为所欲为地驾驭自然？所以，在主体选择和自然规律之间，俄罗斯民族更倾向于对自然规律的皈依，在生成机制层面则体现出更深刻的自然主义情怀。基于这样的生成逻辑，新时期俄罗斯生态伦理学呈现出更鲜明的人道主义色彩。俄罗斯著名的生态哲学家 И.К. 利谢耶夫（И.К. Лисеев）教授在题为《新生态文化条件下的生态伦理学》（2008）一文中，在总结"人类中心主义""社会中心主义""宇宙中心主义""诠释学""人与自然相统一"五种基本生态伦理学的研究立场和方法基础上，指出"人与自然相统一"的方法在新时期俄罗斯生态伦理学中占据绝对优势。

新时期俄罗斯生态伦理学研究的视角多维：本体论、方法论、价值哲学、宗教学都是研究视域。研究内容纷繁复杂又指向明确：生态伦理学基本原理（生态伦理学的对象，思想史上的自然道德价值，生态伦理学的发展阶段、方法、趋势）、生态伦理学原则（社会伦理原则、生态伦理制度法律规范、生态伦理学原则、建议原则)、生态伦理实践（对动物的态度、生产活动方式、自然资源的利用、宇宙活动伦理、生态活动规则）。

第四，经济伦理学声名赫赫。近十余年来，经济伦理学问题越来越引起学界重视。不成功的社会经济改革使民众在后苏联时代的最初十余年间经历了多舛的生活。可以说，私有化在最初阶段就孕育了非道德的价值指向，这一突破了经济伦理和商业道德、钻了国家政策空子的价值原则成为指导日后全面私有化进程的标准。在民不聊生、国力大幅衰退的背景下，相当多的人失去了对经济向好发展的期望。2000年新总统普京"主权民主"思路的实践展开，使得俄罗斯的经济开始步入正轨，此时，俄罗斯需要创建自己的经济伦理学理论。在经济伦理学（也称"资本伦理学"）的框架下，俄学者探索了伦理渗入资本主义经济的必然性：全球化创造着多样的资本形式，同时也防止将西方资本主义作为统一的模式加以效仿，因而导致经济科学的重建。①资本伦理和对资本主义的批判顺势而生，从这一意义上说，资本伦理学的创建是"革命的重建"。俄学者认为，新时期依靠实践活动和职业合作建立起来的经济伦理学要求各种经济活动服从道德调节，并应体现出经济活动的目的和利益的集体主义，"俄罗斯物质技术环境建构的公共性是历史形成的本质特点，人口的低密度分布决定了生存空间斗争的非激烈程度，但也提高了经济行动团结动员的必要性"。②有学者指出，统一完整的公共规范基础应当在经济活动中确立下来，因而，公共性和统一性也成为俄罗斯经济伦理学的基础特征，甚至可以说，当代俄罗斯经济伦理学的发展是俄罗斯道德、宗教、文化传统综合作用于经济领域的

---

① В. Г. Федотова: Этика капитализма: этика бизнеса и этика общества. Философия и этика, М.: Альфа-М, 2009, С.755.

② Д. Г. Шувалова, И. О. Ширшиковой: Особенности хозяйственной этики в России, Московский нергетический институт (Технический университет), 2008.

结果。后苏联时代俄经济伦理学研究的内容集中在几个方面：经济伦理学史、经济文化理论、经济制度学说、经济意识阐释、道德和经济需求契合之路径、经济活动中的应然理论、经济伦理的原则和规范、经济活动的价值、经济主体的"游戏规则"、道德规范和经济事实之间的冲突等。可以说，当代俄罗斯经济伦理学的发展是道德、宗教、文化标准综合作用于经济领域的结果。

此外，新制度下新兴职业的产生、发展、变化，新制度下职业角色的转变均要求职业伦理学迎合新形势变化，做出与从前不同的价值引导。职业伦理学研究在后苏联时代取得长足进展，科学伦理、网络伦理、军事伦理、健康伦理等均有建树。

第五，传统伦理学厚积薄发。文化价值空间的同质性在后苏联时代暴露出来。俄罗斯思想、爱国主义、集体主义等传统伦理价值引起俄学者的重新瞩目，旧曲新唱促成当代俄罗斯传统伦理学研究的新内容。其一，重振"俄罗斯思想"。作为统一俄罗斯民族的重要文化载体，"俄罗斯思想"率先承担了凝聚人心、抚慰忧伤的责任。苏联解体使马克思主义道德观退居道德价值观的视野边缘，道德的真空由什么来填补？除了宗教，非"俄罗斯思想"莫属。这一源于血液、根植于基因里的价值传承，在特殊的时刻应激性重现，立刻充斥了原有价值形态消弭后的空间，相当多的人在分崩离析的社会现实面前，希望用"俄罗斯思想"代替从前的官方意识形态和西方的干预，又能用它支撑其内心对国家未来的希望，因为它是一种聚合力，其中包含的"爱国主义""强国渴望""社会团结"等价值观体现了俄罗斯民族精神同质性的要素。所以，俄学者对"俄罗斯思想"在当代的新内涵给予创造性解释——精神性、公平、统一。其二，重拾"爱国主义"研究。"爱国主义"在解体之初多被用于嘲讽，有时甚至用于辱骂，后来它原有的积极含义被恢复，正如普京所说:"这是一种因自己的祖国、自己的历史和成就而产生的自豪感,憧憬着自己的国家变得更美丽、更富足、更强大和更幸福的心愿。"①爱国主义教育重回大中小学官方教育课堂、《哲学问题》《社会科学与当代》《人》《真理报》等报刊也纷纷刊载相关文章。从俄罗斯人文社会科学期刊网刊登的以爱国主义为标题的文章(2000年至2014年)来看,新时期俄罗斯爱国主义问题研究呈现区别苏联时代的新话题:寻找新政治话语体系内的爱国主义内涵;探索新时期的爱国主义教育问题;挖掘社会现实生活中的爱国主义思想。无论如何,"爱国主义"成为俄罗斯传统伦理思想研究领域中的"显学"。俄学者将爱国主义定义为:作为一种道德、政治原则和社会情感,爱国主义是对祖国的爱,个人利益服从于祖国利益,彰显对祖国文化和成就的自豪感,希望保留自己文化的特色以实现民族文化的自我确证(对国家和公民特征、民族语言、文化传统的情绪体验),致力于捍卫国家和本民族利益②。其三,"集体主义"研究回潮。20世纪90年代,随着社会主义意识形态在苏联的终结,社会价值观体系中的集体主义道德观被个人主义代替;舆论一度将集体主义和政治上的高度集权等同视之,对其恶语滔滔,愤然谴责。后来情况发生了转变,集体主义在俄罗斯初现回潮之势:学校重拾集体主义道德教育、媒体重现集体主义正面宣传、社会重树集体主义价值导向;相应地,集体主义的研究视域被学界重构。从2008年起,杂志上刊登的有关集体主义的文章数量呈明显上升趋势,从文化心理学和道德哲学视角出发对"集体主义"的学术剖析占据较大份额:《俄罗斯在寻找意识形态》(2008)、《从价值危机到

---

① Независимая газета, 1999.12.30.

② М. М. Патриотизм: Большая Советская Энциклопедия (3-е изд.). Том 19: Отоми-Пластырь, М.: Советская энциклопедия, 1969—1978.

制度危机》(2008)、《当代俄罗斯社会文化视域中的精神价值危机》(2007)等文章以及以"道德、爱国主义、文明和不文明"(2009)为主题的高层次学术圆桌会议均表达了对包括集体主义在内的优秀传统文化遗失的担忧,并提出重建集体主义和爱国主义价值观念的倡议。俄罗斯国家图书馆、莫斯科大学图书馆、中心地区图书馆等馆藏和电子图书文献中,以"集体主义"为主题的资料在2004年以后呈攀升之势。在教育学领域,马卡连柯、克鲁普斯卡娅、苏霍姆林斯基有关集体主义的观点被频繁引用;集体主义在教育学理论和伦理学理论中的研究份额有所增加;在大学的专业课堂上,集体主义被作为当代伦理学的基本范畴来做专门介绍。

第六,宗教伦理学辗转传承。苏联解体后,几乎是一夜之间,90%的新俄罗斯人立刻将信仰目标转向东正教。这一精神领域的怪异现象事出有因:从文化的宏观尺度上说,人和社会均不能失去终极信仰而稳固存在,大神死了,人们自然会寻找小神的庇护。从具体的文化传承尺度看,蕴含在原有共产主义道德中的"全人类理想""共同幸福旨归"貌似无意地契合了宗教道德"泛爱"的特点。宗教伦理在俄罗斯复归有其现实原因:其一,世俗道德教育无力应对社会问题解决。这一危机背景致使宗教作为承载民族精神的文化教育载体应景性出场,以匡正社会道德失范、重树公民领域道德规范。其二,以软文化的特有功能抚慰社会现实忧伤。在混乱无序的道德世界中,民众充满了对裂变世界的惊恐、对艰辛生活的恐惧、对未来图景的无望。这时宗教作为超拔苦难、抚慰忧伤、体恤民生的"救世良方",在"上帝"光环笼罩下,为人提供道德精神支撑,以共渡难关。其三,宗教伦理对社会失范有具体施为作用。宗教的道德训诫往往指向具体,如尊重生命、不说谎、不偷盗、不杀人、恒久忍耐、不嫉妒自夸,凡事包容,相信真理和善同在……这些道德感怀在具体的困难面前，提供了唾手可得的施为工具。

俄罗斯宗教伦理的辗转传承，使伦理学研究成果在其后的不长时间层出不穷。其主要成果集中在托尔斯泰的宗教道德学说和白银时代的宗教伦理思想。俄学者认为，托翁全部作品的核心是信仰问题，而后共产主义时代的俄罗斯，正在寻找自己的信仰。这是托尔斯泰伦理研究升温的最重要原因。后苏联时代，喧嚣动荡的俄罗斯需要寻找民族的精神之根，这根在白银时代的俄国思想家那里：为俄罗斯社会艰难的道德实践寻找制度依托，用俄罗斯传统文化的精神气质鼓励人们进行理性批判并摆脱困境，站在全人类高度把握俄罗斯命运，探索在悲惨世界里创造性生活的途径，在文化颓废、信仰崩溃的危机时代坚持仰望道德星空并追求终极真理……俄国宗教哲学家在一个世纪前的黑暗里为后共产主义时代的俄罗斯引路。

后苏联时代俄罗斯伦理学研究的进路变迁和范畴指向与苏俄社会的制度变迁相伴而生。无论是伦理学最初的整体裂变，还是在改革阵痛中的社会适应，抑或是伦理学学科体系的重新建立，都是社会道德生活对道德意识形态建构提出的具体要求，同时也是道德观念对道德实践的反映。

对后苏联时代俄罗斯伦理学研究的进路和范畴的介绍，是从伦理学的学科视角反映了苏俄社会从社会主义苏联向资本主义俄罗斯的根本转变，在社会发展变迁和道德伦理生成之间，探索道德的历史与现实、传统与创新的逻辑关系。无论是政治伦理学还是经济伦理学等研究内容的变化，还是传统伦理学和宗教伦理学的学术重拾，无论是对马克思主义伦理范式的传统保持，还是对新的西方伦理元素的接纳，作为世界伦理学发展轨道上重要的组成部分，后苏联时代俄罗斯伦理学的研究都独树一帜，呈现出特立独行的本体性、贯穿始终的社会性、历久弥新的民族性、清晰如初的逻辑性，这些属性使得后苏联伦理学的研究独具理论特色和学术魅力，并在道德理论层面持续指引和反映社会发展的进路。

第二节 苏俄伦理道德观嬗变之反思

一、伦理观之历史性和现实性的辩证统一

道德价值是个体和集体的行为、品质对于他人和社会所具有的道德上的意义。苏俄伦理学理论体系的发展和苏俄社会道德价值观嬗变的过程均证明了道德价值的历史性和现实性。无论是作为伦理学概念本身的"道德价值"，还是作为哲学范畴、意识形态表现形式、文化传统的"道德价值"，都包含并规定了道德价值的历史性与现实性。

（一）"道德价值"概念对自身历史性与现实性的规定

有关道德价值的概念林林总总，但苏联马克思主义伦理学学者最先为"道德价值"的概念做了比较科学客观的界定。

"道德价值是一定社会或阶级的人和个别人所需要的事物、现象及其特性，以作为满足他们的道德需要和利益的手段，道德价值是以道德规范、道德目的和道德理想形式呈现出来的思想和动机。"——这是苏联哲学家 В.П. 图加里诺夫对道德价值所做的解释。可以看得出来，道德价值定义既包含客观方面，又包含主观方面，但客观方面被看成是主要的，在坚持唯物主义立场的前提下，指出了价值方法对于认知的重要性，它在人的实践中的重要作用。

苏联伦理学家 О.Г. 德罗伯尼茨基的认识在理论上更具深度，他在马克思主义哲学和伦理学领域内对价值问题作了比较全面系统的研究工作。О.Г. 德罗伯尼茨基也把"价值"看成是包含主客观因素

的概念,"实际上,全部人类活动、社会关系的对象以及包含在其中的本质现象都可以成为'实物价值'或价值关系的客体,即可以从'善或恶''真或假''美或丑''允许或禁止''正义或非正义'等角度去评价它们……在社会意识和文化当中产生了对一些现象进行评价的方法,它们以主体价值——立场、评价、指令、禁止、目标、方案等规范形式呈现出来,成为人的行为坐标。'实物'价值和'主观'价值就像是人对世界的价值态度的两极"。О.Г.德罗伯尼茨基赞同马克思主义对超越历史和超越社会本质的价值的否认,强调价值的社会实践性、历史性和可知性,承认人类生活的规范和理想。他认为,每一个具体历史的社会形态都会形成一套专门的价值体系,它可以成为社会调解的最高标准。在这套体系中,一些被社会认可的标准被固定下来,在此基础上形成符合社会制度和人的目的性活动的、更为具体化和专门化的规范监督体系。通过个体内化对这些标准加以掌握是个性形成和维持社会正常秩序的必要基础。社会体系的内部矛盾和社会动力的一致性表现在与之相符合的价值体系结构和对社会群体施加影响的方法当中。О.Г.德罗伯尼茨基在承认价值体系的社会历史性的同时,还指出了人的价值认识变化同社会经济政治变化的不一致性,即当历史已走远,但某些东西的价值依然保留下来或者是刚刚被发现或认可,因而从这一意义上说,价值概念既是历史的,又是具体的。

在苏联马克思主义伦理学中,一些比较著名的伦理学家对道德价值问题给予了密切持久的关注,如 Л.М 阿尔汉格尔斯基、А.Ф.阿尼西莫夫、А.А.古谢伊诺夫、О.Г.德罗伯尼茨基、Ю.Г.索果莫诺夫、А.И.季塔连科、К.А.施瓦尔茨曼、А.Ф.施什金等人都对道德价值问题展开了内容丰富的研究活动;组建了一些有关道德价值问题的讲坛、学术会议,出版了一些专著和文集等。以科学的唯物主义价值观对待道德问题是苏联学者们看待道德价值问题的基本方法。

"道德价值是个人和集体的行为、品质对于他人和社会所具有的道德上的意义。通常用善、正义、光荣等概念作出评价。它的实质体现在处理个人与他人及社会利益的关系问题上，只有在处理这种利益关系时才会产生道德意义上的善恶评价问题即道德价值问题。"——这是朱贻庭教授主编的由上海辞书出版社 2004 年出版的《伦理学大辞典》中对"道德价值"所作的定义。定义中将"道德价值"与人所处的社会关系紧密相连，而这里指的'社会关系"显然是受生产关系所制约的人与人之间的具体关系，而唯物史观视域下的生产关系又必然是历史的和现实的。因为："生产以及随生产而来的产品交换是一切社会制度的基础；在每个历史地出现的社会中，产品分配以及和它相随的社会之划分为阶级或等级，是由生产什么、怎样生产以及怎样交换产品来决定的"，同时"这些手段不应当从头脑中发明出来，而应当通过头脑从生产的现成物质实施中发现出来"。

（二）作为哲学范畴的"道德价值"的历史性与现实性

从哲学意义上来讲，"道德价值"必然包含在"价值"范畴之内，而历史性和现实性则是哲学意义上的"价值"的内在规定性，因而以"善"和"恶"的观念具体呈现出来的"道德价值"也必然具有自身的历史和现实规定性，如恩格斯所说的那样："善恶观念从一个民族到另一个民族、从一个时代到另一个时代变更得这样厉害，以致它们常常是互相直接矛盾的。"恩格斯所指的无非是表现为善恶观的道德价值是在不断地随着社会历史的变迁而变化的，在不同的时代，会因为人们不同的需求而呈现出不同的道德价值观和道德原则。所以，在以"力量"和"勇敢"为美德的古希腊，有胆量"举刀杀人"是美德,是"善"的行为,没有人会在今天的道德意义上去谴责他杀人的非道义性,但是事实上,在当今的绝大多数国家里,这一行为都是非道义性的。从另一个角度上来讲,善恶的道德价值还能成为驱动历史发展的力量,因而也是具体而现实的。在黑格尔那里,"恶是历史发展的动力借以表现出来的形式"——这一点至少说明新事物的产生对旧事物的道德克服,虽然黑格尔本身可能并未意识到道德价值中的"恶"所起的真正的历史作用。而列宁则在这里以辩证的善恶观看到了道德价值的历史规定性和现实性——"……这就是说,世界不会满足人,人决心以自己的行动来改变世界。实质:'善'是对'外部现实性的要求',这就是说,'善'被理解为人的实践=要求和外部现实。"①

具体而言,俄罗斯的爱国主义、集体主义的道德价值的回潮也是有哲学意义上的历史之根和现实之需的。对于俄罗斯这样一个地域过于辽阔、人口过于稀少、气候过于严酷而战争又过于频繁和血腥的民族而言,所有个体的团结合作与对一个信仰母体的共同维护是必然和必要的。因为毕竟,"个人是社会存在物。因此,他的生命表现,即使不采取共同的、同其他人一起完成的生命表现这种直接形式,也是社会生活的表现和确证。人的个人生活和类生活并不是各不相同的,尽管个人生活的存在方式必然是类生活的较为特殊的或者较为普遍的方式,而类生活必然是较为特殊的或者较为普遍的个人生活"。集体主义是这样,爱国主义也是这样,"20世纪在欧洲(即使是欧洲的最东部),'保卫祖国'的唯一办法,就是用革命的手段反对自己祖国的君主制度、地主和资本家,反对我们祖国的这些最可恶的敌人",所以才有了二战时卫国战争中所有人的浴血奋战;而在制度解体后的一段时间,爱国主义则表现为绝大多数人

---

① 《列宁全集》第55卷,人民出版社2017年版,第183页。

"对强大国家毁之于一旦而带来的无法承受的屈辱";到了最近的几年,则表现为对以往爱国主义的重拾,这一点通过愈发轰轰烈烈的胜利日纪念活动可以充分证明。遵章守纪也是这样。社会失序、人心失和、价值混乱和政治所谓自由没有给俄罗斯带来一个欢欣和谐的世界,这些现象及其原因在前面已充分提及,不再赘述。所以,当上述指导观念阻碍了复兴俄罗斯的现实道路之时,当社会失序导致社会动荡,当人心失和引发民族分裂,当价值混乱导致信仰缺失,当政治自由彻底成为欲盖弥彰的幌子……价值路标就发生了转换,是从"自由主义"向"保守主义"的转换。

俄罗斯传统道德价值观在苏联社会主义制度解体之时和随后的一段日子里表面上消失了,但是基于哲学真理的规定性,它还是以否定现实的方式客观地存在着的。毕竟,价值本身不是绝对的,它或好或坏都不取决于它自身,而取决于它促进生产力提高和满足人们需要的能力。否定它,并不意味着它不存在,更不意味着不需要它。果不其然,在社会逐渐步入正轨、国家要进行正常的社会生活的时候,人与人之间的合作、信任和情意就不再是虚妄无用的东西,而是现实的。作为一种真理性存在,它在历史中产生,人们能将这一浸润历史成果、充满熟悉气息的道德价值信手沾来,来解决现实问题,成为重新放射人类"善"的崇高道德之光。

(三)作为意识形态的"道德价值"的历史性与现实性

作为能够系统地、自觉地、直接地反映社会经济形态和政治制度的思想体系,意识形态是与一定社会的经济和政治直接相联系的观念、观点、概念的总和,它本身包括政治法律思想、文学艺术、宗教、哲学、道德和其他社会科学等意识形式。可见,道德及其价值是构成意识形态的重要内容。因而,作为意识形态根本特征的历史性和现实性也是道德价值的根本特征。因为"思想的历史,岂不是证明，精神生产是随着物质生产的改造而改造的吗？任何一个时代的统治思想都不过是统治阶级的思想"，所以，"我们断定，一切以往的道德论归根到底都是当时的社会经济状况的产物。……在道德方面也和人类知识的所有其他部门一样，总的说是进步的。但是我们还没有越出阶级道德"。从马克思恩格斯的论述上看，道德价值必然是社会历史发展和现实需求的产物，具有典型的社会历史性和现实性。

苏联解体之时，包含在社会主义意识形态内部的共产主义道德价值被"去意识形态"化思潮所淹没，但是当历史进入21世纪，"重建意识形态"的需要又清晰地显现出来。改革者没弄懂一个重要的道理，就是"去意识形态"理论也是一种特殊的意识形态，也是为了满足一部分群体的利益而呈现出来的意识形态，只不过是以否定从前的意识形态理论的形式而呈现的罢了，"反意识形态"或"去意识形态"也是改革者们的现实政治需要的反映，因而也必然是现实的。

对于具体的道德价值而言，普通公众对改革者们提出的"自由价值"抱有两大方面的期许：政治自由和物质丰富。但是事实的结果不像人们想象的那样，而是走向了反面。首先，"自由价值"导致了价值和利益的总体失衡。改革者不择手段地掠夺社会财富，普通劳动者饿着肚子"空享"所谓政治自由。第二，制造个体价值与群体价值的分离。"'我的'高于'我们的'，自私高于无私。"第三，引发日常生活价值与政治价值的根本冲突。政治自由不但没能提高普通民众的生活水平，反倒使生活水平急转直下。人们终于明白了，最重要的自由价值就是"私有制"，而普通劳动者则成为"私有制"的最大牺牲者，而不是受益者。改革者们以极端的方式推行的"去意识形态"思潮，目的就是要为自己谋私利的政治活动扫清意识形态障碍,"政治自由"则是他们寻找的道德依据。关键是,他们推翻了苏联时代的现实理想和社会价值之后,并未负责任地给社会提供一个完善的可行的价值体系以促进改革。但是,一种社会价值的彻底消失并不意味着社会永远地不需要它了,"去意识形态迟早会被重建意识形态所代替",因为,放眼全部社会历史以及当今世界格局,任何一个成功的国家,任何一种完备的政治体系,其背后总是有具有成熟理论和价值体系的意识形态在支撑着,几乎没有一个社会生活的领域是不受确定的意识形态指引的。这就是现实震荡引起的历史反思。在目前的俄罗斯社会,自由主义、保守主义和社会主义的价值立场交错共存,在路标上呈现出"从自由主义向保守主义"的转换之势。重新评价苏联历史、对斯大林态度的转变、集体主义的回潮、国家道德教育的重建、对二战胜利的隆重庆祝、苏联时代历史教科书的再版、"星期六义务劳动"的大规模重现……这一切与历史相连的道德价值都被赋予了当代的色彩,而谁又能否认这其中包含着某种政治意识形态色彩呢?俄罗斯试图重建"具有世俗性和科学性特点的、能够继承世界文明和文化传统的、反映绝大多数公民利益的意识形态"的价值目标也是对作为意识形态的道德价值的历史性和现实性的确证吧。

(四)作为文化传统的"道德价值"的历史性与现实性

道德价值可被看做是存在于大文化范畴下的构成。而从社会历史方位上看,文化是那些历经社会变迁和沉浮而不会轻易消失的、具有相当稳定性和发展惯性的东西。每一个国家、每一个民族在文化分类上会有独具历史传承的文化特点,因而会构成不同的文化模式和类型。比如集体主义在俄罗斯绝非人为建树的成果,而是具有文化渊源的。从"村社"产生的13世纪辗转传承,在前十月革命时期已经变成了"历史地凝结成的稳定的生活方式"。对于俄国人而言,"合作"不但是生存的基础、社会发展的动力,还是特殊的文化存在范式。而"'合作'永远都是针对集体而言的,无论认可还是不认可,集体主义因素的作用是显见的,它是合作实现的条件";又如"俄罗斯思想",那是共产主义这个"大神"在苏联死去后,人们精神世界中的"前世"依托,是维系个体信念和民族自尊的稻草,虽不见得是真知灼见,但至少是一种能在特殊时期把人团结在一起的内在的、主导性的精神存在。

从另一个角度上说,苏联解体是政治危机,也是一种文化危机;但全部危机都不是发展的常态,而是一种失序状态。就像搬家一样,尘土飞扬的日子总会过去,整洁如常才是持久的存在样法。历史已经不止一次这样重演:1848年革命前,俄国对西方自由主义顶礼膜拜,但是1848年欧洲诸次革命的失败导致俄国对自由主义迅速摒弃,俄国知识阶层从此极不信任西方自由主义与激进主义意识形态能成为解救社会危机的灵丹妙药;19世纪末20世纪初俄罗斯自由民粹派推行的"合法马克思主义"受到热捧,它打着马克思主义的旗号对正统马克思主义加以曲解和非难,但因其指引的社会革命屡遭失败,最终也在现实面前迅速走向覆灭;同样,制度解体导致的近20年的乌烟瘴气之后,在整个社会从无序走向有序的过程中,以往那些超过社会发展实际的、脱离了特定民族文化心理的认识开始理性回归,俄罗斯需要新的价值观念体系来指导社会走向正轨。毕竟,是谁的终究还是谁的;不是谁的,最后也很难属于谁。个人主义、自由主义、西式民主对于俄罗斯而言似乎还只是一种外在的给予,或许还有一种主观追求,但对于整个文化模式及其价值体系而言,并没有产生一种能够超越自身的文化要素,也不是一种自觉的批判性重建。毕竟,内因是起主导作用的,而历史也毕竟是一个连续的过程。

道德价值的历史性与现实性问题说明了，我们日常对道德问题的认识，对道德价值的判断都应该放在人类历史的动态过程中进行。既要依据历史坐标，又要从社会现实出发，在道德唯物史观视域下，分析和解决社会问题。

二、探索共产主义道德与中国特色社会主义道路的契合

共产主义道德是与中国特色社会主义制度和道德建设相对接的价值原则。共产主义道德与中国特色社会主义及其道德在本质上的契合表现在经济基础与上层建筑、学术理论和社会实践关系、历史传承和未来发展的尺度的一致性上；共产主义道德与中国特色社会主义及其道德的功能契合表现在共产主义道德从实际出发解决道德问题、体现以人为本的发展理念；共产主义道德与中国特色社会主义及其道德的原则契合表现在其道德原则具有当代适应性。

共产主义道德不仅是对未来社会的道德预测，更是与我们目前实践着的中国特色社会主义制度和道德建设相对接的价值原则。

（一）共产主义道德与中国特色社会主义及其道德的本质契合

共产主义道德显然并不是单纯的共产主义社会的道德，它在本质上显现出与中国特色社会主义的高度契合性。

第一，从经济基础与上层建筑的关系来看，共产主义道德是中国特色社会主义经济制度主导下的道德意识形态。处于社会主义市场经济时代的中国社会，虽然允许多种经济成分共存和共同发展，并且其中的私有成分也起着越来越重要的作用，但"公有制仍然占据主导地位"这一基点毋庸置疑。什么样的经济基础造就并需要什么样的意识形态，包括社会道德意识形态。公有制必然造就集体主义、互相帮助、平等协作、诚实守信、勤劳守纪等道德原则，而这样一些原则绝不是什么单纯只适用于未来社会的道德蓝图，而是今

天的社会经济体制下必然、必需和必要的道德形式。毕竟,"人们自觉地或不自觉地,归根到底总是从他们阶级地位所依据的实际关系中——从他们进行生产和交换的经济关系中,吸取自己的道德观念"。

第二,从学术理论和社会实践的关系上看,共产主义道德原则能够实现对中国特色社会主义精神生活的有力干预和指导。同样作为社会意识,道德与法律、政治、科学、宗教、艺术等意识形式相互关联,并在其各自的实施过程中引领了正价值导向。共产主义道德原则与法律构成宽严相济的社会约束格局,为法律的制定和执行提供伦理评价标准和衡量尺度;共产主义道德原则与政治相辅相成,为政治的真实性立法,为政策的民生性立范,以在政权的施行中真正体现具体的平等和民主;共产主义道德原则与科学融合成真理与善恶的辩证体系。在科学技术日行千里的当代中国,道德为科学提供了"善"高于"真"、"应做"优于"能做"的伦理原则,使科学研究坚守道德良心的底线;在特定时期特定地域,道德与宗教俨然"二位一体",作为人类精神的他律,宗教是外在的形式,而其中亦包含道德慰藉的重要成分。在共产主义道德语境下,道德还起到了摒弃宗教贻害和超越宗教的作用。可以说,共产主义道德原则事实上是贯穿于整个当代的社会生活领域的,并以指导行动的力量而非单纯的语言力量证实了自己的当代本质。

第三,从历史传承和未来发展的尺度上看,共产主义道德正随着中国特色社会主义的发展不断向前发展而日臻完善。历史是一个过程,道德也是。社会是按从低至高的台阶上行的,文化是从愚昧到祛魅的路径发展的,社会制度是从原始社会向共产主义社会逐一迈进的,而并非从封建社会和资本主义社会直接飞跃到理想形态的共产主义社会的。在这一过程中,人类的道德水平亦不断地趋向于完善。而今天，中国社会的总体趋势是前进着的，正处于蒸蒸日上的社会发展阶段，是一个一直向前的运动，中国的道德的发展也同样一步一步地前行，毕竟，中国特色生产力及其提升是其最大的动力。这也就说明，社会道德愈是前行，它本身包含的共产主义元素就越多。在这一意义上，历史上还没有任何一个时候的道德比今天更具共产主义色彩。

（二）共产主义道德与中国特色社会主义及其道德的功能契合

第一，共产主义道德能从实际出发解决当代道德问题。事实上，对于共产主义道德这一概念，列宁早在《青年团的任务》中就已提出："究竟有没有共产主义道德呢？有没有共产主义品德呢？当然有的。"同时对它的特征和社会作用做了理论描述："我们的道德完全服从于无产阶级斗争的利益。我们的道德是从无产阶级斗争的利益中引申出来的。"这一时期，列宁所说的共产主义道德所具有的当代意义就是"在共产主义者看来，全部道德在于这种团结一致的纪律和反对剥削的自觉的群众斗争"，因为这一任务就是当时新生苏联的共青团组织和团员面临的最现实的任务。那么目前，在当代中国，"互助互爱，诚实协作"的共产主义道德原则当然也是我们在社会转型和市场经济运行条件下迫切需要的。

第二，共产主义道德能够对社会道德失范现象加以纠正。纠正社会道德失范的现实需要决定了共产主义道德的广泛传播。中国改革开放之前的单一的公有制经济模式催生了利益"大锅饭"和平均主义道德，使得好逸恶劳的作风在一定程度上衍生。改革开放之后，"国家利益、集体利益和个人利益之间的统筹兼顾，有了更大的伸展和实现余地，按劳分配原则获得了有力的道义支撑"，这不能不说是对先前绝对平均主义道德弊端的克服。在中国特色社会主义的建设过程中，共产主义道德持续稳固地发挥着纠正社会道德失范的作用。

第三，共产主义道德能体现以人为本的当代发展理念。人民当家作主的社会制度必然要求与之相应的社会精神实践方式。"全心全意为人民"的原则是共产主义道德的代表性原则，它为中国特色社会主义制度的平稳前进提供了重要的社会道德保障和价值衡量尺度。在今天的中国，它"以人为本，科学发展"理念的核心指向，是在当代社会致力于解决现实问题，为政策的制定和实施树立人民航向的标尺，是真实的、具体的、务实的当代道德。

可见，共产主义道德及其原则的核心是以实事求是的客观态度来引领社会精神生活，来解决价值世界的当代困难，并具备与时俱进的优良品质的道德类型。可以说，它是我们身处的社会所需要的基本价值立场和看待精神问题的方法原则。概言之，共产主义道德是公有制起主导作用下，从社会和人的实际需要出发，能够克服与社会经济政治发展不相适应的道德弊端，引领社会道德风貌并具有与时俱进品质的道德类型。

（三）共产主义道德与中国特色社会主义及其道德的原则契合

"共产主义道德原则"是在对共产主义社会抱有乐观展望态度的基础上，以集体主义为核心原则，坚持诚实守信、创造性劳动、真实的人道主义，并在政治觉悟上要求有爱国主义和国际主义情怀。所有这些原则，在当代，尤其与当代中国特色社会主义及其道德原则呈现出高度的契合性，具有较强的适用性。有些原则，对于我国社会现阶段的道德领域中存在的道德问题还具有重要的方法和导向意义。

第一，共产主义理想是中国特色社会主义建设的精神蓝图。在中国特色社会主义建设的过程中，因为面临问题的多样性和紧迫性，"活在当下"的现代生活理念支配了一些人对社会发展走向的认识。但社会是处于永恒的运动和发展之中的，新生事物也会以不可替代的力量代替旧事物，成为社会发展不竭的源泉。尽管这其中会出现和正在出现着一些问题，但并不意味着共产主义社会的到来就是遥不可及的。相反，社会的不断进步，正是对这些不如意的现象、固守的事物进行克服和纠正才得以实现的。道德生活世界的进步和净化也是如此。什么样的社会有什么样的意识形态。当我们在中国特色社会主义道路上踏踏实实地发展生产力，激发更多的创造力，当社会生产力真正提升到共产主义社会应有的高度了，具备了经济基础的社会制度自然就会到来，相应地，也必然会建立起在进步经济基础上的道德。

第二，集体主义是适用于中国特色社会主义的价值坐标。中国特色社会主义建设的历史方位刚好处于社会转型期和社会主义初级阶段的相遇时期。社会成员的道德觉悟与计划经济时代大有不同，呈现出杂糅性和层次性特点。道德价值的先进性更多地被它的广泛性所代替。在这样的现实语境下，与集体主义道德价值和原则相悖的个人主义甚至是极端个人主义就表现出泛化的趋势。作为共产主义道德核心原则的集体主义应能在中国社会发展的关键时期起到关键作用，纠正社会成员的利益取向，显示出共产主义核心道德原则的集体主义的当代价值和适用性。

第三，诚实守信是解决当代社会道德问题的具体途径。无论是对于个人修养，还是国家发展，抑或是社会稳定，无论是党员的政治诉求，还是商人的职业道德，无论是从前还是现在，"诚实守信"都是一种具有普遍意义的道德原则，是一种比较接近道德底线的价值原则。

在市场经济下，诚实守信原则面临了一定程度的冲击。受私有经济发展和经济成分多样化的影响，一些私有经济下的道德衍生物——利己主义、拜金主义、个人主义在一定范围内蔓延开来。它是一种悲观的情绪感染,能以一种连锁反应的态势加剧社会失信状况的程度。可见,诚实守信,这一最初作为独善其身保障的底线伦理,经历了将其上升至共产主义道德的"道德法"阶段,在一段时间内,其作用被低估,导致了今天局部反应较为突出的问题。从这一角度看,"诚实守信"还从来没有像今天一样让人觉得弥足珍贵。对于未来社会,它自然是具体的道德期许,但对于今天的社会生活,它更是纠正问题和加强自律的良药。

第四,创造性劳动是建设创新型社会的职业伦理。"和谐"和"创新"作为当代中国的两大主题,是建设中国特色社会主义的根本保障。创新是注入新思维,发展新技术。创新也不仅仅是科技工作者的义务,每一个中国的公民都应培养起创新意识,为了这个国家和民族的"向好"发展,创新应成为公民的"向善"诉求。创造性劳动在今天被赋予更多的科技理性色彩,这样,劳动的成果会更浓缩,从而提高整个社会的劳动生产率。有成效、有效率地工作是当代中国社会迫切需要的职业伦理。

第五,人道主义的本质体现在对民生问题的切实关怀上。现实的人道主义在当代中国更应被理解为"以人为本"的执政理念和理想的生活样态。坚持以人为本,是中国共产党十六届三中全会提出的新要求。以人为本,就是以实现人的全面发展为目标,从人民群众的根本利益出发谋发展、促发展,不断满足人民群众日益增长的物质文化需要,切实保障人民群众的经济、政治和文化权益,让发展的成果惠及全体人民。随着中国共产党执政理念的日臻成熟,政府将"以人为本"的理念更具体和务实地落实到扎扎实实改善民生的问题上来。在困难之中,立足于全体人民的利益,善于突破重围,解决问题,是当代中国对共产主义道德真实人道主义原则的契合性贯彻。

第六，爱国主义和国际主义的内涵在当代得以深化。经典作家理解的爱国主义和国际主义是有阶级性的，这两个词的前面是有定语的，即"无产阶级的国际主义和社会主义的爱国主义"。历史风云变迁，人们对于爱国主义和国际主义的理解亦应随着国家政治地位的改变和国际关系的变化有所深化。就爱国主义而言，对于中国人，它曾经是奋勇杀敌的豪情、不畏流血的勇气；中国人民的爱国主义和国际主义经历了"热战"，又经历了"冷战"，针对中国的挑衅由集中变得分散。这个时候，放弃盲动、理性把握时局、科学分析事态便显得尤为重要。因为一些看起来孤立的问题，实际上是牵一发动全身的问题，是有可能被辗转迂回利用的问题。

爱国主义是普遍的人类情感，是延绵至今又在人民心中绵绵不休的对于祖国的爱恋之情。需要注意的只是，今天的中国是世界之中国，所以，在爱国行动采取之前，要多一些相关知识的积累，审慎思考，理性实践。国际主义也是一样的道理。

共产主义道德概念本身的辩证性、共产主义道德体系的当代本质、共产主义道德原则对当代中国社会现实问题的有力干预和科学解决能力均说明共产主义道德的历史性和现实性，它不仅是经典作家及其后来人在当时的理论创建和实践经历，也不仅是对未来社会的道德预测，它更是适用于当代中国的、与中国特色社会主义及其道德建设呈现出高度契合性的道德类型。

后 记

　　2011年，当我基本上完成了对苏联马克思主义伦理学历史兴衰的总结后，我发现，这一研究对象并未彻底断裂，而是在苏联解体的进程中辗转发展下来了。苏联马克思主义伦理学的历史兴衰是从学科史角度上来见证社会主义社会制度嬗变的，到了转型时期，道德现象及其观念则成为见证俄罗斯社会变迁的有效依据。历史在发展，道德观见证历史，历史也敦促相应的道德观念形成，《苏俄伦理道德观的历史演变》应运而生。而正是这一研究，又启发了我对后苏联时代俄罗斯伦理学的探索旨趣，让我不得不将对苏联马克思主义伦理学、转型时期的道德观和后苏联时代的伦理学的考察联系起来，让它们成为一个完整的学术理论和学术话语体系，呈现伦理学从苏联到后苏联时代的过渡历程，也呈现苏联-俄罗斯伦理学内部的统一性。可以说，《苏俄伦理道德观的历史演变》是让这一体系承上启下的重要环节，是观察伦理学从苏联到后苏联的绕不过去的桥梁，是从理论到观念，再拓展到理论的重要媒介。

　　作为国家社会科学基金一般项目的最终成果，课题组成员梁秋、胡万庆、张伟东参与了第三章的撰写，王春英参与了第四章第四节的撰写，感谢你们的辛苦付出。感谢我的学生刘照磊、罗兰、方超、徐小轶、王心雨、姜欢欢、曹美倩、周彤、周天云，他们帮我做了很多实实在在的细致工作，给予老师以最温暖的体贴。感谢你们！

武卉昕

2023年6月